全国高职高专环境保护类专业规划教材

环境保护概论

教育部高等学校高职高专环保与气象类专业教学指导委员会组织编写

主　编　王英健
副主编　崔宝秋　展惠英
主　审　王有志

中国劳动社会保障出版社

图书在版编目(CIP)数据

环境保护概论/王英健主编. —北京：中国劳动社会保障出版社，2009
全国高职高专环境保护类专业规划教材
ISBN 978-7-5045-8095-5

Ⅰ. 环　Ⅱ. 王　Ⅲ. 环境保护-高等学校：技术学校-教材　Ⅳ. X

中国版本图书馆 CIP 数据核字(2009)第 220353 号

中国劳动社会保障出版社出版发行
（北京市惠新东街 1 号　邮政编码：100029）
出 版 人 ：张梦欣
*
北京谊兴印刷有限公司印刷装订　新华书店经销
787 毫米×1092 毫米　16 开本　16 印张　365 千字
2010 年 1 月第 1 版　　2016 年 1 月第 8 次印刷
定价：28.00 元
读者服务部电话：(010) 64929211/64921644/84626437
营销部电话：(010) 64961894
出版社网址：http://www.class.com.cn

全国高职高专环境保护类专业规划教材编委会

刘明华　河北秦皇岛市环境监测站
姜松岐　哈尔滨市固废辐射管理中心
牛树奎　北京林业大学
谷群广　邢台职业技术学院
崔宝秋　锦州师范高等专科学校
丁邦东　扬州工业职业技术学院
展惠英　甘肃联合大学
彭　波　南京化工职业技术学院
王　政　中国环境管理干部学院
关贺群　黑龙江省伊春林业学校
梁贤军　四川化工职业技术学院
郭春明　黑龙江建筑职业技术学院
刘青龙　江西环境工程职业学院
裘建平　金华职业技术学院
雷　颉　南昌理工学院
石碧清　中国环境管理干部学院
颜廷良　江苏盐城技师学院
王中华　泰州职业技术学院
叶兴刚　十堰职业技术学院
郭有才　邢台职业技术学院
段晓莹　邢台财贸学校
焦桂枝　河南城建学院
马永刚　黑龙江生物科技职业学院
吴　琦　哈尔滨工程大学
梁　晶　黑龙江生态工程职业学院
张朝阳　长沙环保职业技术学院
丁可轩　黄河水利职业技术学院
连志东　北京市环境保护局

序　言

环境保护是伴随人类社会经济发展的永恒主题，我国党和政府一贯高度重视环境保护工作。近年来，随着我国经济建设的快速发展，社会和企业对环境保护应用型人才的需求日益扩大，这给高职高专环境保护专业建设带来了新的机遇和挑战。为了更有力地推动环境保护专业教育的发展和专业人才的培养，加强教材建设这一专业建设的重要基础工作，教育部高等学校高职高专环保与气象类专业教学指导委员会（以下简称“教指委”）与人力资源和社会保障部教材办公室结合各自的领域优势，共同组织编写了“全国高职高专环境保护类专业规划教材”。本套教材包括《环境监测》《水污染控制技术》《大气污染控制技术》《噪声污染控制技术》《固体废物处理与处置》《污水处理厂（站）运行管理》《环境保护概论》《环境管理》《环境生态学基础》《环境影响评价》《环境法实务》《环境工程制图与 CAD》《室内环境检测》《环境保护设备及其应用》《环境专业英语》《环境工程微生物技术》《环境工程给水排水技术》共 17 种。

本套全国规划教材的编写力求满足高职高专环境保护类专业课程体系和课程教学的新发展，立足教学现状，力求创新，在吸收已有教材成果的基础上，将本学科最新的理论、技术和规范纳入教学内容，并与国家最新的相关政策标准、法律法规保持一致。为满足培养应用型人才目标的需要，整套教材加强了职业教育特色，避免大量理论问题的分析和讨论，强调以实际技能和职业需求带动教学任务，技能实训部分采用项目模块化编写模式，提倡工学结合，增加可操作性和工作实践性，为学生今后的职业生涯打下了坚实的基础。同时，教材中每章列有学习目标、章后小结和形式多样的复习题，便于学生理清知识脉络、掌握学习重点；丰富的课外阅读材料为学生的学习增添了兴趣，拓宽了视野。

在本套教材开发过程中，在教指委的组织指导下，全国 20 余所高等院校、科研院所近百名专家和老师积极参与了教材的编写和审订工作，在此向他们表示衷心的感谢！

我们相信，本套教材的出版必将为我国高职高专环境保护类专业的发展和教材建设作出重要的贡献。因时间和各因素制约，教材中难免有不足之处，恳请相关领域的专家学者和广大师生提出宝贵的意见。

全国高职高专环境保护类专业规划教材编委会

2009 年 6 月

内 容 简 介

本书根据高职高专环境类教材的基本要求而编写，突出知识的应用性和实用性，注重学生实际能力的培养。全书共 12 章，分别介绍了环境保护基础知识、生态系统与生态保护、资源的利用与保护、大气污染与保护、水污染与保护、土壤污染与保护、固体废物污染与保护、物理污染与保护、清洁生产与绿色环境、环境质量管理、环境质量评价、环境的可持续发展等环境保护基础知识、环境保护措施和环境治理技术。

本教材为教育部高等学校高职高专环保与气象类专业教学指导委员会组织编写的全国高职高专环境保护类专业规划教材之一，供环境保护高职高专相关专业师生教学使用，也可作为化工类、医药类、轻工类、冶金类、材料类及其他相关专业的环境保护教育教材，还可供环境保护技术人员使用。

前　　言

《环境保护概论》是环境类专业的一门主要专业基础课。根据高职高专环境类专业的人才培养要求，以及高职环境保护概论的课程标准，本教材阐述环境问题产生的原因，环境问题的解决方法，运用生态学的原理，开发、利用和保护人类资源、能源，减少废物排放、减少污染，清洁生产，从污染源入手，以环境法律、法规、环境标准为基础，防治污染、消除污染，强化环境管理、环境规划和环境影响评价，提高环境意识，坚持科学发展观，走可持续发展的道路。保护环境是我国的一项基本国策，和谐人类与环境的关系，环境和经济建设协调发展，建设环境友好型社会。着眼现在，造福子孙，经过人类自己的双手让天更蓝、山更绿、水更清。

本书具有以下特点：

1. 教材内容具有鲜明的时代性，注重结合我国环境保护实际以及最新的法律、法规、国家标准和专业术语。全书贯穿环境基本概念、环境问题、可持续发展、资源与能源、清洁生产、绿色生活、绿色技术、绿色产品。

2. 章节层次分明、内容重点突出、内涵丰富、覆盖面广、概念准确清晰，应用实例丰富。知识编排侧重知识性、趣味性、系统性、规律性，突出了新理论、新观念、学科发展的新动向，结合企业工种职业资格标准提出了环境保护知识的要求和职业素质。

3. 根据学生的认知水平，使学生的认知学习、情感学习和精神学习紧密结合。教师便于处理、组织教学，学生便于学习。

4. 本书浅显易懂，具有通用性，也适合高职高专非环境类各专业选用，同时也可作为管理干部和工程技术人员的培训、自学用书。

本教材由辽宁石化职业技术学院王英健担任主编，锦州师范高等专科学校崔宝秋和甘肃联合大学展惠英担任副主编。参加编写的有辽宁石化职业技术学院王英健（编写第1章、第5章、第10章、第11章），锦州师范高等专科学校崔宝秋（编写第2章、第12章），黑龙江省伊春林业学校关贺群（编写第3章），邢台职业技术学院杨金梅（编写第4章），甘肃联合大学展惠英（编写第6章），南京化工职业技术学院王瑞（编写第7章），江苏盐城技师学院许小华（编写第8章），辽宁石化职业技术学院刘小隽（编写第9章）。全书由王英健统稿。

本书由黑龙江建筑职业技术学院王有志教授主审，他提出了许多建设性的意见和建议，同时邀请环保管理部门、企业、科研单位的部分专家对书稿进行了审阅。在本书的编写过程中，作者参阅并引用了国内外相关文献、书籍和资料，在此致以谢意。

由于编者水平有限，难免会出现疏漏和错误，敬请批评指正。

编　者

2009 年 9 月

目　　录

1 环境保护基础知识

本章学习目标

了解：环境、环境问题、环境污染、环境科学、环境承载力、环境保护的基本概念，环境问题的产生与实质，中国的环境问题，中国环境保护的发展历程。

熟悉：环境保护的现实意义，环境的分类、作用、功能、特性，环境污染源，环境污染特征，常见的环境问题，环境污染的原因及危害，环境科学的研究内容。

掌握：运用环境知识解决环境问题的能力，我国的环境污染问题，环境科学的基本任务、研究范畴，中国的环境保护前景。

1.1 环境问题

1.1.1 环境

1.1.1.1 环境的概念

"环境"一词的本意是指周围的事物。周围的事物是相对于一个中心而言的。环境科学是指以人类为中心人类进行生产和生活的场所，即人类的生存环境，包括自然环境和社会环境。"环境"一词从哲学的角度来讲，是指主体周围的客体。主体不同，客体也随之不同。《中华人民共和国环境保护法》中明确指出："本法所称环境，是指影响人类生存和发展的各种天然的和经过人工改造的自然因素的总体，包括大气、水、海洋、土地、矿藏、森林、草原、野生生物、自然遗迹、人文遗迹、自然保护区、风景名胜区、城市和乡村等。"可见，环境是指对人类的生存和发展有明显影响的自然因素的总体，而不是人类周围的所有自然因素。随着人类社会的发展，环境概念也在发展，人类的生存环境也在不断地进行扩展。因此，人们要用发展的、辩证的观点来认识环境。显而易见，环境具有整体性与区域性、变动性与稳定性、资源性与价值性等基本特征。

环境要素是指构成环境整体的各个独立的、性质不同的组成部分，如水、大气、土壤、岩石、生物等。

1.1.1.2 环境的分类

环境一般是按照环境的主体、范围、要素、人类对环境的利用、环境的功能进行分类的。

(1) 按环境要素属性来分，环境分为自然环境和社会环境。

1) 自然环境。自然环境是直接或间接影响到人类的一切自然形成的物质、能量和自然现象的总体，是人类及一切生物赖以生存的物质基础，也就是人们常说的水圈、大气圈、岩石圈和生物圈。在自然环境中，按照其主要的环境组成要素来分，可以再分为大气环境、水环境（如海洋环境、湖泊环境）、土壤环境、生物环境（如森林环境、草原环境）、地质环境等。自然环境按照是否受人类影响来分，可以分为原生自然环境和次生自然环境两类。原生自然环境是基本未受人类影响的环境，如极地、沙漠、原始森林等；次生自然环境是受到人类发展活动影响的环境，如次生林、天然牧场等。

2) 社会环境。社会环境又称人工环境，是指人类社会在长期的发展过程中，经过人类创造或者加工过的物质设施和社会结构，包括人工形成的物质、能量和精神产品以及人类活动中所形成的人与人之间的关系（或称上层建筑）。人工环境由综合生产力（包括人）、技术进步、人工建筑物、人工产品和能量、政治体制、社会行为、宗教信仰、文化与地方因素等组成。

(2) 按环境的范围大小来分，环境分为空间环境、车间环境、生活区环境、城市环境、区域环境、全球环境和宇宙环境等。

(3) 按人类生存的环境由小到大、由近及远来分，环境分为聚落环境、地理环境、地质环境和宇宙环境。

1) 聚落环境包括院落环境、村落环境和城市环境。聚落环境是人类有计划、有目的地利用和改造自然环境而创造出来的生存环境，它是与人类工作和生活关系最密切、最直接的环境。人生大部分时间是在聚落环境中度过的，因此，它特别为人们所关心和重视。聚落环境的发展，为人类提供了越来越方便而舒适的工作和生活条件。但与此同时，也往往因为聚落环境中人口密集、活动频繁而造成环境的污染。城市是有一定区域范围和集聚一定人口的多功能的综合体系，城市是人类利用和改造环境而创造出来的高度人工化的生存环境。据统计，2008 年中国城市 700 多个，其中特大城市 50 个，地市级以上城市 287 个，建制镇 2 万多个。城市是非农业人口集中区域，是一定区域的政治、经济或文化中心，是由多种建筑物组成的物质设施综合体。城市化的进程，标志着人类社会的进步和现代文明的发展。但与此同时，急剧的城市化又带来了一系列的城市环境问题。由于城市地面大量硬化，用混凝土、沥青、石料等代替自然土层，改变了阳光反射和辐射面的性质，并影响到近地面层的热交换和地面粗糙度，从而影响了大气的物理性质。人口集中、工业和商业发达、大量耗能使得大气热量增加，改变了大气的热量状况，使城市市区温度增高。更重要的是大气污染问题非常严重，特别是大中城市，几乎全部是煤烟型污染，主要污染物是可吸入颗粒物、SO_2 和 CO_2 等，使城市的大气环境状况很差。由于城市人口数量巨大，工业企业多，水耗量增大，导致水资源枯竭。地面硬化，难以渗水，使地下水量下降，地面下沉，水质恶化。城区内湖泊污染严重，富营养化呈加速发展趋势，饮用水水源地受污染的范围正在扩大。城市垃圾、噪声、振动、电磁辐射污染、光污染等也非常严重。

2）地理环境是自然地理环境和人文地理环境两个部分的统一体。自然地理环境是由岩石、土壤、水、大气、生物等自然要素有机结合而成的综合体，人文地理环境是人类社会、文化和生产活动的地域组合，包括人口、民族、政治、社团、经济、交通、军事、社会行为等许多成分，它们在地球表面构成的圈层称为人文圈。

3）地质环境为人类提供了大量的生产资料（即丰富的矿产资源）等难以再生的资源。随着生产的发展，大量矿产资源引入地理环境，在环境保护中是一个不容忽视的方面。地质环境与地理环境是有区别的，地质环境是指地表以下的地壳层，可延伸到地核内部，而地理环境主要指对人类影响较大的地表环境。

4）宇宙环境是由广漠的空间和存在于其中的各种天体以及弥漫物质组成的，是有待于进一步开发和利用的极其广阔的领域。

（4）按环境科学来分，环境是以人或人类作为主体，其他的生命和非生命物质都被视为环境要素，环境指人类生存的氛围。

1.1.1.3　环境的功能和特性

（1）环境的功能

1）资源功能。各类环境要素都为人类生存和繁衍提供必需的资源。例如，岩石圈为人类提供大量的矿产资源，土壤圈为人类提供生产粮食作物所需要的营养条件，生物圈为人类提供食物和大量的生产资料等。

2）调节功能。环境系统是一个动态系统和开放系统，系统内外存在着物质和能量的转化与交换，即输入与输出，系统外部的各种物质和能量进入系统内部，同时系统内部也对外界发生一定的作用，一些物质和能量排放到系统外部。环境在自然状态下通过调节作用，使系统的输入等于输出，称为环境平衡或生态平衡。当外部干扰影响了环境系统的输入和输出时，就会造成环境系统的失衡，相应的会引起环境问题。

3）服务功能。事实上，自然资源和自然生态环境都是生命的支持系统。各类生态系统不仅仅为人类提供大量的生产和生活资料，还为人类提供多种服务。例如，森林可以调节气候、净化空气，为人类提供休闲娱乐的场所等。生态系统提供的这些功能是人类不能自我提供的。

4）文化功能。人类与优美的自然环境相伴而生，使人类在精神上和人格上得到了发展和升华，不同的自然环境塑造了各民族不同的性格、习俗和民族文化，优美的自然环境又是艺术家们进行创作的源泉。

（2）环境的特性。环境的基本特性有：环境的整体性与区域性、环境的变动性与稳定性以及环境的资源性与价值性。

1）环境的整体性与区域性。环境的整体性是指人类与环境各要素构成一个整体。地球的任一部分或任何一个系统都是人类环境的组成部分，各部分之间存在着紧密的相互联系、相互制约的关系。通过物质转换和能量流动以及相互关联的变化规律，在不同的时刻呈现出不同的状态。局部地区的环境污染或破坏总会对其他地区造成影响和危害，所以人类的生存环境及其保护从整体上看是没有地区界线和国家界限的。环境的区域性是指整体特性的区域差异，即不同区域的环境有不同的整体特性，具体来说就是环境因地理位置的不同或空间范围的差异会有不同的特性。环境的区域性不仅体现了环境在地理位置上的变化，还反映了区域社会、经济、文化和历史等的多样性。

2）环境的变动性与稳定性。环境的变动性是指在自然过程和人类社会的共同作用下，环境的内部结构和外在状态始终处于变动之中。万物皆在运动，环境也不例外。事实上人类社会的发展历史就是人类与自然界相互作用的历史，也就是人类环境的结构和状态不断变化的历史。环境的稳定性是相对于其变动性而言的，是指环境系统具有在一定限度范围内自我调节的能力，即环境可以凭借自我调节能力，在一定限度内将人类活动引起的环境变化借助自身的调节功能减轻或抵消。环境的变动性和稳定性是相辅相成的，变动性是绝对的，稳定性是相对的。人类必须将自身活动对环境的影响控制在环境自我调节能力的限度内，使人类活动与环境变化的规律相适应，以期环境朝着有利于人类生存发展的方向变动。

3）环境的资源性和价值性。环境的资源性是指环境就是一种资源。环境提供了人类生存所必需的物质和能量，如果环境中的物质和能量供应不足或者不平衡，会危及人类社会的生存发展。因此，环境是人类社会存在和发展的基本物质条件。环境的价值性源于环境的资源性，是由其生态价值和存在价值组成的。环境是人类社会生存和发展所不可缺少的，具有不可估量的价值。但若认为环境资源是取之不尽、用之不竭的就是错误的，这是引发环境严重污染和生态破坏的主要原因。

1.1.2 环境问题

1.1.2.1 环境污染

（1）环境污染。随着人类文明的不断进步，人类在生产和生活中排放的大量物质进入环境，若达到一定的程度，使环境系统的结构与功能发生变化，对人类或其他生物的正常生存和发展产生不利影响，就称为环境污染。引起环境污染的物质称为环境污染物。按照环境污染物的性质来分，环境污染可以分为化学污染、物理污染、生物污染。按照环境要素来分，环境污染可以分为水环境污染（简称水污染）、大气环境污染（简称大气污染）、土壤环境污染（简称土壤污染）等。按照人们的生产活动来分，环境污染可以分为生产性污染物、生活性污染物和放射性污染物。

（2）环境污染源。环境污染源即污染物的发生源，或称为污染的来源。通常将能够产生物理的（声、光、热、辐射、淤泥沉积等）、化学的（各类单质、无机物及有机物）、生物的（霉菌、细菌、病毒等）有害物质的设备、装置场所等称为污染源。污染源可以分为工业污染源、交通运输污染源、农业污染源、生活污染源。

（3）环境污染特征

1）影响范围大。环境污染涉及的地区广、人口多、人员组成复杂，可以包括青壮年、老、弱、病、残、幼，甚至胎儿。

2）作用时间长。接触者以小时、天、月、年等长时间不断地暴露在被污染的环境中，每天可达 24 h。

3）污染物浓度低。环境中的污染物经常是多种污染物并存，联合作用于人体。一方面由于污染物受到大气、水体等的稀释使浓度较低，对人体不会产生强烈的刺激作用；另一方面由于污染物种类繁多，可能产生复杂的转化、代谢、降解和富集等联合作用，形成复合效应。多种污染物同时作用于人体不是各污染物的毒性相加，而是各污染物单独效应的累积，表现为拮抗作用或协同作用，即两种污染物联合作用时，一种污染物能减弱或加强另一种污染物的毒性。

4）污染容易治理难。环境一旦被污染，要想恢复原状，费力大、代价高，而且难以奏效，甚至还有重新污染的可能。如重金属和难以降解的有机氯农药污染土壤后，会长期残留，去除起来相当困难。

1.1.2.2 环境问题

环境问题是指由于人类活动作用于周围环境所产生的环境质量变化以及这种变化反过来对人类的生产、生活和健康产生影响的问题。自然灾害如地震、火山爆发、台风、洪水、旱灾、海啸等对人类的生存和发展产生不利的影响，但不是这里讨论的环境问题。

环境问题随着社会的发展有很大的差异。原始社会因生产力水平低下，人口稀少，人类对环境影响微小，环境问题主要是由于过度采集和狩猎，毁灭了生活区附近的许多物种，破坏了人类食物来源，在当地失去了进一步获得食物的可能性，使自己的生存受到了威胁，人类为了生存而被迫迁徙。农业社会人类活动以种植业和养殖业为主，其环境问题主要是对土地的破坏，如水土流失、草场退化、沼泽化等。人类进入工业社会以后，环境问题是以工业生产产生的污染为主，如大气污染、水体污染、土壤污染、固体废物污染、噪声污染等。在20世纪五六十年代，出现了环境问题的第一次高潮。随着科学技术、工业生产、交通运输的迅猛发展，特别是石油工业的崛起，工业分布过分集中，城市人口过分密集，环境污染由局部逐步扩大到区域，由单一的大气污染扩大到气体、水体、土壤和食品等各方面的污染，其中典型的环境污染事件有八大公害事件，见表1—1。

表1—1　　世界八大公害事件

序号	名称	国家	时间	事件经过
1	马斯河谷烟雾事件	比利时	1930年12月	马斯河谷地带分布着3个钢铁厂、4个玻璃厂、3个炼锌厂和炼焦、硫酸、化肥等许多工厂。1930年12月初，在两岸耸立90 m高山的峡谷地区出现了大气逆温层，浓雾覆盖河谷，工厂排到大气中的污染物被封闭在逆温层下而不易扩散，导致污染物浓度急剧增加，造成大气污染事件。一周内几千人受害发病，60人死亡，为平时同期死亡人数的10.5倍，市民中心脏病、肺病患者的死亡率增高，家畜死亡率也大大增高。发病症状为流泪、喉痛、胸痛、咳嗽、呼吸困难等。推断当时大气中二氧化硫浓度为25～100 mg/m^3
2	多诺拉烟雾事件	美国	1948年10月	美国宾夕法尼亚州多诺拉镇位于一个两岸耸立着100 m高山的马蹄形河谷中，盆地中有大型炼钢厂、硫酸厂和炼锌厂。1948年10月，该镇发生轰动一时的空气污染事件。这个小镇当时只有14 000人，4天内就有5 900人因空气污染而患病，20人死亡。推断是由于二氧化硫及其氧化物与大气粉尘结合，使大气产生严重污染

续表

序号	名称	国家	时间	事件经过
3	伦敦烟雾事件	英国	1952年12月	伦敦位于泰晤士河的开阔河谷中，1952年12月5日至9日，几乎在英国全境有大雾和逆温层。伦敦上空因受冷高压影响，出现无风状态和60～150 m低空逆温层，使从家庭和工厂排出的燃煤烟尘被封盖滞留在低空逆温层下，导致4天时间有4 000人死亡，两个月后又有8 000多人死亡
4	洛杉矶光化学烟雾事件	美国	1955年	美国洛杉矶市有350多万辆汽车，每天有超过1 000 t烃类、30 t氮氧化合物和4 200 t一氧化碳排入大气中，经太阳光紫外线作用产生光化学烟雾，发生光化学反应，生成一种浅蓝色光化学烟雾，造成许多人眼睛红肿、咽炎、呼吸道疾病恶化乃至思维紊乱、肺水肿。在1955年一次事件中，仅65岁以上老人就死亡400人
5	水俣事件	日本	1953—1979年	熊本县水俣湾地区自1953年以来，病人开始面部呆痴、全身麻木、口齿不清、步态不稳，进而失聪，最后精神失常、全身弯曲、高叫而死。还出现“自杀猫”“自杀狗”等怪现象。截至1979年1月，受害人数达1 004人，死亡206人。到1959年才揭开谜底，原来是某工厂排出的含汞废水污染了水俣海域，鱼贝类富集了水中的甲基汞，人或动物吃鱼贝类后，引起中毒或死亡
6	富山事件	日本	1955—1965年	1955年后，在日本富山通川两岸出现一种怪病，发病者开始手、脚、腰等全身关节疼痛。几年后，骨骼变形易折，周身骨骼疼痛，最后病人饮食不进，在疼痛中死去或自杀。到1965年底，近100人因骨痛病死亡。到1961年才查明是由于当地铅厂排放含镉废水，人吃了受镉污染的大米或饮用含镉的水而造成这种怪病
7	四日市事件	日本	1955—1972年	四日市是一个以石油联合企业为主的城市。自1955年以来，工厂每年排到大气中的粉尘和SO_2总量达1.3×10^5 t，使这个城市终年烟雾弥漫。居民中很多人患有支气管炎、支气管哮喘、肺气肿及肺癌等呼吸道疾病，称为“四日气喘病”。截至1972年，日本全国患这种病者高达6 376人
8	米糠油事件	日本	1968年	1968年九州出现一种怪病，发病时病人眼皮肿、手掌出汗、全身起红疙瘩，严重时恶心呕吐、肝功能降低，慢慢地全身肌肉疼痛、咳嗽不止，有的引发急性肝炎或医治无效而死。该年7—8月患者达5 000人，死亡16人。这是由于一家工厂在生产米糠油的工艺过程中不慎将多氯联苯混入油中，造成食油者中毒或死亡

20世纪80年代以后出现了第二次环境问题高潮。环境问题由区域性的环境污染与生态破坏演变为全球性的问题，引起了世界各国的普遍关注。这时的环境问题主要有3种：一是全球性的广域性的环境污染，如大气污染的温室效应、臭氧层破坏和酸雨、淡水资源的枯竭与污染；二是大面积生态破坏，如生物多样性锐减、大面积森林毁坏、草场退化、土壤侵蚀和沙漠化；三是突发性的严重污染事件和化学品的污染及越境转移。

现在全球性环境问题主要是生态环境破坏问题、环境污染问题、人口问题、环境干扰问题等，集中表现为大气污染超标、温室效应与全球气候变暖、酸雨、臭氧层破坏、土地荒漠化、水资源短缺与水污染严重、海洋生态危机、森林面积锐减、物种消失加剧、有害废物的越境转移、混乱的城市化、城市垃圾成灾。下面主要介绍温室效应、臭氧层空洞和酸雨等环境问题。

(1) 温室效应。温室效应是一种自然现象，是由于太阳光透过大气层被地球表面吸收，地球将吸收的热量以长波辐射回大气，被 CO_2、H_2O 、CH_4、N_2O、CFC（氟氯烷烃，又称氟里昂）等这些温室气体吸收，使大气增温，使地球表面温度保持在 15℃左右，这就是“温室效应”。地球的“温室效应”现象，保护着地球上所有的生命。

由于人类大量使用矿物燃料，矿物燃料燃烧所排放的 CO_2 占排放总量的 70%，绿色植物的光合作用可大量吸收 CO_2，森林滥伐毁坏的结果不仅使光合作用减少，而且通过焚烧树木，增加了 CO_2 的排放。大气中 CO_2 的含量由 19 世纪中叶的 260～280 cm^3/m^3 增加到 20 世纪 80 年代的 340 cm^3/m^3，据预测，至 21 世纪中叶还可能达到 600 cm^3/m^3。CO_2 可让太阳光透射，并大量吸收大气表层和地表能生热的红外辐射，从而使低层大气温度升高。大气中 CO_2 等温室气体含量的增加，将使地球表面的能量平衡发生改变，就会在地球表面上空形成一座“玻璃温室”，使地球变暖。“温室效应”将使全球气候变暖，由此会造成很多影响，例如改变降雨和蒸发体系，增加台风、飓风及洪水发生的频率和强度，海平面升高，农作物减产及物种灭绝等，改变大气环流，进而影响海洋水流，冰川融化，海平面上升，富营养区的迁移，海洋生物的再分布等。预测表明，如果大气中 CO_2 浓度增加 1 倍，全球温度将上升 3～5℃，而到 21 世纪中后期，大气中 CO_2 浓度完全可以翻一番。据政府间气候变化委员会（IPCC）对全球气候变化的判断，21 世纪全球气温每 10 年将上升 0.3℃，到 2050 年，全球气温将上升 1℃；海平面每年上升 6 cm，到 2070 年，海平面将上升 65 cm，许多处于低海拔高度的沿海城市和地区、岛国等将面临不复存在的灭顶之灾。

(2) 臭氧层空洞。大气中的臭氧大部分存在于大气圈平流层底部的一个小圈层中。这个顶部距地面 35 km，底部距地面 15 km 的小圈层即为臭氧层。臭氧层的厚度“换算”到标准状况仅为 0.3 cm，臭氧层具有非常强烈地吸收紫外线的功能，能 99%地吸收来自太阳的对生物有害的紫外线部分，保护了人类和生物免遭紫外线辐射的伤害，减少人类白内障和皮肤癌等疾病的发生，提高了人体的免疫力。臭氧层有“地球保护伞”之称。

人类活动排入大气的 CFC 与氮氧化物等化学物质与臭氧发生作用，导致了臭氧的损耗，破坏了臭氧层。自 1958 年人类对臭氧层进行观察以来，就发现高空臭氧层有减少的趋势。据新华社报道，美国宇航局利用地球观测卫星上的“全臭氧测图分光计”测定，2000 年 9 月 3 日在南极上空的臭氧层空洞面积已达 $2\ 830\times10^4$ km^2，相当于美国领土面积的 3 倍，而 1998 年 9 月 19 日测得臭氧空洞面积为 $2\ 720\times10^4$ km^2。因此，用“天破了”来形容臭氧层的破坏并不过分，这意味着有更多的紫外线照射到地面。科学家预言到 2050 年，即使不考虑在南北极上空的特殊云层，在高纬度地区，臭氧的消耗量也将达 4%～12%，这就意味着停止使用氯氟烃和其他危害臭氧层的物质刻不容缓。臭氧层的破坏导致太阳紫外线对地球辐射增强，从而降低人体的抵抗能力，引起白内障和皮肤癌，抑制人体免疫系统的功能等许多疾病的发生。还使农作物减产，光化学烟雾严重，海洋生态平衡受影响。

(3) 酸雨。酸雨又称酸沉降，是指 pH 值小于 5.6 的天然降水（湿沉降）和酸性气体及颗粒物的沉降（干沉降）。SO_2 和 NO_x 是形成酸雨的主要物质，在美国测定的酸雨成分中，硫酸占 60%，硝酸占 32%，盐酸占 6%，其余是碳酸和少量有机酸。酸雨主要是人类生产活动和生活造成的，属于二次污染物。

酸雨的危害主要是破坏森林生态系统、改变土壤性质和结构、破坏水体生态系统、腐蚀建筑物、损害人体的呼吸系统和皮肤。酸雨使土壤酸化，肥力降低，有毒物质毒害作物根系，杀死根毛，导致作物发育不良或死亡。土壤酸化会破坏土壤结构，影响植物生长，会使一些有毒的金属离子溶出，这些离子可使人体致病，例如水中铝离子浓度的增加并在人体中累积，可使人早衰和患老年痴呆症；中北欧、美国、加拿大已出现明显的土壤酸化现象。酸雨对森林的危害在许多国家已普遍存在，造成森林生态系统衰退和森林衰败，许多国家受酸雨影响的森林面积在 20%～30%。

目前，全球已形成三大酸雨区。当前最集中、面积最大的酸雨区是欧洲、北美和中国。全球因降雨来源的硫沉降最高的地区是欧洲、美洲中部和中国西南部，硫沉降高的其他地区有北美、俄罗斯和亚洲环太平洋地区。中国广东、广西、四川、贵州等地已是十雨九酸，华东地区的青岛、南京，北方的天津、沈阳也是受到酸雨危害较为严重的地区，我国由南至北，酸雨区呈扩大之势。

1.1.2.3 中国的环境问题

中国除面临与全球相同的环境问题外，其更为突出的是人口问题以及环境污染问题特别是水污染问题、大气污染问题、资源问题和生态破坏问题等。

(1) 人口问题。自新中国成立以来，我国人口数量一直大幅增长，先后经历了 20 世纪 50 年代和 60 年代两次人口增长高峰，到 1990 年 7 月我国人口达 11.6 亿，到 1995 年 2 月 15 日我国人口达 12 亿，目前已超过 14 亿，以上数据表明我国人口在逐年增长。中国人口的特点是农村人口多，城市人口少，如 1990 年城市人口占总人口数的 26.2%，远低于世界城市人口占总人口数 40%的平均水平。表现为人口老龄化，人口分布不均，整体素质偏低，自然环境的承载力过大，各种资源短缺，能源供应紧张，环境污染严重。人口增长的另一负面影响是资源的平均占有率下降以及一系列社会问题，如就业困难、交通拥挤、住房紧张等，这些将严重阻碍我国社会的经济发展，进一步加重环境污染。

(2) 环境污染问题。水污染严重，水资源分布是东南多西北少，从东、中、西三条线路，分别从长江下游、中游和上游地区引水到北方地区，实现南水北调工程。水资源短缺，黄河下游地区自 20 世纪 70 年代起，断流现象几乎每年发生，而且断流的时间越来越长。洪涝灾害严重，洪涝灾害发生区域主要集中在南方，而缺水区域又多集中在北方。水污染的河流不断增加，国家环境保护部的一项调查表明，我国 131 条流经城市的河流中，严重污染的有 36 条，重度污染的有 21 条，中度污染的有 38 条，七大水系和部分地区污染程度见表 1—2；水土流失严重，如长江带入东海的泥沙每年达 6 亿吨，输沙量已达黄河的 1/3。大气污染严重，大气污染的主要污染物是 SO_2 和烟尘，这是由我国的能源结构造成的，煤炭约占我国能源消耗的 75%左右，空气污染属煤烟型。土地荒漠化严重，中国已成为耕地面积不足、荒漠化危害最严重的国家之一。我国受荒漠化影响的土地面积约为 3.33×10^6 km^2，占国土总面积的 1/3，且每年仍以 2.3×10^3 km^2 的速度推进，近 4 亿人口受到荒漠化威胁，极大地制约了当地的经济发展和人民生活水平的提高。

表 1—2　　我国主要水系污染状况

名称	状　况
长江流域	干流水质良好
黄河流域	面临着水资源短缺和水体污染的双重压力。主要污染指标为高锰酸盐指数、生化需氧量、氨氮、石油类等
珠江水域	水质总体良好，主要污染指标为高锰酸盐指数、氨氮等
松花江流域	处于中等污染水平，主要污染指标为高锰酸盐指数和氨氮等
淮河流域	干流基本以Ⅲ类水质为主，支流以Ⅳ类至劣Ⅴ类水质为主。主要污染指标为非离子氨（氨氮和高锰酸盐指数）
海河流域	污染严重，主要污染指标为高锰酸盐指数、非离子氨等
辽河流域	污染严重，主要污染指标为化学需氧量、高锰酸盐指数、石油类和氨氮
浙闽片流域	浙闽片河流总体水质良好，主要污染指标为氨氮，金华江和衢江污染相对严重
内陆河流	内陆河流污染较轻，主要污染指标为氨氮、挥发酚等
城市河段	流经城市的河段普遍受到污染。华东地区和长江、黄河沿岸城市地表水因地表径流较大而水质较好，海河、辽河等沿岸的城市地表水水质较差。 各城市典型水域仍以氨氮和有机物污染为主，主要污染指标为氨氮、高锰酸盐指数和生化需氧量等

（3）资源问题。我国矿产资源十分丰富，到目前为止，被利用的矿产资源已超过 150 种，其中很多矿产（如钨、锑、锌、煤、稀土等）的储量都居世界前列。在矿产资源的开发和利用上，我国存在利用率低、对环境的污染破坏严重等问题。我国的森林覆盖率为 13.9%，占世界森林总面积的 3%～4%，但人均占有量仅为 0.114 hm^2，并且存在着病虫害、森林火灾及人为破坏等问题；我国的草地资源为 1.9 亿 hm^2，占国土总面积的 40%，但人均占有量仅为 0.33 hm^2，为世界人均值的 1/2。

（4）生态破坏问题。人类违背自然规律，盲目开发自然环境，引起了严重的环境问题，如生物多样性锐减、森林破坏、草场退化、珍稀物种灭绝、土壤荒漠化、水土流失、土壤盐碱化、土壤潜育化、土壤酸化、地下水过度开采造成地下水漏斗、地面下沉，不合理开发利用造成的地质结构破坏、地貌景观破坏，大型工程建设引起的自然灾害等。

1.1.2.4　中国的环境状况

根据近几年来国家环境保护部发布的中国环境状况公报，在经济增长基本保持 7%的情况下，每年全国环境质量总体有所恶化，但发展程度减缓。七大江河水系均受到不同程度的污染，一半以上的监测断面属于Ⅴ类和劣Ⅴ类水质，城市及其附近河段污染严重。滇池、太湖和巢湖富营养化问题依然突出，东海和渤海近岸海域污染严重，城市空气质量基本稳定，颗粒物污染范围较广，空气质量满足国家二级标准、三级标准和超过三级标准的城市比例各占1/3，酸雨区范围和污染程度稳定，南方地区酸雨污染较重，酸雨控制区内90%以上的城市出现了酸雨。多数城市受到轻度噪声污染。2006年中国主要污染物排放不降反升，平均每两天发生一起突发性环境事故，群众环境投诉和中央领导对环境问题的批示比2005年分别增加了三成和52%，2006年单位GDP能耗比2005年下降1.23%。这一现象远远背离了中央在“十一五”规划中提出的“每年节能4%，减排2%”的目标。中国环境形势仍然相当严峻，各项污染物排放总量很大，污染程度仍处于相当高的水平，一些地区的环境质量仍在恶化，相当多的城市水、气、声、土壤环境污染仍较严重，农村环境质量有所下降，生态恶化加剧的趋势尚未得到有效遏制，部分地区生态破坏的程度还在加剧。

目前普遍认为中国主要环境问题有：大气污染日益加剧，水域污染加剧，垃圾围城现象普遍，噪声污染普遍超标，水土流失难以遏制，土地荒漠化不断扩展，濒危物种生境缩小，水资源呈现短缺，耕地资源逐年减少，森林资源供不应求。

从斯德哥尔摩到召开几次全国环境保护会议，我国政府为解决环境问题做了许多艰苦细致的工作，并取得了较大成绩。由于科学技术进步带来工农业高速发展而造成的环境问题，其根本原因是缺乏对环境发展的规划和经济规划，对环境的价值认识不足。环境容量和承载能力是有限的，如果人口的增长、生产的发展不考虑环境条件的影响因素，就会导致环境的污染和破坏，造成资源的枯竭，对人类健康造成损害。环境问题的出现已经告诫人们，要正确处理好人类与环境的关系，树立节约和合理利用自然资源意识，自觉维护生态平衡，增强环境保护意识，才能实现经济建设的可持续发展。

环境保护的32字方针“全国规划、合理布局，综合利用、化害为利，依靠群众、大家动手，保护环境、造福人民”，以及“预防为主、防治结合、综合治理”“谁污染谁治理”“强化环境管理”三大环境政策以及其他方针、政策和相应的环境保护法、环境标准等为环境保护提供了强有力的保障。此外，我国已建立了较完善的环境监测网，形成了完整的环境管理和监督体制，为促进我国经济和社会的可持续发展，保护自然资源、保护（良好的）生态环境打下了良好而坚实的基础。保护环境、维护生态平衡是我们人类共同应尽的义务和责任，发展经济、创造文明不能以牺牲环境为代价。

1.2 环境保护

1.2.1 环境科学

1.2.1.1 环境科学的产生和发展

随着环境问题的日益突出，人们越来越迫切地希望了解人与环境的关系，掌握解决环境问题的途径。环境科学正是在解决环境问题的社会需要的推动下发展起来的。由于人们对环境问题的认识是循序渐进的，环境科学的形成和发展也经历了一个过程。

环境科学的萌芽可以追溯到几千年前，如孔子及其他一些儒家、道家倡导“天命论”，认为天命不可抗拒，主张“天人合一”，其实质就是不要破坏自然，要与自然和谐相处。19世纪，社会经济飞速发展，人类利用和改造自然环境的能力也大大增强，产生的环境问题开始影响到人类的生产和生活，环境问题开始受到人们的重视，一些学者分别从本学科的角度对环境问题进行探索。达尔文在《物种起源》中论证了物种的进化与环境变化存在着密切的关系；1897 年，英国建立了污水处理厂；1915 年，日本学者证明煤焦油可以诱发皮肤癌；20 世纪初，中国开始较大规模地推广使用沼气池……

20 世纪 50 年代，西方发达资本主义国家的环境质量逐渐恶化，重大的环境污染事件不断发生，引起人类的极大震动和反思，比较系统的环境科学以此为契机发展起来。1962 年，美国海洋生物学家卡尔逊出版的《寂静的春天》是近代环境科学产生的标志。此外，物理、化学、生物、医学和地学等学科的学者在相关学科的基础上，运用各自学科原理和方法研究环境问题，创立了环境物理学、环境化学、环境生物学、环境医学、环境地学和环境工程学等环境科学的学科群，由此形成了一门综合性的、交叉的新兴科学——环境科学。20 世纪 70 年代初，出现了以环境科学为书名的综合性专著，标志着环境科学的正式诞生。

最初人们认为环境问题是生产技术方面的问题，以治理污染为主要手段，原则是“谁污染谁治理”，环境科学成了治理污染的代名词，促进了环境工程学的发展。但这一时期虽然采取了各种污染治理对策，耗费了大量的人力、物力和财力，然而环境问题并没有从根本上得到解决。

污染防治的实践表明，有效的环境保护有赖于对人类活动及社会关系的科学认识和合理调节，必须涉及社会科学领域，相应产生了环境经济学、环境规划学和环境法学等。

1987 年，联合国世界环境与发展委员会发表《我们共同的未来》，第一次将环境问题与发展联系起来，并明确指出，目前严重的环境问题，产生的根本原因在于人类的发展方式和发展道路。采取的对策应该是改变目前的发展方式，协调经济发展与环境之间的关系，走可持续发展的道路，其结果是促进了环境管理学学科的建设和发展。

1.2.1.2 环境科学的概念

环境科学是一门新兴的学科，在人们面临一系列环境问题，并且亟待解决环境问题的需求下逐渐形成并迅速发展起来的。由多学科到跨学科的科学体系，是多学科如自然科学、社会科学、技术科学和人文科学之间相融合的科学体系。环境科学的概念可概括为一门研究人类社会发展活动与环境演化规律的相互作用关系，寻求人类社会与环境协同演化、持续发展途径与方法的科学。广义上讲，它是对人类生活的自然环境进行综合研究的科学。狭义上讲，它是研究由人类活动所引起的环境质量的变化，以及保护和改善环境质量的科学。

环境科学是研究人类活动与环境质量关系的科学。环境科学的发展虽然只有短短的四十几年，但随着环境保护实际工作的迅速扩展和环境科学理论研究的不断深入，其概念和内涵日益丰富和完善。

1.2.1.3 环境科学的研究范畴

（1）环境科学的研究对象。环境科学的研究对象是人类与其生活环境之间的关系。在环境科学中，人和社会因素决定环境状况，占有主导地位。人与环境是既对立又统一的辩证关系，人类的生产和消费行为是人类与环境之间物质、能量和信息等的交换行为，人类通过生产行为从环境中获取物质、能量和信息等，将消费行为产生的废物排放到环境中。生态学家马世俊把环境科学研究的对象概括为"环境科学研究环境质量变化的起因、过程和后果，并找出解决环境问题的途径和技术措施"。地理学家刘培桐教授指出，"环境科学以'人类—环境'系统为其特定的研究对象，它是研究'人类—环境'系统的发生和发展、调节和控制以及改造和利用的科学"。

(2) 环境科学的研究内容。环境科学在宏观上研究人类与环境之间相互作用、相互促进、相互制约的对立统一关系，遵循社会经济发展和环境保护协调发展的基本规律，调控人类与环境间的物质、能量、信息的运行及转换过程，维护生态平衡。在微观上研究环境中的物质，尤其是污染物在有机体内迁移、转化和积蓄的过程及其运动规律，探索它对生命的影响及作用的机理等。环境科学研究可更新资源的永续利用，不可更新资源节约利用，逐渐改善环境质量。

环境科学的研究内容具体地说是以系统科学为方法论，研究环境系统演化规律及其与人类活动间的相互关系，研究环境系统的结构、功能和状态，研究环境质量、环境承载力的自然（包括物理、化学、生物）本质和物质基础等；以环境质量为核心概念，研究环境质量与人体健康、生活质量、精神境界的关系，描述和预测环境质量变化规律及其与人类活动的相互关系等；环境（包括生态、资源）对经济社会发展活动的承载作用、人类活动对环境承载力的提高和降低作用以及如何协调两者的关系等；在可持续发展理论的指导下，研究如何运用社会学、经济学、管理学方法在法规、政策、规划等各个层次上调整人类的思想和行为，以使环境与经济社会协调发展。

(3) 环境科学的基本任务

1) 探索全球范围内环境学演化的规律。这是研究环境科学的基础。在环境科学诞生以前，人类学、人口学、地质学、地理学和气候学等学科已经积累了丰富的资料，环境科学从这些学科中汲取营养，更好地了解人类和环境的发展规律。

2) 探索全球范围内人与环境相互依存的关系。这是环境科学研究的核心。在人类与环境的矛盾中，人类作为矛盾的主体，一方面从环境中获取物质、能量和信息，另一方面又将废物排放到环境中，这必然会引起能源消耗和环境污染问题。而环境作为矛盾的客体，具有一定的环境容量，如果人类的行为超过了这个环境容量，就会引起环境破坏和退化，从而给人类带来意想不到的灾难。

3) 探索全球环境变化对人类生存的影响。这是环境科学研究的长远目标，全球环境变化是人类研究的热点之一。环境是一个多要素组成的复杂系统，其中有许多反馈机制。人类活动造成一些短暂性、局部性的影响会通过一系列反馈机制将这些影响施加给人类社会，这种反馈影响将是强烈的和全球性的，危害也将是巨大的。

4) 探索区域环境污染综合防治技术和管理措施。西方发达国家的成功经验是从20世纪50年代的污染治理，到60年代区域性污染综合治理，到70年代的以预防为主，并开始重视环境规划和管理，到80年代推行清洁生产的制度等。近20多年来，中国在污染预防和强化环境规划与管理方面也取得显著成效。

1.2.1.4 环境科学的特点

(1) 综合性。学科的综合性、研究范围的综合性。环境科学是多学科交叉渗透，是自然科学、社会科学、技术科学的综合学科，它的研究范围涉及管理、经济、科技、军事等部门及文化教育等人类经济活动和社会行为的各个领域。

(2) 特殊性。环境科学是以人类为核心，人与环境具有对立统一关系，并呈正相关关系。人类对环境的作用和环境的反馈作用相互依赖，互为因果，构成一个共轭体。人类对环境的作用越强烈，环境的反馈作用也越显著。人类作用为正效应时（有利于环境质量的恢复和改善），环境的反馈作用也应该呈现正效应（有利于人类的生存和发展）；反之，人类将受到环境的报复（负效应）。

(3) 独特性。环境科学是一门新兴的学科，是从经典学科中分化、重组、综合、创新而建立起来的，在萌发阶段，是多种经典学科运用本学科的理论和方法研究相应的环境问题，经分化、重组，形成环境化学、环境物理学等交叉的分支学科，经过综合形成由多个交叉的分支学科组成的环境科学。以人类—环境系统为特定研究对象，进行自然科学、社会科学、技术科学跨学科的综合研究，创立人类生态学、理论环境学的理论体系，逐渐形成环境科学特有的学科体系。

1.2.1.5 环境科学的分类

环境科学是为解决环境问题而创立的一门综合性的新兴科学，已逐步形成多种学科相互交叉渗透的庞大的学科体系，也是介于自然科学、社会科学和技术科学之间的边缘学科，是现代科学技术向深度、广度进军的标志，是人类认识自然、改造自然进一步深化的表现。按其性质和作用不同来分，环境科学分为基础环境学、环境学、应用环境学。

(1) 基础环境学。基础环境学是环境科学发展过程中形成的基础学科，包括环境数学、环境物理学、环境化学、环境社会学、环境生物学、环境污染生态学、环境毒理学和环境地质学等。

(2) 环境学。环境学是环境科学的核心，着重于对环境科学基本理论和方法论的研究，包括大气环境学、水体环境学、土壤环境学、城市环境学、区域环境学等。

(3) 应用环境学。应用环境学是环境科学中实践应用的学科，包括环境工程学、环境控制学、环境管理学、环境规划、环境监测、环境经济学、环境法学、环境行为学、环境医学、环境质量评价等。

总而言之，环境科学主要研究人类与环境的关系，污染物在环境中的迁移、转化、循环和积累的过程与规律，环境污染的危害，环境状况的调查、评价和环境预测，环境污染的控制与防治，自然资源的保护与合理利用，环境监测、分析技术与环境预报，环境区域与环境规划。环境科学研究的核心问题是环境质量的变化和发展，通过研究在人类活动影响下环境质量的发展变化规律及其对人类的反作用，提出调控环境质量的变化和改善环境质量的有效措施。

1.2.2 环境承载力

1.2.2.1 环境承载力的概念

环境承载力（CC）是在某一时期的某种状态或条件下，某地区的环境所能承受的人类活动作用的阈值，所谓能承受，是指不影响环境系统正常功能的发挥。环境承载力是用以限制发展的一个最常用概念。CC 最早在生态学中用以衡量某一特定地域维持某一物种最大个体数目的潜力，现在则广泛用于说明环境或生态系统所能承受发展和特定活动能力的限度。CC 意味着人们应该在对环境造成的总的冲击与人们所估计的地球环境承受能力之间留有足够的安全余地，因为尽管人们知道环境存在着某种顶极的界限，但人们并不可能真正达到这个顶极。

环境承载力一般包括生产过程赖以进行的资源；人们对生活水平的期望，包括物质需求和服务需求；生产原材料和生活用品分配方式及提供服务的基础设施；环境对生产和消费过程中产生的废物的同化能力。环境承载力的大小可以以人类活动作用的方向、强度和规模来加以反映。在不同地区，不同的人类开发活动水平将对该地区的环境产生不同程度的影响，开发强度不够，社会生产力低下，会直接影响人民群众的生活水平；开发强度过大，又会影响、干扰以致破坏人类赖以生存的环境，反过来会制约社会生产力。因此，人类必须掌握环境系统的运动变化规律，了解发展中经济与环境相互制约的辩证关系，在开发活动中做到发展生产与保护环境相协调，既要高速发展生产，又不破坏环境，或是经过人工改造，使环境朝着人类进步的方向发展，促使人类文明不断提高，自然资源永续利用。

一个城市的资源与环境综合承载力可由一系列相互制约又相互对应的发展变量和制约变量构成，包括自然资源变量，水资源、土地资源、矿产资源、生物资源的种类、数量和开发量；社会条件变量，工业产值、能源、人口、交通、通信等；环境资源变量，水、气、土壤的自净能力。

1.2.2.2　环境承载力的特征

区域环境是一个开放系统，它与外界不断进行着物质、能源、信息的交换，同时，在其内部也始终存在物质、能量的流动。随着人类科学技术的发展，人类社会经济活动的规模与强度明显加大，环境系统与外界及环境系统内部的物质、能量、信息的流动会更加强烈，对环境承载力有一定的影响。

（1）客观性。区域环境是一个开发系统，它通过与外界交换物质、能量、信息，保持着其结构和功能的相对稳定性，即在一定时期内，区域环境系统在结构、功能方面不会发生质的变化，而环境承载力是环境系统结构特征的反映。因而，环境承载力在环境系统结构上不发生本质变化，而环境承载力是环境系统结构特征的反映。环境承载力在环境系统结构不发生本质变化的前提下，其在质和量这两种规定性方面是客观的，是可以把握的。

（2）变动性。开放系统环境承载力的变动性主要是由于环境系统结构发生变化而引起的。环境系统结构变化，一方面与环境系统自身的运动有关；另一方面，更主要的是与人类对环境所施加的作用有关。环境系统在结构上的变化反映到环境承载力上，就是环境承载力在质和量这两种规定上的变动。环境承载力在质的规定性上的变动表现为环境承载力指标体系的改变，在量的规定性上的变动表现为环境承载力指标值大小上的改变。

（3）可控性。环境承载力具有变动性，这种变动性在很大程度上是可以由人类活动加以控制的。人类在掌握环境系统运动变化规律和经济—环境辩证关系的基础上，根据生产和生活实际的需要，可以对环境进行有目的的改造，从而可以使环境承载力在质和量两方面朝着人类预定的目标变化。但是，人类对环境所施加的作用必须有一定的限度，而不能无限制地奢求。因此，环境的可控性是有限度的可控性。

1.2.3 环境保护

1.2.3.1 环境保护的概念

环境保护就是运用环境科学的理论和方法，合理地利用自然资源，采取行政的、法律的、经济的、科学技术的多方面的措施，防止环境污染和破坏，以求保持和发展生态平衡，扩大有用自然资源的再生产，促进经济与环境协调发展，保护人类健康生产生活，保证人类社会的可持续发展。环境保护是协调人类与环境的关系，解决各种问题，保护和改善环境的一切人类活动，其涉及的范围广、综合性强，除涉及自然科学和社会科学的许多领域外，还有其独特的研究对象。

根据《中华人民共和国环境保护法》的规定，环境保护的内容包括保护自然环境、防治污染和其他公害两个方面。也就是说，要运用现代环境科学的理论和方法，在更好地利用自然资源的同时，深入认识、掌握污染和破坏环境的根源和危害，有计划地保护环境，恢复生态，预防环境质量的恶化，控制环境污染，促进人类与环境的协调发展。

环境保护的目的是随着社会生产力的进步，在人类“征服”自然的能力和活动不断增加的同时，运用先进的科学技术，研究破坏生态系统平衡的原因，研究人为的原因对环境的影响和破坏，寻找避免和减轻破坏环境的途径和方法，化害为利，为人类造福。

实践证明，人类改造自然、发展生产，必须同时注意自然界的“报复”，注意发展生产给包括人类在内的整个生态系统所带来的影响，而不能超过某一限度。环境保护就是要明确提出这一限度，通过宣传使大家认识这一限度，以政策、法律形式做出具体规定，并尽力实施这些规定，否则人类的生存环境就会遭到破坏。

1.2.3.2 环境保护的意义

我国的环境形势相当严峻，尽管全国环境污染恶化的趋势总体上开始得到控制，污染物排放总量有所减少，工业污染源达标排放和重点城市环境质量达标工作也取得显著进展，部分地区和城市环境质量有所改善，但由于我国现在达到的治理污染的标准是初级的，各项污染物的排放总量仍然很大，环境形势仍然相当严峻。

例如我国水体污染严重和水资源短缺，辽河、海河、淮河、黄河、松花江、珠江、长江河流有机污染物普遍偏高，主要湖泊水体富营养化严重。我国城市环境污染严重。大部分城市存在水源被污染、大气被污染、城市垃圾和噪声造成严重污染的问题。近年来，一系列生态事件的发生，如黄河断流、长江洪水、荒漠化以及危及半个中国的沙尘暴，说明大自然在报复、生态环境告急。

环境保护是我国的一项基本国策，我国运用行政的、法律的手段来保护人类赖以生存的环境，使人类与环境和谐促进。环境保护就是要修复、治理和防止环境污染的进一步恶化，还人类一个美好的生存、生活空间，让天更蓝，水更清，山更绿。

1.2.3.3 中国环境保护前景

（1）环境保护历程。环境问题经历了污染的发生期、污染的发展期和污染的泛滥期三个阶段。人们不断探索、弄清污染的原因、机制和治理污染的方法，各国特别是一些工业发达国家先后制定了有关环境保护的各种条例、规定和法规，以限制污染、改善环境。环境保护历程经历了污染限制、治理阶段，可持续发展阶段，环境与发展的成熟阶段。

1）污染限制、治理阶段。工业发达国家在环境污染发生初期采取一些限制性措施，颁布了一些环境保护法规，如英国 1863 年颁布的《碱业法》、1876 年颁布的《河流防污法》等。美国、法国等也陆续颁布了防治大气、水、放射性物质、食品、农药等污染的法规。到 20 世纪 50～70 年代环境污染问题日益加重时，工业发达国家相继成立环境保护专门机构，颁布了一些环境保护的法规和标准，重点治理污染源、减少排污量，并通过征收排污费或实行“谁污染谁治理”的原则，解决环境污染的治理费用问题。这种“尾部治理”的措施，是被动的，收效甚微。20 世纪 50 年代末，美国环境问题开始突出，美国海洋生物学家卡尔逊的《寂静的春天》一书，揭示环境污染、生态破坏的大量触目惊心的事实，引起美国举国震动，并推动了全世界公众对环境污染问题的深切关注。1968 年，10 个国家的 30 位专家在罗马成立“罗马俱乐部”，研究人类的环境问题。1970 年 3 月 9 日～12 日，国际社会科学评议会在日本东京召开“公害问题国际座谈会”，发表《东京宣言》，提出“环境权”要求。

1972 年 6 月 5 日，在学者们和广大公众强烈要求下，联合国在瑞典斯德哥尔摩召开人类环境会议，共有 113 个国家和一些国际机构的 1 300 多名代表参加了会议。这次会议的目的是寻求人类未来的发展道路。它是国际社会就环境问题召开的一次世界性会议，标志着全人类对环境问题的觉醒，是世界环境保护史上的一个飞跃。会议提出一份非正式报告《只有一个地球》。报告不仅论及环境问题，而且还将污染问题与人口问题、资源问题、工艺技术影响、发展不平衡，以及世界范围的城市化困境等联系起来，作为一个整体来探讨和研究。会议发布的《人类环境宣言》指出：“保护和改善人类环境是关系到全世界各国人民的幸福和经济发展的重要问题，也是全世界各国人民的迫切希望和各国政府的责任。”《人类环境宣言》第一次呼吁全人类要对自身的生存环境进行保护和改善，因为保护自然环境就是保护人类自己。同时，它还要求人们与自然进行有效合作，把保护环境同和平与发展统一起来，作为人类的共同目标去实现。斯德哥尔摩人类环境会议的历史功绩在于，将环境问题严肃地摆在了人类的面前，唤醒了世人的警觉，引起了世界各国的广泛关注，使环境问题开始摆上各国政府的议事日程，并与人口、经济和社会发展联系起来，统一审视。寻求一条健康、协调的发展道路。这次会议无疑是世界环境保护工作的一个重要里程碑，它加深了人们对环境问题的认识，扩大了环境问题的范围，冲破了以环境论环境的狭隘观点，把环境与人口、资源和发展联系在一起，力图从整体上解决环境问题。具体到环境污染的治理，则开始实行建设项目环境影响评价制度和污染物排放总量控制制度，从单项治理发展到综合防治。

2）可持续发展阶段。1992 年 6 月 5 日在巴西里约热内卢召开联合国环境与发展大会，全世界 183 个国家的首脑、各界人士和环境工作者等 70 个国际组织的代表聚集里约热内卢，就世界环境与发展问题共商对策，探求协调今后环境与人类社会发展的方法，以实现“可持续的发展”。本次会议正式否定了“高生产、高消费、高污染”的传统发展模式，会议通过并签署了 5 个重要文件：《里约环境与发展宣言》《21 世纪议程》《关于所有类型森林问题的不具法律约束的权威性原则声明》《气候变化框架公约》和《生物多样性公约》。其中《里约环境与发展宣言》和《21 世纪议程》提出建立“新的全球伙伴关系”，为今后在环境发展领域开展国际合作确定了指导原则和行动纲领，也是对建立新的国际关系的一次积极探索。

里约热内卢会议的历史功绩在于，找到了前进的道路和方向，让世界各国接受了可持续发展战略方针，并在发展中开始付诸实施，这是人类发展方式的大转变，是人类历史的新纪元。以新型的全球合作伙伴关系开展世界范围内的合作，为最终实现可持续发展的远大目标而共同努力。

3）环境与发展的成熟阶段。各国承诺的具有合作精神的里约精神，在里约会议后，世界环境保护工作迈上了新的征途，从治理污染扩展到更为广阔的人类发展与社会进步的范围，环境保护和经济发展相协调的主张成为人们的共识，“环境与发展”则成为世界环保工作的主题。但是全球的环境形势依然严峻，全球环境恶化的趋势仍没有得到扭转。

2002年8月26日至9月4日，由联合国召开的21世纪迄今级别最高、规模最大的可持续发展首脑会议在南非约翰内斯堡桑顿会议中心举行。会议涉及政治、经济、环境与社会等广泛问题，全面审议了1992年联合国环境与发展大会通过的《里约宣言》《21世纪议程》等重要文件和环境公约的执行情况，并在此基础上就今后工作提出具体的行动战略与措施，积极推进全球的可持续发展。

（2）中国环境保护前景。由于经济发展和历史的原因，我国的环境保护工作与工业发达国家相比起步较晚，早期只是在保护自然环境和开发利用自然资源的过程中形成了一些环境保护的意识。新中国诞生后，党和政府采取了有力措施，开展了一系列以除害灭病、改善环境卫生为主要内容的爱国卫生运动。对老城市进行改造，建设了大量市政公用基础设施，改善了城市居民的居住和生活条件，同时又建成了一批新兴城市。在建设中注意了全面规划、合理布局，并在选址、设计和施工时，考虑了风向、水源地等环境因素，部分工程还设置了治理污染的设施。

1972年6月我国派代表团出席了斯德哥尔摩的联合国人类环境会议。通过这次会议，深刻地了解到环境问题对经济社会发展的重大影响。斯德哥尔摩会议以后，在周恩来总理倡议下，1973年8月5日～20日在北京召开了第一次全国环境保护会议。这次会议标志着中国环境保护事业的开端，为中国的环保事业作出了应有的历史贡献，并确定了“全面规划、合理布局、综合利用、化害为利、依靠群众、大家动手、保护环境、造福人民”的“三十二字”环境保护方针。会议审议通过了中国第一个全国性环境保护文件《关于保护和改善环境的若干规定（试行）》，后经国务院以“国发［1973］158号”文批转全国。该文件是中国历史上第一个由国务院批转的具有法规性质的文件。文中规定，要努力改革工艺，开展综合利用，并明确规定：“一切新建、扩建和改建企业，防治污染项目，必须和主体工程同时设计、同时施工、同时投产”。1974年5月，国务院批准成立国务院环境保护领导小组及办公室。随后，各省、自治区、直辖市和国务院有关部局也相应设立了环境保护管理机构。在这一阶段主要做了四项重要工作。第一是进行全国重点区域的污染源调查、环境质量评价及污染防治途径的研究。第二是开展了以水、气污染治理和“三废”综合利用为重点的环保工作。第三是制定环境保护规划和计划。第四是逐步形成一些环境管理制度，制定了“三废”排放标准。1973年“三同时”制度逐步形成并要求企事业单位执行，为了使加强工业企业污染管理做到有章可循，1973年11月17日，由国家计委、国家建委、卫生部联合颁布了中国第一个环境标准《工业“三废”排放试行标准》（GBJ4－73），这是一种浓度控制标准，共19条。

1978年3月5日，五届人大一次会议通过的《中华人民共和国宪法》明确规定：“国家保护环境和自然资源，防治污染和其他公害”。1979年9月13日，五届人大常委会第十一次会议原则通过《中华人民共和国环境保护法（试行）》，并予以颁布。它是我国环境保护的基本法，为制定环境保护方面的其他法规提供了依据。确定了环境保护的基本方针（即三十二字方针）和“谁污染谁治理”政策，明确要建立机构，加强管理。它标志着我国环境保护工作开始走上法制的轨道。1983 年 12 月 31 日至 1984 年 1 月 7 日，国务院在北京召开了第二次全国环境保护会议。这次会议在总结过去十年环境保护工作经验教训的基础上，提出了到 20 世纪末我国环境保护工作的战略目标、重点、步骤和技术政策。这次会议是中国环境保护工作的一个转折点，为中国环境保护事业作出了重要的历史贡献。李鹏总理会上代表国务院宣布“保护环境是我国的一项基本国策”。会议提出了“三建设”即经济建设、城乡建设、环境建设，“三同步”即同步规划、同步实施、同步发展，“三统一”即经济效益、社会效益与环境效益的统一。会议确定了符合国情的“预防为主、防治结合、综合治理”、“谁污染谁治理”和“强化环境管理”的三大环境保护政策；提出 20 世纪末的环保战略目标是到 2000 年，力争全国环境污染问题基本得到解决，自然生态基本达到良性循环，城乡生产生活环境优美、安静，全国环境状况基本上同国民经济和人民物质文化生活水平的提高相适应。1989 年召开了第三次全国环境保护会议，明确“只有坚定不移地贯彻执行环境保护这项基本国策，环境保护工作才能得到不断深入发展”。会议在继续推行原来“三同时”制度、“环境影响评价”制度和“排污收费”制度的同时，又正式提出了环境管理的新五项制度：环境保护目标责任制、城市环境综合整治定量考核、排放污染物许可证制度、污染集中控制和污染限期治理。前三项和后五项总称八项管理制度。1989 年 12 月 26 日第七届人大常委会第十一次会议通过《中华人民共和国环境保护法》，并从公布之日起施行。该法的颁布标志着我国环境保护法制建设跨进了新阶段。新的《中华人民共和国环境保护法》把在实践中行之有效的制度和措施以法律的形式固定下来，这就形成了由环保专门法律、国家法规和地方法规相结合的环保法律法规体系。

1992 年 8 月，在联合国环境与发展大会召开以后不久，党中央、国务院又批准了我国环境与发展的十大对策。这十大对策吸取了国际社会的新经验，总结了我国环境保护工作 20 余年的实践经验，集中反映了当前和今后相当长的一个时期我国的环境保护政策。这十大对策是实行持续发展战略；采取有效措施，防治工业污染；深入开展城市环境综合整治，认真治理城市“四害”；提高能源利用效率、改善能源结构；推广生态农业，坚持不懈地植树造林，切实加强生物多样性保护；大力推行科技进步，加强环境科学研究，积极发展环保产业；运用经济手段保护环境；加强环境教育，不断提高全民族的环境意识；健全环境法制，强化环境管理；参照环境与发展大会精神，制定中国行动计划。由 52 个部门、300 多名专家参加的工作小组开始编制《中国 21 世纪议程》的工作。1994 年 3 月 25 日，国务院第 16 次常务会议讨论通过并公开发表《中国 21 世纪议程——中国人口、环境与发展白皮书》。《中国 21 世纪议程》共 20 章、78 个方案领域，可以分为四个部分。

1996 年 7 月国务院召开了第四次全国环境保护工作会议，会议确定了《国家环境保护“九五”计划和 2010 年远景目标》，明确了要实行经济体制和经济增长方式这两个根本转变，把科教兴国和可持续发展作为两项基本战略。提出“保护环境的实质就是保护生产力”，把实施主要污染物排放总量控制作为确保环境安全的重要措施，开展重点流域、区域污染治理。国务院发布了《国务院关于环境保护若干问题的决定》，实施“33211”工程，即污染防治的重点是“三河”（淮河、辽河、海河）、“三湖”（太湖、巢湖、滇池）、“二区”（二氧化硫污染控制区、酸雨污染控制区）、“一市”（首都北京市）和“一海”（渤海）。2002年1月8日，第五次全国环境保护会议在北京召开，要求把环境保护工作摆到同发展生产力同样重要的位置，按照经济规律发展环保事业，走市场化和产业化的路子。2003年1月，新的《排污费征收使用管理条例》由国务院第369号令公布，于2003年7月1日起正式实行。《排污费征收使用管理条例》强调要加强管理，严格执行收费制度。

2005年10月8日在北京召开的党的十六届五中全会首次提出要全面贯彻落实科学发展观，加快建设资源节约型、环境友好型社会，大力发展循环经济，加大环境保护力度，切实保护好自然生态，认真解决影响经济社会发展特别是严重危害人民健康的突出的环境问题，在全社会形成资源节约的增长方式和健康文明的消费模式。

2005年12月，国务院发布了《国务院关于落实科学发展观加强环境保护的决定》，明确了环保工作的目标、任务和一系列重大政策措施，提出七项重点任务：以饮水安全和重点流域治理为重点，加强水污染防治；以强化污染防治为重点，加强城市环境保护；以降低二氧化硫排放总量为重点，推进大气污染防治；以防治土壤污染为重点，加强农村环境保护；以促进人与自然和谐为重点，强化生态保护；以核设施和放射源监管为重点，确保核与辐射环境安全；以实施国家环保工程为重点，推动解决当前突出的环境问题。国家环境保护总局以环发［2005］161号文件发出《关于深入学习贯彻〈国务院关于落实科学发展观加强环境保护的决定〉的通知》，要求学习贯彻国务院文件精神，全面推进，重点突破，下决心切实解决突出的环境问题。

以“全面落实科学发展观，加快建设环境友好型社会”为主题的第六次全国环境保护大会于2006年4月17—18日在北京召开。会议指出，“十一五”时期环境保护的主要目标是到2010年，在保持国民经济平稳较快增长的同时，使重点地区和城市的环境得到改善，生态环境恶化趋势基本得到遏制；单位国内生产总值能源消耗比“十一五”期末降低20%左右；主要污染物排放总量减少10%；森林覆盖率由18.2%提高到20%。做好新形势下的环保工作，要加快实现3个转变：一是从重经济增长、轻环境保护转变为环境保护与经济增长并重，在保护环境中求发展；二是从环境保护滞后于经济发展转变为环境保护和经济发展同步，努力做到不欠新账，多还旧账，改变先污染后治理、边治理边破坏的状况；三是从主要用行政办法保护环境转变为综合运用法律、经济、技术和必要的行政办法解决环境问题，自觉遵循经济规律和自然规律，提高环境保护工作水平。

当前和今后一个时期，需要着力做好四个方面的工作。第一，加大污染治理力度，切实解决突出的环境问题。重点是加强水污染、大气污染、土壤污染防治。第二，加强自然生态保护，努力扭转生态恶化趋势。一方面，控制不合理的资源开发活动；另一方面，坚持不懈地开展生态工程建设。第三，加快经济结构调整，从源头上减少对环境的破坏，大力推动产业结构优化升级，形成一个有利于资源节约和环境保护的产业体系。第四，加快发展环境科技和环保产业，提高环境保护的能力。加强环境保护工作，要加强领导，落实任务，从八个方面采取有效措施：一是落实环境保护责任制。地方政府要对环境质量负总责，将环保目标纳入经济社会发展评价范围和干部政绩考核。从2006年开始，每半年公布一次各地区和主要行业的能源消耗、污染物排放情况。要建立环保工作问责制。二是实行污染物排放总量控制制度。各地都要制定污染物排放总量控制计划，并层层分解，落实到基层和重点排污单位，不得突破。三是加强对建设项目的环境影响评价。今后凡是不符合国家环保法律法规和标准的建设项目，不得审批或核准立项，不得批准用地，不得给予贷款。四是制定区域开发和保护政策。根据不同地区资源环境承载能力，规范国土空间开发秩序。五要加大环境执法力度。建立完备的环境执法监督体系，有法必依、执法必严、违法必究，严厉查处环境违法行为和案件。六是用改革的办法解决环境问题，注重运用市场机制促进环境保护，建立能够反映污染治理成本的排污价格和收费机制，完善生态补偿机制。七是进一步增加环保投入。要把环境保护投入作为公共财政支出的重点，保证环保投入增长幅度高于经济增长速度。八是不断加强环保监管能力建设。建立先进的环境监测预警体系，切实提高突发环境事件的处置能力，加强环保队伍建设。要大力开展环境宣传教育，增强全民环保意识，在全社会形成保护环境的良好氛围。

本章小结

一、基本概念

环境、环境污染、温室效应、臭氧层空洞、酸雨、环境科学、环境承载力、环境保护

二、基本知识

1. 环境的分类

(1) 按环境要素属性分成自然环境和社会环境。

(2) 按环境的范围大小分为空间环境、车间环境、生活区环境、城市环境、区域环境、全球环境和宇宙环境等。

(3) 按人类生存的环境由小到大、由近及远分为聚落环境、地理环境、地质环境和宇宙环境。

(4) 按环境科学来分环境是以人或人类作为主体，其他的生命和非生命物质都被视为环境要素，环境指人类生存的氛围。

2. 环境的功能

(1) 资源功能　(2) 调节功能　(3) 服务功能　(4) 文化功能

3. 环境污染特征

(1) 影响范围大　(2) 作用时间长　(3) 污染物浓度低　(4) 污染容易治理难

4. 中国的环境问题

(1) 人口问题　(2) 环境污染问题　(3) 资源问题　(4) 生态破坏问题

5. 环境科学的基本任务

(1) 探索全球范围内环境学演化的规律　(2) 探索全球范围内人与环境相互依存的关系

(3) 探索全球环境变化对人类生存的影响　(4) 研究区域环境污染防治技术和管理措施

6. 中国环境保护前景

练 习 题

一、选择题

1. 环境污染按污染产生的来源来分，分为________。

A. 工业污染、农业污染、交通运输污染、水污染等

B. 工业污染、农业污染、大气污染、水污染等

C. 工业污染、农业污染、大气污染、生活污染等

D. 工业污染、农业污染、交通运输污染、生活污染等

2. 造成英国“伦敦烟雾事件”的主要污染是________。

A. 烟尘和二氧化碳　　B. 二氧化碳和氮氧化物

C. 烟尘和二氧化硫　　D. 烟尘和氮氧化物

3. 中国的环境问题包括________。

A. 生态破坏问题　　B. 资源问题

C. 环境污染问题　　D. 人口问题

4. 下列属于环境功能的是________。

A. 输入功能　　B. 调节功能

C. 输出功能　　D. 自然功能

二、填空题

1. 当前全球性气候变暖的主要原因是________。

2. 酸雨通常指 pH 值低于________的降水，但现在泛指酸性物质以湿沉降或干沉降的形式从大气转移到地面。

3. 环境问题可以分为两类：________、________。

4. 环境按环境要素属性分成________和________。

5. 环境污染特征包括________、________、________和________。

6. ________、________、________是环境科学的三个特点。

三、判断题

1. 地球上所有生物的总和就是生物圈。（　　）

2. 温室效应使全球变暖。（　　）

3. 人类活动不会影响生物圈的稳态。（　　）

4. 臭氧层在逸散层。（　　）

5. 环境容量是指环境可以容纳产生的污染物。（　　）

四、简答题

1. 如何理解环境的概念？

2. 环境分为几类？环境的功能特性有哪些？

3. 根据自己所居住城市的状况，分析城市化对环境的影响，谈谈你对城市化问题的看法。

4. 目前中国的环境问题有哪些？查阅《中国环境状况公报》，对中国的环境质量作出评价。

5. 八大污染事件给人们的启示是什么？

6. 调查你所居住的地区有无环境病的发生，若有，是什么原因引起的？

7. 中国环境保护的三十二字方针的内容是什么？

8. 环境科学的基本任务是什么？

2 生态系统与生态保护

本章学习目标

了解：生态学、生态系统、生态平衡、生态保护、生物多样性的概念，环境质量的生物评价。

熟悉：生物圈，生态学的发展，生态系统的组成、类型、特征、功能，食物链和营养级，能量流动、物质循环，生态学在环境保护中的作用，生态净化作用，生物多样性的作用，生态学的一般规律及应用。

掌握：我国的生态环境问题，生态系统的功能，生态平衡的特征，生态平衡的破坏原因、破坏标志，生物多样性的保护，生态学原理在环境保护中的应用。

2.1 生态系统

2.1.1 生态学

2.1.1.1 生态学的概念

生态学属于生物科学的一个分支。生态学这个学科名词，是1869年德国生物学家E. Haeckel在其所著的《普通生物形态学》中首先提出来的。他认为生态学是研究生物在其生活过程中与环境的关系，尤指动物有机体与其他动植物之间的互惠或敌对关系。后来的学者则根据生态学的研究背景和对象提出了不同的定义。英国生态学家Elton（1927）提出生态学是“研究生物（动物和植物）怎样生活和它们为什么按照自己的生活方式生活的科学”；澳大利亚生态学家Andrewartha（1954）认为“生态学是研究有机体的分布与多度的科学”；美国生态学家E. P. Odum（1956，1997）则先后采用“生态学是研究生态系统的结构和功能的科学”和“生态学是综合研究有机体、物理环境与人类社会的科学”的两种定义。我国学者也提出了自己的见解，如中国生态学会创始人马世骏（1980）认为生态学是“研究生物与环境之间相互作用规律及其作用机理的科学”。这里所说的生物包括动物、植物、微生物及人类本身，即不同的生物系统，而环境则指生物特定的生存环境，包括非生物环境和生物环境。非生物环境由光、热、空气、水分和各种无机元素组成，生物环境由作为主体生物以外的其他一切生物组成。

生态学按生物系统的结构层次来分，可分为个体生态学、种群生态学和群落生态学等。个体生态学是研究个体与环境之间相互关系的生态学，种群生态学是研究种群与环境之间相互关系的生态学，群落生态学是研究群落与环境之间相互关系的生态学。目前生态学的研究重点是生物与污染环境之间的关系以及对生态系统的研究。

2.1.1.2 种群

生态学上把在一定时间内占据一定空间的同种生物的所有个体称为种群。例如同一鱼塘内的鲤鱼就是一个种群。而广义的种群是指一切可能交配并繁育的同种个体的集群（该物种的全部个体）。一般来讲，种群具有以下四个特征：

(1) 数量特征。这是种群的最基本特征。种群是由多个个体所组成的，其数量大小受种群参数（出生率、死亡率、迁入率和迁出率）的影响，同时这些参数又受种群的年龄结构、性别比率、内分布格局和遗传组成等影响，因而形成种群动态。

(2) 空间特征。种群均占据一定的空间，其个体在空间上分布可分为聚群分布、随机分布和均匀分布。

(3) 遗传特征。种群具有一定的遗传组成，是一个基因库，但不同的地理种群存在着基因差异。不同种群的基因库不同，种群的基因频率世代传递，在进化过程中通过改变基因频率，以适应环境的不断改变。

(4) 系统特征。种群是一个自组织、自调节的系统。这个系统以一个特定的生物种群为中心，以作用于该种群的全部环境因子为空间边界。

2.1.1.3 群落

群落是指具有直接或间接关系的多种生物种群的有规律的组合，具有复杂的种间关系。组成群落的各种生物种群不是任意地拼凑在一起的，而是有规律地组合在一起才能形成一个稳定的群落。例如森林中的一切植物为其中栖息的动物提供住处和食物，一些动物还可以其他动物为食，还有土壤中生存的大量微生物，它们靠分解落叶残骸为生，这一切组成一个整体，称为生物群落。生物群落有一定的生态环境，在不同的生态环境中有不同的生物群落。生态环境越优越，组成群落的物种种类数量就越多，反之则越少。如在农田生态系统中的各种生物种群是根据人们的需要组合在一起的，而不是由于它们的复杂的营养关系组合在一起的，所以农田生态系统极不稳定，离开了人的因素就很容易被其他生态系统所替代。生态学研究中常将群落分类并加以排序，但因物种单独适应环境而群落间是逐渐过渡，故分类缺乏明确界线。因此，当选择不同分类标准时会得出不同的结果。

2.1.1.4 生物圈

生物圈是由奥地利地质学家休斯（E. Suess）在1375年首次提出的，是生物活动的范围和生物本身的总称。生物活动的范围主要包括海平面以上约 10 000 m 至海平面以下 11 000 m 处，主要有大气圈的下层、岩石圈的上层、整个土壤圈和水圈。但绝大多数生物通常生存于地球陆地之上和海洋表面之下各约 100 m 厚的范围内。

生物圈主要由生命物质、生物生成性物质和生物惰性物质三部分组成。生命物质是有机体的总和。生物生成性物质是由生命物质所组成的有机矿物质相互作用的生成物，如煤、石油、泥炭和土壤腐殖质等。生物惰性物质是指大气低层的气体、沉积岩、黏土矿物和水。生物圈是一个复杂的、全球性的开放系统，是一个生命物质与非生命物质的自我调节系统。地球上有生命存在的地方均属生物圈。生物的生命活动促进了能量流动和物质循环，并引起生物的生命活动发生变化。生物为从环境中取得必需的能量和物质，就得适应环境，环境发生了变化，又反过来推动生物的适应性。这种反作用促进了整个生物界持续不断的变化。

2.1.1.5 生态学的发展

粮食、人口、能源和环境等世界性问题推动了生态学的发展，使其迅速成为当代最为活跃的前沿学科之一。一般来讲，生态学的发展大致可分为萌芽期、形成期和发展期三个阶段。

(1) 第一个阶段是萌芽期。古人在长期的农牧渔猎生产中积累了朴素的生态学知识，诸如作物生长与季节气候及土壤水分的关系，常见动物的物候习性等。如公元前4世纪希腊学者亚里士多德曾粗略描述动物的不同类型的栖居地，还按动物活动的环境类型将其分为陆栖和水栖两类，按其食性分为肉食、草食、杂食和特殊食性等类。公元前3世纪亚里士多德的学生雅典学派首领赛奥夫拉斯图斯在其植物地理学著作中，已提出类似今日植物群落的概念。公元纪元前后出现的介绍农牧渔猎知识的专著中，如公元1世纪古罗马老普林尼的《博物志》、6世纪中国农学家贾思勰的《齐民要术》等均记述了朴素的生态学观点。

(2) 第二个阶段是形成期（约从15世纪到20世纪40年代）。15世纪后，科学家通过科学考察积累了不少宏观生态学资料。19世纪初叶，现代生态学的轮廓开始出现。如雷奥米尔的6卷昆虫学著作中就有许多昆虫生态学方面的记述。瑞典博物学家林奈首先把物候学、生态学和地理学观点结合起来，综合描述外界环境条件对动物和植物的影响。法国博物学家布丰强调生物变异基于环境的影响。德国植物地理学家洪堡创造性地结合气候与地理因子的影响来描述物种的分布规律。19世纪，生态学进一步发展，如在这一时期，确定了5℃为一般植物的发育起点温度，绘制了动物的温度发育曲线，提出了用光照时间与平均温度的乘积作为比较光化作用的“光时度”指标，以及植物营养的最低量律和光谱结构对于动植物发育的效应等。另外，马尔萨斯于1798年发表的《人口论》造成了广泛的影响。费尔许尔斯特1833年以其著名的逻辑斯谛曲线描述人口增长速度与人口密度的关系，把数学分析方法引入生态学。19世纪后期开展的对植物群落的定量描述也已经以统计学原理为基础。1851年达尔文在《物种起源》一书中提出自然选择学说，强调生物进化是生物与环境交互作用的产物，引起了人们对生物与环境的相互关系的重视，更促进了生态学的发展。19世纪中叶到20世纪初叶，人类所关心的农业、渔猎和直接与人类健康有关的环境卫生等问题，推动了农业生态学、野生动物种群生态学和媒介昆虫传病行为的研究。由于当时组织的远洋考察中重视了对生物资源的调查，从而也丰富了水生生物学和水域生态学的内容。到20世纪30年代，已有不少生态学著作和教科书阐述了一些生态学的基本概念和论点，如食物链、生态位、生物量、生态系统等。至此，生态学已基本成为具有研究对象、研究方法和理论体系的独立学科。

(3) 第三个阶段是发展期。20世纪50年代以来，生态学吸收了数学、物理、化学工程技术科学的研究成果，向精确定量方向前进并形成了自己的理论体系。数理化方法、精密灵敏的仪器和电子计算机的应用，使生态学工作者有可能更广泛、深入地探索生物与环境之间相互作用的物质基础，对复杂的生态现象进行定量分析。整体概念的发展，产生出系统生态学等若干新分支，初步建立了生态学理论体系。由于世界上的生态系统大都受人类活动的影响，社会经济生产系统与生态系统相互交织，实际形成了庞大的复合系统。随着社会经济和现代工业化的高速度发展，自然资源、人口、粮食和环境等一系列影响社会生产和生活的问题日益突出。为了寻找解决这些问题的科学依据和有效措施，国际生物科学联合会（IUBS）制定了“国际生物计划”（IBP），对陆地和水域生物群系进行生态学研究。1972年联合国教科文组织等继IBP之后，设立了人与生物圈（MAB）国际组织，制定“人与生物圈”规划，组织各参加国开展森林、草原、海洋、湖泊等生态系统与人类活动关系以及农业、城市、污染等有关的科学研究。目前，许多国家设立了生态学和环境科学的研究机构。生态学与其他自然科学一样，由定性研究趋向定量研究，由静态描述趋向动态分析，逐渐向多层次的综合研究发展，同时与其他学科的交叉研究也日益显著。

2.1.2 生态系统

2.1.2.1 生态系统的概念

生态系统的概念是英国生态学家坦斯利（A. G. Tansley）1935年提出的。他认为，“生态系统的基本概念是物理学上使用的‘系统’整体。这个系统不仅包括有机复合体，而且包括形成环境的整个物理因子复合体”。“我们对生物体的基本看法是，必须从根本上认识到，有机体不能与它们的环境分开，而是与它们的环境形成一个自然系统”。“这种系统是地球表面上自然界的基本单位，它们有各种大小和种类”。生态系统是在一定的空间和时间范围内，在各种生物之间以及生物群落与其无机环境之间，通过能量流动和物质循环而相互作用的一个统一整体。为了生存和繁衍，每一种生物都要从周围的环境中吸取空气、水分、阳光、热量和营养物质。生物生长、繁育和活动过程中又不断向周围的环境释放和排泄各种物质，死亡后的残体也复归环境。对任何一种生物来说，周围的环境也包括其他生物。例如，利用微生物活动从土壤中释放出来氮、磷、钾等营养元素，绿色植物以这些营养元素为食物，食草动物以绿色植物为食物，肉食性动物又以食草动物为食物，各种动植物的残体则既是昆虫等小动物的食物，又是微生物的营养来源。生态系统概念的提出，为生态学的研究和发展奠定了新的基础，极大地推动了生态学的发展。

2.1.2.2 生态系统的组成

生态系统有生产者、消费者、分解者和非生物成分四个主要组成成分。

（1）生产者。主要指绿色植物，包括一切能进行光合作用的高等植物、藻类和地衣等。这些植物被认为是自养生物，即能利用简单的无机物制造食物的生物。在生态系统中绿色植物起主导作用。

（2）消费者。属于异养生物，主要指以其他生物为食的各种动物，包括植食动物、肉食动物、杂食动物和寄生动物等。

（3）分解者。属于异养生物，主要指细菌和真菌等微生物，也包括某些原生动物和蚯蚓、白蚁、秃鹫等大型腐食性动物。它们能分解动植物的残体、粪便和各种复杂的有机化合物，吸收某些分解产物，最终能将有机物分解为简单的无机物，而这些无机物参与物质循环后可被自养生物重新利用。

(4) 非生物成分。非生物成分主要指气候因子（如光、温度、湿度、风、雨雪等）、无机物质（如 C、H、O、N、CO_2 及各种无机盐等）和有机物质（如蛋白质、碳水化合物、脂类和腐殖质等）。非生物成分是生态系统中各种生物赖以生存的基础。

2.1.2.3 生态系统的类型

地球上最大的生态系统是生物圈，它包括地球上的全部生物及其无机环境。在生物圈中，还可以分出很多个生态系统，例如一片森林、一片草地、一座城市都可以自成为一个生态系统。生态系统有多种分类方法。根据生物环境来分，可分为水体生态系统、陆地生态系统和湿地生态系统。根据人为的影响，可分为自然生态系统、半自然生态系统和人工生态系统。其中半自然生态系统是介于人工和自然生态系统之间的一种生态系统，如农业生态系统可视为半自然生态系统，而城市生态系统则认为是人工生态系统。

(1) 自然生态系统。自然生态系统是指地球表面上未经人类干预的生物群落与无生命环境在特定空间的组合。该生态系统是一种“自给自足”的功能单元，太阳能是唯一的能量来源，绿色植物（生产者）利用太阳能进行光合作用，吸收环境中的无机物质合成有机物质，把太阳能转化为化学潜能，满足系统内其他异养生物（消费者）的生存需要。自然生态系统包括未开发利用的天然草原、原始森林、海洋生态系统等。比如森林生态系统分布在湿润或较湿润的地区，其主要特点是动物种类繁多，群落的结构复杂，种群的密度和群落的结构能够长期处于较稳定的状态。森林中的植物以乔木为主，也有少量灌木和草本植物。森林中还有种类繁多的动物，如犀鸟、避役、树蛙、松鼠、貂、蜂猴、眼镜猴和长臂猿等。森林不仅能够为人类提供大量的木材和多种林副业产品，而且在维持生物圈稳定、改善生态环境等方面起着重要的作用。例如，森林植物通过光合作用，每天都消耗大量的二氧化碳，释放出大量的氧。这对于维持大气中二氧化碳和氧含量的平衡就有重要意义。又如，在降雨时，乔木层、灌木层和草本植物层都能够截留一部分雨水，大大减缓雨水对地面的冲刷，最大限度地减小地表径流。枯枝落叶层就像一层厚厚的海绵，能够大量地吸收和贮存雨水。因此，森林在涵养水源、保持水土方面起着重要作用，有“绿色水库”之称。

(2) 人工生态系统。人工生态系统是指以人类活动为生态环境中心，按照人类的理想要求建立的生态系统，如城市生态系统、农业生态系统等。人工生态系具统有如下特点。

1) 社会性。即受人类社会的强烈干预和影响。

2) 易变性（不稳定性）。易受各种环境因素的影响，并随人类活动而发生变化，自我调节能力差。

3) 开放性。系统本身不能自给自足，依赖于外界系统，并受外部的调控。

4) 目的性。系统运行的目的不是为了维持自身的平衡，而是为满足人类的需要。

所以人工生态系统是由自然环境（包括生物和非生物因素）、社会环境（包括政治、经济、法律等）和人类（包括生活和生产活动）三部分组成的网络结构。

(3) 农业生态系统。农业生态系统是在一定时间和地区内，人类从事农业生产，利用农业生物与非生物环境之间以及与生物种群之间的关系，在人工调节和控制下建立起来的各种形式和不同发展水平的农业生产体系。该系统具有如下特点。

1) 农业生态系统是一个自然、生物与人类社会生产活动交织在一起的复杂的大系统。它是一个“自然”再生产与经济再生产相结合的生物物质生产过程。所谓“自然”再生产过程，是指种植业、养殖业与海洋渔业等，实质上都是生物体的自身再生产过程，不仅受自身固有的遗传规律支配，还受光、热、水、土、气候等多种因素的影响和制约，即受到自然规律的支配。经济再生产过程，是指农业生产按照人类经济目的进行的投入和产出，受到经济和技术等多种社会条件的影响和制约，即受社会经济规律的支配。

2）发展农业，必须处理好人、生物和环境之间的关系。要按照生物与环境相统一的基本规律来指导和发展农业生产。种植业和林牧渔业生产都是生物体的再生产过程，各自与其环境之间建立了多种类型的“自然”的生态系统。只有生物与非生物环境之间相互协调、相互适应，农业生产才能获得最优化的效果。

3）建立一个合理、高效、稳定的人工生态系统，促进农业现代化建设。农业生产是一个以自然生态系统为基础的人工生态系统，它远比自然生态系统结构简单，生物种类少，食物链短，自我调节能力较弱，易受自然气候、病虫害、杂草生长的影响。农业生产具有不稳定性，在很大程度上受自然环境的约束，因而应创造出良好的农业生态环境，才能取得较佳的经济效益。只有不断地调整和优化生态系统的结构和功能，才能以较少的投入得到最大的产出，取得良好的经济效益、社会效益和生态效益。

（4）城市生态系统。城市生态系统是按人类的意愿创建的一种典型的人工生态系统。城市生态系统是城市居民与其环境相互作用而形成的统一整体，也是人类对自然环境的适应、加工、改造而建设起来的特殊的人工生态系统。城市生态系统具有如下特点。

1）以人为主体，人在其中不仅是唯一的消费者，而且也是整个系统的营造者。

2）几乎全是人工生态系统，其能量和物质运转均在人的控制下进行，居民所处的生物和非生物环境都已经过人工改造，是人类自我驯化的系统。

3）城市中人口、能量和物质容量大，密度高，流量大，运转快，与社会经济发展的活跃因素有关。

4）是不完全的开放性的生态系统，系统内无法完成物质循环和能量转换。许多输入物质经加工、利用后又从本系统中输出（包括产品、废弃物、资金、技术、信息等），故物质和能量在城市生态系统中的运动是线状而不是环状的。

2.1.2.4 食物链和营养级

生态系统中各种成分是相互联系的，其中最重要的一种联系就是营养关系。这种营养关系可以用食物链和营养级来具体描述。

（1）食物链。植物所固定的能量通过一系列的取食和被取食关系在生态系统中的传递，这种生物之间的传递关系称为食物链。根据生物间的食物关系，食物链可分为以下四类。

1）捕食性食物链。它是以植物为基础，后者捕食前者。如青草——野兔——狐狸——狼。

2）碎食性食物链。指以碎食物为基础形成的食物链。如树叶碎片及小藻类——虾（蟹）——鱼——食鱼的鸟类。

3）寄生性食物链。以大动物为基础，小动物寄生到大动物上形成的食物链。如哺乳类——跳蚤——原生动物——细菌——过滤性病毒。

4）腐生性食物链。以腐烂的动植物尸体为基础，然后被微生物所利用。一般食物链由4～5个环节构成，如草→昆虫→鸟→蛇→鹰等。但在生态系统中生物之间的取食和被取食的关系是错综复杂的，这种复杂的联系构成一个无形的网络，把所有生物都包括在内，使它们彼此之间都有着某种直接或间接的关系，这就是食物网。一般而言，食物网越复杂，生态系统抵抗外力干扰的能力就越强，反之亦然。生态系统内生物之间的复杂食物关系中，食物链只是一种简化形式。因为每一种植物又可以成为多种肉食动物的食料，大多数食草动物又以食草植物为食，一种食草动物又可成为多种食肉动物的食料，所以在生态系统中并非存在一条食物链。

（2）营养级。在生态系统的食物网中，凡是以相同的方式获取相同性质食物的植物类群和动物类群可分别称做一个营养级。在食物网中从生产者植物起到顶部肉食动物止，即在食物链上凡属同一级环节上的所有生物种就是一个营养级。营养级是为了解生态系统的营养动态，对生物作用类型所进行的一种分类，是由 R. L. Lindeman（1942）提出的。营养级可分为：由无机化合物合成有机化合物的初级生产者，直接捕食初级生产者的初级消费者（次级生产者）；捕食初级消费者的次级消费者，以下顺次是三级乃至 n 级消费者以及分解这些消费者尸体或排泄物的分解者等级别。从生产者算起，经过相同级数获得食物的生物称为同营养级生物，但是在群落或生态系统内其食物链的关系是复杂的，除生产者和限定食性的部分食植性动物外，其他生物大多数或多或少地属于 2 个以上的营养级，同时它们的营养级也常随年龄和条件而变化。例如香鱼随着其生长，从次级消费者变为初级消费者。一般一个生态系统的营养级数目为 3～5 个。从上一个营养级到下一个营养级，表面上是食物链上物质发生转移的过程，实际上是能量转移和转换的过程。

2.1.3　生态系统的功能

生态系统的功能主要有能量流动、物质循环和信息传递三种，或者说生态系统的基本功能可以通过能流和物流来描述。

2.1.3.1　能量流动

能量是生态系统的基础，一切生命都存在着能量的流动和转化。没有能量的流动，就没有生命和生态系统，能量流动是生态系统的重要功能之一。能量的流动和转化是服从热力学第一定律和第二定律的，能量流动可在生态系统、食物链和种群三个水平上进行分析。生态系统水平上的能流分析，是以同一营养级上各个种群的总量来估计的，即把每个种群都归属于一个特定的营养级中，然后精确地测定每个营养级能量的输入和输出值。这种分析多见于水生生态系统，因其边界明确、封闭性较强、内环境较稳定。食物链层次上的能流分析是把每个种群作为能量从生产者到顶极消费者移动过程中的一个环节，当能量沿着一个食物链在几个物种间流动时，测定食物链每一个环节上的能量值，就可提供生态系统内一系列特定点上能流的详细和准确资料。实验种群层次上的能流分析，则是在实验室内控制各种无关变量，以研究能流过程中影响能量损失和能量储存的各种重要环境因子。

地球上所有的生态系统需要的能量都来自太阳，所以生态系统中的能量流动是以绿色植物（生产者）把太阳能固定在体内后开始的，即固定的太阳能叫做初级生产量。生产者在自身的新陈代谢中要消耗一部分能量，这部分能量叫做呼吸量。初级生产量除去呼吸量，其余的部分贮藏在自己体内，作为自身的物质形态表现出来。以草为食的初级消费者的能量来源于固定在植物体内的能量，食草动物获得的能量除了新陈代谢消耗的呼吸量，其余贮藏在自己体内用于自身的生长、发育，同样以物质形态表示。肉食性的次级消费者又以同样的方式从初级消费者身上获取能量，除去一部分呼吸量，都贮藏在体内以自身的物质形态表示。由此看来，生态系统的能量流动是通过食物链而逐渐传递下去的，由于各个营养级的生物通过代谢而消耗很大一部分，所以能量在逐级的流动中是递减的。食物链的能量从低级向高一级的转化过程中按照生态系统10%的能量传递定律进行（即其转化率为10%～20%）。根据这条规律，我们不难得出：1 t草只能供养100 kg的食草动物所需的能量。所以，按照这样的定律，越是接近食物链末端的高级消费者，其数量越少，相应的群体贮存的太阳能也越少。人类可以通过改变食物类型来选择自己在食物网中的地位，同时改变在金字塔上的营养等级，以较少的能量需求来谋求生存。从能量在生态系统中的流动过程，我们可以知道，人类赖以生存的最根本的物质和能量基础，就来源于绿色植物。

2.1.3.2　物质循环

生态系统的物质循环是指地球上各种化学元素，从周围的环境到生物体，再从生物体回到周围环境的周期性循环。能量流动和物质循环是生态系统的两个基本过程。它们使生态系统各个营养级之间和各种组成成分之间组织为一个完整的功能单位。但能量流动与物质循环的性质不同，能量流经生态系统最终以热的形式消散，能量流动是单方向的，而物质的流动是循环式的，各种物质都能以可被植物利用的形式重返环境，同时两者又是密切相关不可分割的。

（1）水循环。水循环是指水由地球不同的地方透过吸收太阳带来的能量转变存在的模式到地球另一些地方，例如地面的水被太阳蒸发成为空气中的水蒸气。水在地球的存在包括固态、液态和气态，而多数存在于大气层、地面、地下、湖泊、河流及海洋中。水会通过一些物理作用蒸发、降水、渗透、表面的流动和地表下流动等，由一个地方移动至另一个地方，如水由河川流动至海洋。水更是生物有机体的主要组成部分，也是生态系统中能量流动和物质流动的介质。此外，水在调节气候、清洗大气、净化环境等方面都起到重要作用。

（2）碳循环。碳是构成生物体的主要元素之一，广泛存在于有机体和无机环境中。地球上的碳据估计约为2.7×10^{16} t，最大的两个碳库是岩石圈和化石燃料。这两个库中的碳活动缓慢。它们实际上起着贮存库的作用。地球还有三个碳库：大气圈库、水圈库和生物库。这三个库中的碳在生物和无机环境之间迅速交换。这三个库容量小而活跃，实际上起着交换库的作用。碳在岩石圈中主要以碳酸盐的形式存在。以二氧化碳和一氧化碳的形式存在于大气圈中的碳，约为7×10^{11} t。在水圈中以多种形式存在的碳，约为3.5×10^{13} t。生物库中则存在着几百种被生物合成的有机物，这些物质的存在形式受到各种因素的调节。在大气中，二氧化碳是含碳的主要气体，也是碳参与物质循环的主要形式。在生物库中，森林是碳的主要吸收者，它固定的碳相当于其他植被类型的2倍。植物通过光合作用从大气中吸收碳的速率，与通过动植物的呼吸和微生物的分解作用将碳释放到大气中的速率大体相等。因此，大气中二氧化碳的含量在受到人类活动干扰以前是相当稳定的。自然界碳循环的基本过程如下：大气中的二氧化碳（CO_2）被陆地和海洋中的植物吸收，然后通过生物或地质过程以及人类活动，又以二氧化碳的形式返回大气中，二氧化碳可由大气进入海水，也可由海水进入大气。这种交换发生在气和水的界面处，由于风和波浪的作用而加强。这两个方向流动的二氧化碳量大致相等，大气中二氧化碳量增多或减少，海洋吸收的二氧化碳量也随之增多或减少。

(3) 氮循环。氮循环是描述自然界中氮单质和含氮化合物之间相互转换过程的生态系统的物质循环。氮在自然界中的循环转化过程是生物圈内基本的物质循环之一。如大气中的氮经微生物等作用而进入土壤，为动植物所利用，最终又在微生物的参与下返回大气中，如此反复循环，以至无穷。氮存在于生物体、大气和矿物质中，空气中含有大约 78%的氮气，占有绝大部分的氮元素。氮是许多生物过程的基本元素，它存在于所有组成蛋白质的氨基酸中，是构成 DNA 等核酸的四种基本元素之一。在植物中，大量的氮元素被用于制造可进行光合作用供植物生长的叶绿素分子。氮的固定是将气态的氮转变为可被有机体吸收的化合态氮的必经过程。一部分氮元素由闪电所固定，同时绝大部分的氮元素被非共生或共生的固氮细菌所固定。这些细菌拥有可促进氮气和氢气合成为氨的固氮酶，生成的氨再被这种细菌通过一系列的转化以形成自身组织的一部分。某一些固氮细菌，例如根瘤菌，寄生在豆科植物（例如豌豆或蚕豆）的根瘤中。这些细菌和植物建立了一种互利共生的关系，为植物生产氨以换取糖类。因此，可通过栽种豆科植物使氮元素贫瘠的土地变得肥沃。还有一些其他的植物可供建立这种共生关系。它们利用根系，从土壤中吸收硝酸根离子或铵离子以获取氮元素。动物体内的所有氮元素则均由在食物链中进食植物所获得。还有工业固氮方法，即在哈伯—博施法中，N_2 与氢气化合生成氨（NH_3）。

2.1.3.3 信息联系

生态系统中的各个组成成分相互联系为一个统一体。它们之间的联系除了能量流动和物质交换之外，还有一种非常重要的联系，那就是信息传递。生物之间交流的信息是生态系统中的重要内容，通过它可以把同一物种之间以及不同物种之间的“意愿”表达给对方，从而在客观上达到自己的目的。生态系统中的信息，通常按传递方式分为营养信息、化学信息、物理信息和行为信息等。

(1) 营养信息。指通过营养关系，把信息从一个种群传到另一个种群，或从一个个体传到另一个个体。其中食物和养分的供应状况就是一种比较典型的营养信息，如田鼠多的地方能够吸引饥饿的老鹰前来捕食，所以我们可以通过老鹰的数量来判断该地区老鼠的大致数量。

(2) 化学信息。生物依靠自身代谢产生的化学物质（如酶、生长素、性诱激素等）来传递信息。非洲草原上的豺用小便划出自己的领地范围，正是利用了小便中独有的气味来警告同类。值得一提的是有些“肉食性”植物也是这样，如生长在我国南方的猪笼草就是利用叶子中脉顶端的“罐子”分泌蜜汁，来引诱昆虫进行捕食的。

(3) 物理信息。包括声、光、颜色等。这些物理信息往往表达了吸引异性、种间识别、威吓和警告等作用。比如，毒蜂身上斑斓的花纹、猛兽的吼叫都表达了警告、威胁的意思，红三叶草花的色彩和形状就是传递给当地土蜂和其他昆虫的信息。

(4) 行为信息。行为信息是动物为了表达识别、威吓、挑战和传递情况，采用特有的动作行为表达的信息。比如地甫鸟发现天敌后，雄鸟急速起飞，扇动翅膀为雌鸟发出信号。蜜蜂可用独特的“舞蹈动作”将食物的位置、路线等信息传递给同伴等。这种表现在种内，但也可为其他某种物种提供某种信息。

2.2 生态平衡

2.2.1 生态平衡的概念

2.2.1.1 生态平衡的概念

生态平衡是生态系统在一定时间内结构和功能的相对稳定状态，其物质和能量的输入、输出接近相等，在外来干扰下能通过自我调节（或人为控制）恢复到原初的稳定状态。如果外来干扰超越生态系统的自我控制能力而不能恢复到原初状态时叫做生态失调或生态平衡的破坏。一般来讲生态平衡包括生态系统内两个方面的稳定：一方面是生物种类（即动物、植物、微生物等）的组成和数量比例相对稳定；另一方面是非生物环境（包括空气、阳光、水、土壤等）保持相对稳定。生态平衡的概念也表明：

（1）系统中的能量流动和物质循环能在较长时间保持平衡状态。自然生态系统经过由简单到复杂的长期演化，最后形成相对稳定状态，发展至此，其物种在种类和数量上保持相对稳定；能量的输入、输出接近相等。

（2）生态系统具有一定的内部调节能力。

（3）生态平衡是动态的。在生物进化和群落演替过程中就包含不断打破旧的平衡，建立新的平衡过程。人类不要消极地看待生态平衡，而是要发挥主观能动性，去维护适合人类需要的生态平衡（如建立自然保护区），或打破不符合自身要求的旧平衡，建立新平衡（如把沙漠改造成绿洲），使生态系统的结构更合理，功能更完善，效益更高。生态平衡是整个生物圈保持正常的生命维持系统的重要条件，为人类提供适宜的环境条件和稳定的物质资源。

2.2.1.2 生态平衡的特征

生态平衡有两个特点，即动态平衡和相对平衡。

（1）动态平衡。变化是宇宙间一切事物的最根本的属性。例如生态系统中的生物与生物、生物与环境以及环境各因子之间，不停地在进行着能量的流动与物质的循环。生态系统在不断地发展和进化，生物量由少到多、食物链由简单到复杂、群落由一种类型演替为另一种类型等，环境也处在不断的变化之中。因此，生态平衡不是静止的，总会因系统中某一部分先发生改变，引起不平衡，然后依靠生态系统的自我调节能力使其又进入新的平衡状态。正是这种从平衡到不平衡到又建立新的平衡的反复过程，推动着生态系统整体和各组成部分的发展与进化。

（2）相对平衡。任何生态系统都不是孤立的，都会与外界发生直接或间接的联系，会经常遭到外界的干扰。生态系统对外界的干扰和压力具有一定的弹性，但其自我调节能力是有限度的。如果外界干扰或压力在其所能忍受的范围之内，当这种干扰或压力去除后，它可以通过自我调节能力而恢复平衡。如果外界干扰或压力超过了它所能承受的极限，其自我调节能力也就遭到了破坏，生态系统就会衰退，甚至崩溃。通常把生态系统所能承受压力的极限称为“阈限”。例如，草原应有合理的载畜量，超过了最大适宜载畜量，草原就会退化。污染物的排放量不能超过环境的自净能力，否则就会造成环境污染，危及生物的正常生活，甚至死亡等。

2.2.2 生态平衡的破坏

在自然界中，不论是森林、草原还是湖泊，都是由动物、植物、微生物等生物成分和光、水、土壤、空气、温度等非生物成分所组成。每一个成分都不是孤立存在的，而是相互联系、相互制约的。它们之间通过相互作用达到一个相对稳定的平衡状态，也就是生态系统中的生产、消费、分解之间保持稳定。如果其中某一成分过于剧烈地发生改变，都可能出现一系列的连锁反应，使生态平衡遭到破坏。生态平衡的破坏是指外来干扰超越生态系统的自我控制能力而不能恢复到原初状态。生态系统一旦失去平衡，就会发生非常严重的连锁性后果。

2.2.2.1　生态平衡的破坏原因

破坏生态平衡的原因有自然因素和人为因素两个方面。

（1）自然因素。自然因素主要指自然界发生的异常现象或自然界本来存在的对人类和生物的有害因素，如水灾、旱灾、地震、台风、山崩、海啸等自然灾害。这些自然灾害对生态系统的破坏是严重的，甚至可使其彻底毁灭，并且具有突发性的特点。如 2008 年 5 月 12 日在四川汶川发生的大地震，给我们带来了巨大的灾难。但是这类自然因素也常是局部的，出现的频率并不高。通常将由自然因素引起的生态平衡破坏称为第一环境问题。

（2）人为因素。由人为因素引起的生态平衡破坏称为第二环境问题。人为因素造成生态平衡失调的主要原因主要有以下三个方面。

1）使环境因素发生改变。如人类的生产和生活活动产生大量的废气、废水、垃圾等，不断排放到环境中。人类对自然资源不合理利用或掠夺性利用，例如盲目开荒、滥砍森林、水面过围、草原超载等，都会使环境质量恶化，产生近期或远期效应，使生态平衡失调。

2）使生物种类发生改变。在生态系统中，盲目增加一个物种，也有可能使生态平衡遭受破坏。例如美国于 1929 年开凿的韦兰运河，把内陆水系与海洋沟通，导致八目鳗进入内陆水系，使鳟鱼年产量由 2×10^4 t 锐减至 5 t，严重破坏了内陆水产资源。同样，在一个生态系统中减少一个物种也有可能使生态平衡遭到破坏。

3）对生物信息系统的破坏。生物与生物之间彼此靠信息联系才能保持其集群性和正常的繁衍。人为地向环境中施放某种物质，干扰或破坏了生物间的信息联系，有可能使生态平衡失调或遭到破坏。例如自然界中有许多昆虫靠分泌释放性外激素引诱同种雄性成虫交尾，如果人们向大气中排放的污染物能与之发生化学反应，则雌虫的性外激素就失去了引诱雄虫的生理活性，结果势必影响昆虫交尾和繁殖，最后导致种群数量下降甚至消失。

2.2.2.2　生态平衡的失调标志

生态系统的平衡是相对的，不平衡是绝对的。当外界干扰所施加的压力超过了生态系统自身调节能力和补偿能力后，将造成生态系统结构破坏，功能受阻，正常的生态功能被打乱以及反馈自控能力下降等，这种状态称为生态平衡失调。了解生态平衡失调的标志，对于防止生态平衡的严重失调，恢复和再建新的生态平衡，都具有重要的意义。

生态平衡失调主要有结构上与功能上两个方面的标志。结构上的标志是指生态平衡失调表现在结构上的结构缺损（即生态系统的某一个组成成分消失）和结构变化（即生态系统的组成成分内部发生了变化），功能上的标志包括能量流动受阻和物质循环的中断。物质循环中断有的是由于分解者的生活环境被污染而使其大部分丧失分解功能，而更多的是由于破坏了正常的循环过程等。如农业生产过程中作物秸秆被用做燃料、森林草原上的枯枝烂叶被用做烧材、森林植被的破坏使土壤侵蚀后泥沙和养分大量的输出等。

2.2.2.3 生态平衡的改善

保持生态平衡，促进人类与自然界的协调发展，已经成为当代急于解决的重要课题。为改善人类与自然协调发展，人类要特别做到以下几点。

(1) 发展节能技术，利用绿色能源、替代能源减少污染。

(2) 开展绿化植物研究，推广适应性强、绿化效果好的品种。

(3) 开发可降解、可回收一次性用品，提高废物利用率。

(4) 研究生物多样性规律，保障地球能量、生物等大循环。

(5) 采用先进环保技术，减少工业、交通运输业污染。

(6) 对地表水、大气污染进行治理。

(7) 利用生物肥料，保护耕地等。

我国在生态平衡改善方面做了大量工作。比如到 2010 年，国家将投资 75 亿元用于素有“中华水塔”之称的三江源国家级自然保护区的保护和建设。三江源地区地处青藏高原腹地，总面积 3.18×10^5 km^2，平均海拔 4 200 m，是长江、黄河、澜沧江的发源地。长江水量的 25%、黄河水量的 49%、澜沧江水量的 15%来自这一地区，三江源地区被誉为“中华水塔”“亚洲水塔”，是我国生态地位极端重要和生态极其脆弱的地区。近年来，由于受全球气候变化影响、超载放牧和乱采乱挖等自然、人为因素干扰，三江源地区植被质量下降，生态恶化，导致草原退化、鼠害猖獗、沙化严重、区域水资源量减少。目前根据《总体规划》，主要任务是到 2010 年，工程区内退耕还林还草 9.18 万亩，退牧还草 9 658.29 万亩，封山育林、沙漠化防治、湿地保护和黑土滩治理 1 200.89 万亩，鼠害治理 3 100 多万亩，水土流失治理面积 500 km^2，生态移民 55 773 人，13.16 万人的饮水问题将得到解决。同时，建设草地保护配套工程与森林草原防火、保护区管理设施，加强小城镇基础设施建设，提高人工增雨、科技支撑与生态监测能力。这将有效保护“中华水塔”的安全，改善区域生态系统平衡，为野生动植物提供良好的栖息地；还有对改变当地群众落后的生产生活方式，促进社会进步和区域经济发展，维护民族团结和社会稳定也发挥着重大作用。

2.2.3 生态学在环境保护中的作用

2.2.3.1 人类活动对环境的影响

人类活动对整个环境的影响是综合性的，而环境系统从各个方面反作用于人类的效应也是综合性的。人类与其他的生物不同，不仅仅以自己的生存为目的来影响环境，使自己的身体适应环境，而是为了提高生存质量，通过自己的劳动来改造环境，把自然环境转变为新的生存环境。这种新的生存环境有可能更适合人类生存，但也有可能恶化了人类的生存环境。随着人口日益增长，社会生产力的不断提高，人类对自然界的影响越来越大，其广度和深度不断增强，已涉及地理环境各个组成部分，并已引起日益严峻的环境问题。

(1) 对地质的影响。随着技术进步，人们在开发自然资源、兴建大型工程及高能量的爆炸活动中，可削平山头，填平山谷，使自然地理景观发生重大改变，形成新的地貌形态，如梯田、土堤、坑穴、沟堑、丘岗等。矿产的开采也对地表有强烈的影响，比如采煤区局部下陷、采油区地面下沉等。目前在大城市出现的地壳凹陷（如上海、墨西哥城都有地面下沉的记录）就是明显的例子。由于人口增长和开发水平提高，近些年来强烈地增加了土壤层负担。据不完全统计，中国因多种人为因素废弃土地已超过 1.333×10^{7} hm^{2}，其中开矿、烧砖、挖损、塌陷、堆入固体废弃物占的土地约为 3.33×10^{6} hm^{2}。由于乱伐滥采，导致水土流失面积达 3.6×10^{8} hm^{2}，使粮食损失每年超过 2×10^{9} kg。土地沙漠化面积已达 1.6×10^{8} hm^{2}。另外开发区热占用耕地超过 1.53×10^{6} hm^{2}，城市范围扩大占用 4×10^{6} hm^{2} 的优质良田；房地产热占地近 2×10^{6} hm^{2}；人造旅游景点遍地开花。在不正确的耕作制度下，使土壤侵蚀和次生盐渍化发展，使世界灌溉面积的 40% 发生盐渍化，导致栽培作物的产量明显降低。这些年来，用城市污水、工业废水不经处理而灌溉农田；堆放垃圾和工矿企业固体废弃物占用农田、损伤地表；过多的施用化肥农药，促使土壤和粮食作物的污染等，都对自然界带来不良影响。

(2) 对气候的影响。人类经济活动每年向大气圈排放大量污染物，例如，全世界固体燃料燃烧向大气排放超过 2.5×10^{10} t 的二氧化碳、超过 7×10^{8} t 的粉尘和其他气体（包括致癌的化合物在内）。特别是大气中二氧化碳含量的增加，使得温室效应不断增强，全球气候变暖。而地球表面气温升高，使各地降水和干湿发生明显变化。近年来，人们对全球气候影响最明显的是南北极上空发生的“臭氧洞”。由于臭氧含量的减小，将使达到地面的紫外线辐射大量增加，损害动植物结构，降低农作物产量，危害海洋生命，使气候和生态环境发生变异，更能降低人体的免疫功能，诱发各种疾病。此外，灌溉、排水和修建大水库、植树种草都可对气候过程产生影响，并影响邻近地区的气候。

(3) 对水质的影响。随着工农业生产的发展和城市人口的增加，淡水消耗量急剧上升，供不应求。在各种形式的耗水中，以农业耗水最多，且增加最快。而农业生产中严重浪费水的状况（如大水漫灌）与水资源紧缺局面极不协调。人类的生产活动，如工业生产中排出废水、废渣，农业上使用的化肥、农药，城镇生活的污水等都可能使本来很干净的江、河、湖、海等受到污染。

(4) 对生物的影响。人类不能离开生物圈而单独存在，更不能离开植物而生活。森林不仅具有巨大的经济效益，更具有巨大的生态效益和社会效益。它有保护土壤、涵养水源、调节气候、净化空气、消除噪声的特殊功能。但由于人口增长，农业耕地要不断扩展，于是大片森林被砍伐，大量草地被开垦，掠夺式的采伐使世界森林越来越少。除直接砍伐外，森林火灾和人类造成的环境污染，如大气污染、水污染、土壤污染和酸雨对植物和森林的损害也极为严重，由此引起大面积的森林消失。人类活动强烈影响到地球上的动物界。据历史记录统计，1 600 年以来，有 110 多种兽类和 139 种鸟类已从地球上灭绝，其中 1/3 是近 50 年灭绝的。野生动物处于危机之中的原因，在许多方面都直接或间接同人类活动有关。近年来，过多使用化肥和农药对动物界影响很大，其恶果是在陆地上灭亡的是猛禽及其鸟类，而在淡水水域和沿海则导致鱼类和水禽死亡。世界大洋的石油污染也很严重，仅在荷兰沿海受石油污染致死的动物每年有 2 万～5 万只。

所以，环境问题越来越引起人类的关注。人类必须做好环境保护工作，促进经济持续、快速、健康的发展。

2.2.3.2 生物对环境的净化作用

生物与环境是一个统一的不可分割的整体。环境能影响生物，生物适应环境，同时也不断地影响环境。当污染物进入生态系统后，对系统的平衡产生了冲击，为避免由此而造成的生态平衡的破坏，系统内部会生产一系列内部自我调节反应，以维持相对的平衡状态，这叫做生态系统的自净作用，也可以说是生物对环境的净化作用。常见的有绿色植物可以净化空气、减弱噪声、改善小气候、美化环境，而土壤微生物则是有机物质主要分解者，有极大的净化有机污染的能力。目前广泛利用微生物来净化工业废水和生活污水，包括各类氧化塘、活性污泥及生物膜等方法。如工业有机废水和生活污水排入水域后，即产生分解转化，并消耗水中溶解氧。水中一部分有机物消耗于腐生微生物的繁殖，转化为细菌机体，另一部分转化为无机物。有机物逐渐转化为无机物和高等生物，水便得到净化。目前生物净化技术发展十分迅速，以前人们处理室内污染通常用物理和化学方法，现在生物净化方法已成为人们研究的一个新方向。比如生物净化使用的生物酶净化技术开始盛行，它利用的载体是纯生物活性纤维——一种特别的羊毛，其核心技术是用某种生物酶对这种活性纤维进行特殊处理。技术的关键是利用生物感应和生物激活技术，实现活体纤维的自呼吸功能，使纤维中的蛋白酶同空气中的甲醛、苯、甲苯、二甲苯及 TVOC（总挥发性有机物）和氨气、霉菌等发生生物分解和生物融合。该方法已经应用到房间、汽车及冰箱内的空气净化等。

2.2.3.3 污染物的迁移转化

污染物进入环境后不是静止不变的，而是随着生态系统的物质循环，在复杂的生态系统中不断迁移、转化、积累和富集。污染物的迁移转化是指污染物在环境中发生空间位置变化并由此引起污染物在化学、生物或物理等作用下改变形态或转变成另一种物质的过程。其中迁移和转化是两个不同而又相互联系的过程，两者往往是伴随进行的。各种污染物的迁移转化过程取决于它们的物理化学性质和所处的环境条件。迁移的方式有机械迁移、物理化学迁移和生物迁移。最常见的转化是化学转化，如氧化还原、催化氧化和配合水解等。物理转化主要通过吸附、解吸、蒸发、凝聚等过程来完成。污染物可通过大气、水体、土壤和生物体等多种途径发生迁移转化。大气中的迁移转化主要通过光化学氧化、催化氧化等反应使大气污染物发生化学转化。二氧化硫（SO_2）在化学上是比较稳定的，可随风传输几千公里，但在迁移中遇到氢氧基（^-HO）等强氧化剂时，一部分 SO_2 被氧化成 SO_3，遇水生成硫酸。氧化速度每天一般不超过 3%。由于氢氧基（^-HO）的浓度直接受太阳光辐射强度的影响，一般中午时分氧化速度最高，夜间最低。如果 SO_2 沉积在烟尘粒子上或溶在水滴中，SO_2 也会被尘粒或水滴中的过渡金属（锰、铁等）所催化氧化。

污染物进入环境后也是一个积累和富集的过程。生物在代谢过程中，通过吸附、吸收等各种过程，从生存环境中积累某些化学元素或化合物，并随着生物的生长发育，生物体内污染物的浓度不断加大。此外，污染物在生态系统中还可以通过食物链的放大作用被富集。生物个体或处于同一营养级的许多生物种群，从周围环境中吸收并积累某种元素或难分解的化合物，导致生物体内该物质的平衡浓度超过环境中浓度的现象，叫生物富集。如农药滴滴涕，性质稳定，脂溶性很强，被摄入动物体内后即溶于脂肪，很难分解排泄，随着摄入量的增加，在动物体内的浓度会不断增加。环境中的毒物即使是微量的，由于生物积累、放大作用也会使生物受到毒害，甚至威胁人类健康。在生态系统中，污染物也会沿食物链流动过程中随营养级的升高而增加，在各营养级中均可达到极其惊人的含量。如在日本发生的“水俣病”，就是人们食用富集了大量有机汞的鱼所引起的。该食物链可表示为“浮游生物—小鱼—食肉鱼—人”，即通过食物链逐级富集最后传到人类。所以我们可以通过污染物在生态系统中的迁移转化积累富集的研究，认识污染物在生态系统中的转化规律以及危害程度。

2.2.3.4　中国生态环境建设目标

根据全面建设小康社会的总体要求，我国生态建设的目标是：力争到2010年，使我国森林覆盖率达到19%，大江大河流域的水土流失和主要风沙区的沙漠化有所缓解，全国生态状况整体恶化的趋势得到初步遏制，林业产业结构趋于合理；到2020年，使森林覆盖率达到23%，重点地区的生态问题基本解决，全国的生态状况明显改善，林业产业实力显著增强；到2050年，使森林覆盖率达到并稳定在26%，基本实现山川秀美，生态状况步入良性循环，林产品供需矛盾得到缓解，建成比较完备的森林生态体系和比较发达的林业产业体系。

2.3　生态保护

2.3.1　环境质量的生物评价

2.3.1.1　生物监测

不同的生物物种对环境毒物、污染物有不同的反应，根据这种现象可以利用生物监测环境的变化，即生物监测。生物监测也称生物学监测，是指利用生物对环境中污染物质的反应及利用生物在各种污染环境下所发出的各种信息来判断环境污染状况的一种手段。该方法是利用生物对环境中污染物质的敏感性反应来判断环境污染的一种手段，以补充物理、化学分析方法的不足。生物监测与生物评价可以反映环境和物质的综合影响和环境污染的历史状况等。生物监测常见的是大气生物监测、水体生物监测和土壤生物监测等。

大气生物监测主要是指植物监测。一些植物对大气污染物的反应往往比动物和人体敏感得多，且症状也比较明显。常见的几种方法有利用植物受害的情况对大气质量做出判断，利用地衣、苔藓做生物监测等。监测大气污染常利用敏感植物，高等植物叶片可对不同污染物产生不同的病癍，而地衣和苔藓等低等植物对污染尤为敏感，例如低浓度的二氧化硫便可杀死地衣。植物体内的污染物积累量也反映污染情况，比如二氧化硫污染物作用于阔叶植物时，其叶脉叶缘之间出现不规则坏死小斑，颜色呈黄色或白色，若长期浓度很低，颜色表现为老叶绿色变淡。当二氧化硫污染针叶树时，会使针叶顶端发生呈带状坏死。目前，大气污染的生物监测逐步向定量化、标准化方向发展。

水体生物监测是利用水生生物群落变化、种的类型、个体数量、受害程度、水生生物体内富集污染物的程度等手段来监测评价水体污染状况。下面介绍比较典型的实例。

（1）利用指示生物在水体中的出现或消失、数量的多少来监测水质。比如利用白洋淀水体中浮游动物群落优势种的变化来判断水体的污染程度和自净程度。结果表明，白洋淀水体从上游至下游，浮游动物耐污种类逐渐减少，广布型种类逐渐出现较多，在下游许多正常水体出现的种类均有分布。同时，原生动物由上游的鞭毛虫至中游出现纤毛虫，在下游则发现很多一般分布在清洁型水体的种类，表明白洋淀水体从上游到下游水体的污染程度不断减轻，水体具有明显而稳定的自净功能。

（2）利用水生生物群落结构的变化来监测水质。用底栖动物的变化趋势评价湘江水质污染，结果发现湘江干流底栖大型无脊椎动物种类数和物种的多样性指数从上游到下游呈减少趋势，表明毒杀生物的有毒物质对湘江的污染较为明显，并且可根据湘江干流各断面种类数的减少程度判断出各断面的污染程度；同时也观察到，随着时间的推移，底栖大型无脊椎动物种类数和多样性指数也呈减少趋势，说明这种有毒污染仍在发展之中。

（3）水污染的生物测试是利用水生生物受到污染物质的毒害所产生的生理机能的变化，测试水质污染状况。根据鱼的呼吸变化指示有毒环境，在有污染物存在的情况下，鱼鳃呼吸加快且无规律。德国从 1977 年开始研究利用鱼的正趋流性开展生物监测，在下游设强光区或适度电击，控制健康鱼向下游的活动；或间歇性提高水流速度，迫使鱼反应。如果鱼不能维持在上游的位置，则表明污染产生了危害。

土壤生物监测是利用动植物变异性能的特征和耐性作用来做土壤的生物监测。常见的有以蚯蚓为指示生物，指示土壤重金属污染等。

2.3.1.2　生物评价

生物评价也称生物学评价，是指用生物学方法按一定标准对一定范围内的环境质量进行评定和预测。主要方法有指示生物法、生物指数法和种类多样性指数法。

（1）指示生物评价。各种生物对环境因素的变化都有一定的适应范围和反应特点。生物的适应范围越小，反应越典型，对环境因素变化的指示越有意义。例如，有些植物对大气污染反应敏感，并表现出独特的受害症状，人们根据它们的受害症状和程度，可以大致判断大气污染的状况和污染物的性质。许多水生生物也有指示作用。如石蝇稚虫、蜉蝣稚虫等多的地方表明水域清洁，颤蚓类、蜂蝇稚虫和污水菌等多的地方表明水域受有机物严重污染。多毛类小头虫是海洋污染的指示生物。人们根据科尔克维茨和马松污水生物系统列出污水生物分类表（其中包括细菌、藻类、原生动物和大型底栖无脊椎动物），并根据种类组成的特点将水质分成寡污带，β-中污带、α-中污带和多污带四级，通常分别以蓝、绿、黄、红 4 种颜色表示。指示生物对环境因素的改变有一定的忍耐和适应范围，单凭有无指示生物评价污染是不太可靠的。因此英、美等国至今未在实际环境质量评价中采用这种方法。

（2）生物指数评价。20 世纪 50 年代以来，已提出多种评价水体污染的生物指数。主要根据污水生物系统的原理，研究某一类生物（如藻类或无脊椎动物）中敏感种类和耐污种类的比例并给以简单的数字表示。如贝克生物指数是将采集到的大型底栖无脊椎动物分成敏感的（Ⅰ）和不敏感的（Ⅱ）两类，再按相关公式求生物指数。此法在美国应用较多。又如特伦特生物指数是按生物的敏感性将有代表性的无脊椎动物依次排成 7 类，每类生物给以简单的分值表示。英国以此作为官方的水质生物评价方法。生物指数法比较简便，但敏感和耐污种类不易划分，而且生物种类的分布有明显的地理差异，难以广泛应用。

（3）种类多样性指数。在环境清洁的条件下，生物种类较多，但个体数量一般不大。环境变坏以后，敏感的种类消失，耐污的种类在没有竞争和天敌的有利条件下，可能大量发展，使群落结构发生改变。根据这个原理，20 世纪 60 年代开始利用群落结构的变化评价污染，并用数学公式表示。其中以 C. E. 香农和 W. 韦弗 1963 年提出的种类多样性指数使用较广。

环境质量的生物学评价，一般不需要贵重的仪器和设备，比较经济、简便，同时还可以反映出环境中各种污染物综合作用的结果，甚至可以追溯过去，进行回顾评价。此外，还可对大型水利工程、工矿企业的建设可能产生的生态学效应进行预断评价。但生物种类繁多，生态系统多种多样，适应能力各不相同，因而生物学评价方法不易统一，也难以确定污染物的性质和含量。

2.3.2 生物净化作用

生物净化是指生物通过代谢作用，使环境中的污染物数量减少，浓度降低，毒性减轻甚至消失的作用。

2.3.2.1 生物对大气的净化作用

在污染环境条件下生长的植物，都能不同程度地拦截、吸收和富集污染物质。有的污染物质被吸收后，经过植物代谢作用还能逐步解毒。因此，植物对大气污染环境具有一定的净化作用。植物净化大气污染环境的作用，主要是通过叶片吸收大气中的有毒物质，减少大气中的有毒物质含量；同时，还能使某些毒物在体内分解、转化为无毒物质，自行降解。具体包括如下：

(1) 吸收二氧化碳，释放氧气，维持环境中两者平衡。

(2) 滞留过滤大气中的飘尘和降尘。

(3) 植物抗性范围内通过吸收而减少和降低大气中二氧化硫、氟化氢、氯气等有害物质含量。

(4) 植物抗性范围内减少臭氧发生，减轻光化学烟雾污染和危害。

(5) 过滤杀灭细菌。

(6) 吸收净化某些重金属。

(7) 减轻噪声污染。植物的净化作用于不同种属之间存在很大差异，这是因为各种植物的净化机理不同，与其形态、构造、生理及生化特征密切相关且受遗传因素及环境条件的影响。

2.3.2.2 生物对水体的净化作用

水体净化指的是受污染的水体由于自然的作用，使污染浓度逐渐降低，最后恢复到污染以前状态的过程。这种净化作用包括物理、化学、生物等方面的作用。生物作用主要指水体中微生物对污染物的氧化分解，它在水体净化中起非常重要的作用。一般来说，污染物排入江河或其他水域后，经过扩散、稀释、沉淀、氧化、受微生物的作用而分解等，使水体可基本上或完全恢复到原来的状态。目前，生物的净化作用已经应用到污水处理中，如活性污泥法、生物膜法、生物氧化塘等都是利用微生物能分解有机物这个原理设计的。但是，水体的自净能力也是有限的，如果排入水体的污染物数量超过某一界线时，将造成水体的永久性污染，这一界线称为水体的自净容量或水环境容量。除上述微生物以外，许多水生植物也能吸收水中的有害物质。

2.3.2.3 生物对土地的净化作用

土壤具有净化功能，这是由于土壤在环境中起着三方面的作用：

(1) 由于土壤中含有各种各样的微生物与土壤动物，对外界进入土壤的各种物质都能分解转化。

（2）由于土壤中存在有复杂的土壤有机胶体与土壤无机胶体体系，通过吸附、解吸、代换等过程，对外界进入土壤中的各种物质起着“蓄积作用”，使污染发生形态变化。

（3）土壤是绿色植物生长的基地，通过植物的吸收作用，使土壤中的污染物质发生迁移转化的作用。

2.3.2.4　生物防治病虫害

由于化学农药的长期使用，一些害虫已经产生很强的抗药性，许多害虫的天敌又大量被杀灭，致使一些害虫十分猖獗。同时，多种化学农药严重污染水体、大气和土壤，并通过食物链进入人体，危害人群健康。而利用生物防治病虫害，就能有效地避免上述缺点。生物防治是利用有益生物或其他生物来抑制或消灭有害生物的一种防治方法。19 世纪以来，生物防治在世界许多国家有了迅速发展。目前用于生物防治的生物可分为三类。

（1）捕食性生物，包括草蛉、瓢虫、步行虫、蜘蛛、蛙、蟾蜍、食蚊鱼、叉尾鱼以及许多食虫益鸟等。

（2）寄生性生物，包括寄生蜂、寄生蝇等。

（3）病原微生物，包括苏芸金杆菌、白僵菌等。在中国，利用大红瓢虫防治柑橘吹绵蚧，利用白僵菌防治大豆食心虫和玉米螟，利用金小蜂防治越冬红铃虫，利用赤小蜂防治蔗螟等都获得成功。在美国，利用苏芸金杆菌防治落叶松叶蜂、舞毒蛾、云杉芽卷叶蛾。此外，利用一些生物激素或其他代谢产物，使某些有害昆虫失去繁殖能力，也是生物防治的有效措施。

2.3.3　生物多样性

2.3.3.1　生物多样性的概念

生物多样性是指一定范围内多种多样活的有机体（动物、植物、微生物）有规律地结合在一起所构成稳定的生态综合体。这种多样性包括动物、植物、微生物的物种多样性，物种的遗传与变异的多样性及生态系统的多样性。其中物种的多样性是生物多样性的关键，它既体现了生物之间及环境之间的复杂关系，又体现了生物资源的丰富性。物种多样性常用物种丰富度来表示。所谓物种丰富度，是指一定面积内种的总数目。到目前为止，已被描述和命名的生物种有 200 万种左右，但科学家对地球上实际存在的生物种的总数估计出入很大，由 500 万到 1 亿种，其中以昆虫和微生物所占的比例最大。

2.3.3.2　生物多样性的作用

生物多样性的作用主要体现在生物多样性的价值上。对于人类来说，生物多样性具有直接使用价值、间接使用价值和潜在的使用价值等。

（1）直接使用价值。生物为人类提供了食物、纤维、建筑和家具材料及其他工业原料。生物多样性还有美学价值，可以陶冶人们的情操，美化人们的生活。如果大千世界里没有色彩纷呈的植物和神态各异的动物，人们的旅游和休憩也就索然无味了。另外，生物多样性还能激发人们文学艺术创作的灵感。

（2）间接使用价值。间接使用价值指生物多样性具有重要的生态功能。无论哪一种生态系统，野生生物都是其中不可缺少的组成成分。在生态系统中，野生生物之间具有相互依存和相互制约的关系，它们共同维系着生态系统的结构和功能。野生生物一旦减少，生态系统的稳定性就要遭到破坏，人类的生存环境也就要受到影响。

（3）潜在价值。就药用来说，发展中国家人口的80%依赖植物或动物提供的传统药物，以保证基本的健康，西方医药中使用的药物有40%含有最初在野生植物中发现的物质。

2.3.3.3 生物多样性的保护

生物多样性的保护，要坚持预防、保护与协调利用的原则。预防是指对于生态的保护需要有预见性，不能等到问题出现以后再进行补救。保护是指生态系统保护的完整性。保护和利用相协调是指生态保护需要形成可持续的开发利用，将周边居民的利益与生态保护协调一致。目前生物多样性保护一般分为就地保护和迁地保护，以就地保护为主。迁地保护涉及基因库和专用动植物园的建立，与生态学有关的就地保护包括自然保护区、森林公园的建立以及其他保护措施等。下面主要介绍一下自然保护区。

自然保护区由于建立的目的、要求和本身所具备的条件不同，而有多种类型。按照保护的对象来划分，自然保护区可以分为生态系统类型保护区、生物物种保护区和自然遗迹保护区3类。按照保护区的性质来划分，自然保护区可以分为科研保护区、国家公园（即风景名胜区）、管理区和资源管理保护区4类。不管保护区的类型如何，其总体要求是以保护为主，在不影响保护的前提下，要把科学研究、教育、生产和旅游等活动有机地结合起来，使它的生态、社会和经济效益都得到充分显示。

自然保护区对于自然资源和生物多样性的保护具有重要作用。杰里德·戴蒙德从维护自然保护区的物种多样性出发，提出了六条设计自然保护区的原则：

（1）一个大的自然保护区比小的自然保护区保存的物种多。

（2）单个大的自然保护区比总面积与其差不多的多个小的自然保护区要好。

（3）如果必须设计多个自然保护区，应使它们尽量靠近一些，以减少隔离程度。

（4）使几个自然保护区成簇状配置要比线性配置好。

（5）将几个自然保护区用带状的廊道连接起来，可便于物种的扩散。

（6）应尽可能使保护区呈圆形。

本章小结

一、基本概念

生态学、种群、群落、生物圈、生态系统、食物链、营养级、生态平衡、生物多样性

二、基本知识

1. 种群的特征

（1）数量特征　（2）空间特征　（3）遗传特征　（4）系统特征

2. 生态系统的组成

（1）生产者　（2）消费者　（3）分解者　（4）非生物成分

3. 食物链

（1）捕食性食物链　（2）碎食性食物链　（3）寄生性食物链　（4）腐生性食物链

4. 生物净化作用

（1）生物对大气的净化作用　（2）生物对水体的净化作用

(3) 生物对土地的净化作用　　(4) 生物防治病虫害

5. 生物多样性的作用

(1) 直接价值　　(2) 间接价值　　(3) 潜在价值

6. 生物多样性的保护

练习题

一、选择题

1. 生态系统是指________。

A. 一种生物的总和　　B. 生物及其生存环境

C. 所有生物的总和　　D. 生物生存的环境

2. 下列各项中，属于生产者的是________。

A. 草履虫　B. 细菌　C. 蘑菇　D. 草

3. 消费者是指________。

A. 生命活动中需要消耗能量的生物　　B. 不能自己制造有机物的生物

C. 能分解有机物的生物　　D. 生命活动中需要分解有机物的生物

4. 生态平衡是一种________。

A. 绝对平衡　　B. 动、植物数量相等的平衡

C. 动态平衡　　D. 永久的平衡

5. 一个完整的生态系统应包括________。

A. 生产者、消费者、分解者　　B. 非生物部分、消费者、分解者

C. 全部的食物链　　D. 非生物部分和生物部分

6. “螳螂捕蝉，黄雀在后”这句成语，从食物链的角度来分析，正确的含义是________。

A. 树—蝉—螳螂—黄雀　　B. 螳螂—蝉—黄雀

C. 黄雀—螳螂—蝉　　D. 螳螂—蝉—黄雀—树

7. 在由植物—雷鸟—猛禽组成的食物链中，如果捕捉了全部猛禽，雷鸟的数量会________。

A. 缓缓上升　　B. 迅速上升

C. 仍保持相对稳定　　D. 先上升后下降

8. 在食物网中，数量最多的是________。

A. 生产者　　B. 初级消费者

C. 次级消费者　　D. 分解者

二、填空题

1. 生物多样性包含________、________和________三个层次。

2. 生态系统的三大基本功能是________、________和________。

3. 生态平衡失调主要有________与________两个方面的标志。

4. 根据草原生态系统食物网示意图回答问题：

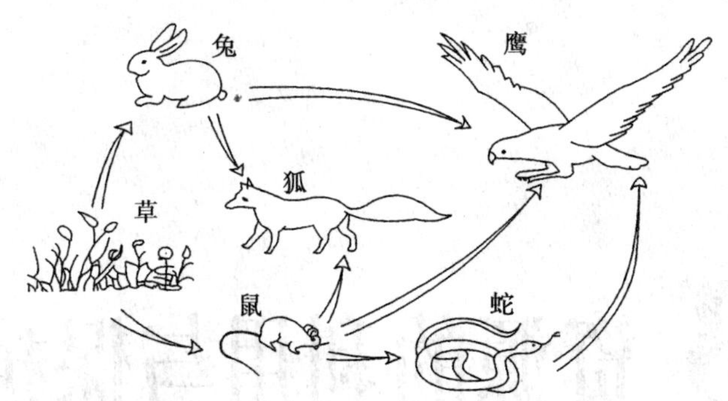

（1）此图中含有________条食物链。

（2）草原生态系统中数量最多的生物是________。

（3）此图中的各种动物可以统称为________。

（4）此图中最长的一条食物链可以表示为________________。

三、判断题

1. 生态系统中的生物成分由生产者、消费者、分解者组成，非生物成分由阳光、大气、水、土壤、营养成分等组成。（ ）

2. 生态环境破坏的主要原因是由于自然因素“第一环境问题”造成的。（ ）

3. 所谓生态平衡，就是在一定时期内，生产者、消费者与分解者之间保持一种平衡状态，即系统中能量流动和物质循环较短时间地保持稳定，这种状态称为生态平衡。（ ）

4. 城市生态系统是一个完全的生态系统。（ ）

5. 食物链一般不超过 4～5 个营养级，是由于物种丧失造成的。（ ）

四、简答题

1. 什么是生态学？什么是生态系统？其构成如何？生态系统主要有哪些类型？

2. 什么是食物链？其主要类型有哪些？

3. 什么是营养级？

4. 生态系统具有哪些功能？

5. 什么是生态平衡？

6. 生态平衡破坏的原因是什么？

7. 怎样理解生物防治病虫害？

8. 简述生物多样性的意义、生物多样性锐减的原因和危害及其防治对策。

3 资源的利用与保护

本章学习目标

了解：资源、矿产资源、海洋资源、土地资源、生物资源、水资源、能源的概念，中国土地资源现状，中国水资源现状，中国森林资源的现状，中国草地资源的现状，中国矿产资源的现状，中国海洋资源的现状，中国的能源现状，人口对资源的影响。

熟悉：资源的分类，水资源特征，能源利用对环境的影响，矿产资源的分类及特征，新能源的利用，生物多样性的作用。

掌握：水资源的利用与保护，矿产资源的利用与保护，海洋资源的利用与保护，能源消耗、利用与环境保护，森林资源的利用与保护，生物多样性的利用与保护，土地资源的利用与保护，草地资源的利用与保护，能源的利用与保护。

3.1 资　　源

3.1.1 资源的概念

资源就是指自然界和人类社会中一种可以用以创造物质财富和精神财富的具有一定量的积累的客观存在形态。如森林资源、土地资源、海洋资源、矿产资源、石油资源、信息资源、人力资源等。马克思在《资本论》中说："劳动和土地，是财富两个原始的形成要素。"恩格斯的定义是："其实，劳动和自然界在一起它才是一切财富的源泉，自然界为劳动提供材料，劳动把材料转变为财富。"马克思、恩格斯的定义，既指出了自然资源的客观存在，又把人（包括劳动力和技术）的因素视为财富的另一不可或缺的来源。可见资源的来源及组成，不仅是自然资源，而且还包括人类劳动的社会、经济、技术等因素，还包括人力、人才、智力（信息、知识）等资源。所谓资源是指一切可被人类开发和利用的物质、能量和信息的总称，它广泛地存在于自然界和人类社会中，是一种自然存在物或能够给人类带来财富的财富。

3.1.2 资源的分类

资源一般分为自然资源和社会资源两类。

3.1.2.1 自然资源

自然资源有狭义和广义两种理解。狭义的自然资源是指可以被人类利用的自然物。广义的自然资源则要延伸到这些自然物所赖以生存、演化的生态环境。最有代表性的解释是联合国环境规划署于1972年提出的“所谓自然资源，是指在一定时间条件下，能够产生经济价值以提高人类当前和未来福利的自然环境的总和。”

(1) 从资源的再生性角度可划分为再生资源和非再生资源。

1) 再生资源。即在人类参与下可以重新产生的资源。如农田，如果耕作得当，可以使地力常新，不断为人类提供新的农产品。再生资源有两类：一类是可以循环利用的资源，如太阳能、空气、雨水、风和水能、潮汐能等；一类是生物资源。

2) 非再生资源（或耗竭性资源）。这类资源的储量、体积可以测算出来，其质量也可以通过化学成分的百分比来反映，如矿产资源。

再生资源和非再生资源的区分是相对的，如石油、煤炭是非再生资源，但它们却是古生物（古代动、植物）遗骸在地层中物理、化学的长期作用变化的结果，这又说明二者之间可以转化，是物质不灭及能量守恒与转化定律的表现。

(2) 从资源利用的可控性程度，可划分为专有资源和共享资源。专有资源如国家控制、管辖内的资源，共享资源如公海、太空、信息资源等。

(3) 按资源用途分类可划分为农业资源、工业资源和信息资源（含服务性资源）。

(4) 按资源可利用状况分类可划分为现实资源、潜在资源、废物资源。

1) 现实资源。即已经被认识和开发的资源。

2) 潜在资源。即尚未被认识，或虽已认识却因技术等条件不具备，还不能被开发利用的资源。

3) 废物资源。即传统被认为是废物，而由于科学技术的使用，又使其转化为可被开发利用的资源。

根据人类对自然资源的认知度，自然资源系统有如下主要特点：

(1) 自然资源分布的不平衡性和规律性。

(2) 自然资源的有限性和无限性（现实资源是有限的，但开发利用及转化是无限的）。

(3) 自然资源的多功能性。

(4) 自然资源的系统性。

3.1.2.2 社会资源

社会资源是社会物质存在与运动关系的体现，不管它属于什么资源，能够被利用是作为资源的唯一标准。能否被利用显然与人对客观事物的认识有关，说明了人类的意识也是社会资源的一部分。社会资源包括的范围相当广泛，但不能脱离人类的活动。人类要生存、要发展就必须结成一定的组织。在这些组织中也势必存在一定的结构和机制，而每一种结构与机制都会存在一定的、内在的、本质的和必然的联系——社会资源便由此产生。动物界也存在自己的结构、机制，但由于是非人类的，所以不属于社会资源的范畴，而属于自然资源范畴。社会资源的产生与自然界有一定的关系，有时甚至相当密切，因为人类的生存离不开自然环境。

社会资源同自然资源相比较，具有以下突出特点。

(1) 社会性。人类本身的生存、劳动、发展都是在一定的社会形态、社会交往、社会活动中实现的。劳动力资源、技术资源、经济资源、信息资源等社会资源无一例外。

(2) 继承性。社会资源的继承性特点使得社会资源不断积累、扩充、发展。知识经济时代就是人类社会知识积累到一定阶段和一定程度的产物，就是积累到“知识爆炸”，使社会经济发展以知识为基础。这种积累使人类经济时代发生了一种质变，即从传统的经济时代(包括农业经济、工业经济，农业经济到工业经济有局部质变）飞跃到知识经济时代。这是信息革命、知识共享必然的结果。

(3) 主导性。社会资源的主导性主要表现在社会资源决定资源的利用发展方向，把社会资源变为社会财富的过程中，贯彻了社会资源的主体——人的愿望、意志和目的。

(4) 流动性。社会资源流动性的主要表现是劳动力可以从甲地迁到乙地，技术可以传播到各地，资料可以交换，学术可以交流，商品可以贸易。利用社会资源的流动性，不发达国家可以通过相应的政策和手段，把他国的技术、人才、资金引进到自己的国家。我国改革开放、开发特区的理论依据也含有这方面的内容。

(5) 不均衡性。社会资源的不均衡性的形成原因是自然资源分布的不平衡性，经济政治发展的不平衡性，管理体制、经营方式的差异性，社会制度对人才、智力、科技发展的影响作用的不同。

3.2 资源的利用与保护

3.2.1 土地资源

3.2.1.1 土地资源

具有可利用价值的土地称为土地资源。土地是地球陆地表层及其以上和以下一定幅度的多种自然要素组成的地域综合体，土地是自然资源的重要组成部分，是地球陆地表面人类生活和生产活动的主要空间场所。土地是人类赖以生存、生活的最基本物质基础和环境条件，是人类从事一切社会实践的基础。

土地的基本属性是面积有限、位置固定、不可替代。面积有限是指不考虑漫长的地质过程，土地面积不会有明显增减。可见土地总面积是基本不变的，某项用地面积的增加，必然导致其他面积减少。位置固定是土地都具有特定的空间位置及一定的形态特征，即每块土地所处的经、纬度和海拔高度都是固定的，并有特定的外表形态。因此，土地利用都限于固定地点。不可替代是指土地无论作为环境条件，还是作为生产资料都不能用其他任何东西来替代。

3.2.1.2 中国土地资源现状

中国土地总面积达 9.6×10^6 km^2，占世界陆地面积的 6.4%，居世界第三位。其中天然牧草地面积 39.9 亿亩，林地面积 34.1 亿亩，园地面积 1.5 亿亩，水域面积 6.4 亿亩，交通用地面积 0.8 亿亩，居民点及工矿用地面积 3.6 亿亩，未利用地面积 36.8 亿亩，而耕地面积只有 20 亿亩，仅占国有土地面积的 14%。

中国土地资源形势十分严峻。各类土地资源绝对量虽然比较大，但按人口平均则每人占有土地数量很少。中国人均占有耕地 0.10 hm^2，仅为世界人均占有耕地的 1/3，居世界人均耕地占有量的 126 位。人均占有林地约 0.12 hm^2，为世界人均占有林地的 1/9。人均占有草场 0.3 hm^2，还不到世界人均占有量的 1/2。把农、林、牧用地加起来，我国人均占有量 0.51 hm^2，仅相当于世界人均占有量的 1/4 左右，居世界人均土地资源占有量的 110 位。

在中国现有的土地资源中，由于基本建设等对耕地的占用，目前全国的耕地面积以每年平均数十万公顷的速度递减。

(1) 中国耕地的质量。中国耕地的土壤质量呈下降趋势。全国耕地有机质含量平均已降到 1%，明显低于欧美国家 2.5%～4%的水平。东北黑土地带土壤有机质含量由刚开垦时的 8%～10%已降为目前的 1%～5%；中国缺钾耕地面积已占耕地总面积的 56%，约 50%以上的耕地的微量元素缺乏，70%～80%的耕地养分不足，20%～30%的耕地氮养分过量。由于有机肥投入不足，化肥使用不平衡，造成耕地退化，保水保肥的能力下降。2000 年，西北、华北地区大面积频繁出现沙尘暴与耕地的理化性状恶化、团粒结构破坏有很大关系。

(2) 中国耕地的水土流失。中国约有 1/3 的耕地受到水土流失的危害。每年流失的土壤总量超过 5×10^9 t，相当于在全国的耕地上刮去 1 cm 厚的地表土（50 年来，水土流失毁掉的耕地达 4 000 万亩），所流失的土壤养分相当于 4×10^7 t 标准化肥，即全国一年生产的化肥中氮、磷、钾的含量。造成水土流失的主要原因是不合理的耕作方式和植被破坏。

(3) 中国耕地目前面临的污染。2000 年对 3×10^5 hm^2 基本农田保护区土壤有害重金属抽样监测发现，其中有 3.6×10^4 hm^2 土壤重金属超标，超标率达 12%。环境污染事故对中国耕地资源的破坏时有发生，2000 年发生的 891 起污染事件共污染农田 4×10^4 hm^2，造成的直接经济损失达 2.2 亿元。

3.2.1.3 土地资源的利用与保护

我国土地开发历史悠久，在长期的生产实践中，在土地资源开发、利用、保护和治理方面都积累了丰富的经验，取得了很大成就。我国仅占有世界 9%的耕地，生产占世界总产量 17% 的粮食，解决了占世界人口 23%以上人口的吃饭问题。

但是目前农林牧地的生产力不高，各行各业田地缺乏统一规划，林地、水和建筑用地利用率也不高。因此，在我国提高土地生产力和利用率还有很大潜力。

我国目前土地利用主要存在两个方面的问题：一是土地浪费，优良耕地减少；二是大面积土地质量退化。前者是指土地利用不合理，乱占滥用耕地等；后者包括水土流失、土地沙漠化、盐碱化以及土壤污染等。

(1) 贯彻以防为主、防治结合的土壤污染防治方针，进行土壤污染的防治。

(2) 加强土地资源的宏观控制工作，积极开展土地资源的调查和评价，因地制宜地调整农业生产的地区和部门结构，做到使整个地区的农业资源得到合理利用，严格控制非农业用地。

(3) 做好水土保持工作，做好坡耕地、山地、沟壑和黄土高原的治理。

(4) 做好盐碱地的改良和治理、土壤沙漠化的治理等。

3.2.2 水资源

3.2.2.1 水资源

（1）地球水分布。地球上的水分布很广泛。地球地壳表层、表面和围绕地球的大气层中液态、气态和固态的水组成的水圈，广泛分布在海洋、湖泊、沼泽、河流、冰川、雪山以及大气、生物体、土壤和地层中，垂直分布存在于大气圈、生物圈、岩石圈之中。大部分水以液态形式存在，如海洋、地下水、地表水（湖泊、河流）和一切动植物体内存在的生物水等，小部分以水汽形式存在于大气中形成大气水，还有一部分以冰雪等固态形式存在于地球的南北极和陆地的高山上。其中，海洋是水圈的主体，面积约 3.61×10^8 km^2，覆盖了地球表面约 71%的面积。地球上 97.3%的水存在于海洋中。陆地水包括地表水（如河流水、湖泊水、沼泽水等）和地下水。生物水和大气水在地球上含量很少，但却是水圈中较为活跃的因子。我们往往把海洋、河流、湖泊、冰川、地下 800 m 深度以上和大气层 7 000 m 以内的水作为水环境的主体。

地球上的总水量达 14 亿立方千米，占地球质量的万分之二，绝大部分为咸水，淡水只占全球总水量的 2.7%。淡水中 68.7%为冰川及永久雪盖，30.1%为地下水，前者地处偏远，难以利用，后者须凿井提取，才能利用。余下的 1.2%才为可以利用的江河、湖、土壤和大气圈中的水。

（2）淡水。淡水是指含盐量小于 500 mg /L 的水，人们通常的饮用水都是淡水。目前，人类可以直接利用的只有地下水、湖泊淡水和河床水，三者总和约占地球总水量的 0.8%。有人比喻说，在地球这个大水缸中可以为人类直接利用的水不到一汤匙。人类对淡水资源的用量越来越大，除去不能开采的深层地下水，人类实际能够利用的水只占地球上总水量的 0.3%左右。人类淡水消费量已占全世界可用淡水量的 54%，淡水的污染问题却未完全消除，保护水质、合理利用淡水资源，已成为当代人类普遍关心的重大问题。

（3）水资源特征。我国地域辽阔，地处亚欧大陆东侧，跨高中低三个纬度区，受季风与自然地理特征的影响，南北、东西气候差异很大，致使我国水资源的时空分布极不均衡。我国水资源的特征如下：

1）水量在地区上分布不均衡。我国南方地区水量丰沛，其水资源量占全国水资源总量的 80%以上，人均水资源占有量为 4 000 m^3 左右。而我国北方地区干旱少水，水资源严重缺乏，其水资源量仅占全国水资源的 14%左右，人均水资源占有量仅为 900 m^3 左右，已低于国际水资源紧缺限度（≤1 000 m^3）。此外，我国水资源的地区分布与降水分布相似，东南多、西北少，由东南沿海地区向西北内陆递减，分布很不均匀。

2）水量在时程分配上分布不均匀。由于受季风气候的影响，我国降水和径流在年内分配上很不均匀，年际变化大，枯水年和丰水年持续出现。降水的年际变化随季风出现的次数、季风的强弱及其夹带的水汽量在各年有所不同。年际间的降水量变化大，导致年径流量变化大，而且时常出现连续几年多水段和连续几年的少水段。一般来说，我国南方属于低纬度湿润地区，降雨量较多，雨季降雨集中，气温高，蒸发量大，水文循环强烈；我国北方则属于高纬度地区，冰雪覆盖期长，气温低，水文循环弱；而我国西北干旱地区降水稀少，蒸发能力大，但实际蒸发量小，水文循环也较弱。另外，对于我国绝大部分河流来说，径流的年内分配主要取决于降水的季节分配。我国降雨量和径流量在年内分配上的不均匀以及年际变化大导致了水资源在时空分配上不均匀，这不仅容易造成频繁的大面积洪灾或旱灾，而且对水资源的开发利用也极为不利。

3）水资源与人口、耕地的分布不相适应。我国北方水资源量只占全国水资源总量的14.4%，人口却占全国的43.2%，耕地占全国的58.3%，而南方的水资源量占全国水资源总量的81%，人口只占全国的54.7%，耕地占全国的35.9%。以单位水量相比，南方的亩均水量约为4 134 m^3，而北方的亩均水量约为454 m^3，相差9倍多，可见我国的水资源分布与人口、耕地的分布极不适应。正是这种水资源与人口、耕地的分布不相适应的特点，使得我国各地对水资源的开发利用程度也差别较大，在南方多水地区，水的利用程度较低，而在北方干旱少水地区，地表水和浅层地下水的开发利用程度较高。

3.2.2.2 中国水资源现状

中国水资源总量为$2.711\,5\times10^{12}$ m^3，居世界第六位。人均占有量为2 238.6 m^3，居世界第121位，不到世界人均值的1/4。其中地表水2.7×10^{12} m^3，地下水8.3×10^{11} m^3，由于地表水与地下水相互转换、互为补给，扣除两者重复计算量7.3×10^{11} m^3，与河川径流不重复的地下水资源量约为1×10^{11} m^3。但就水资源与国土面积、耕地面积对比而言，则处于世界中等偏下水平，属于贫水国家之列。根据世界公认的标准，人均水资源低于3 000 m^3为轻度缺水；人均水资源低于2 000 m^3为中度缺水；人均水资源低于1 000 m^3为重度缺水；人均水资源低于500 m^3为极度缺水。中国目前有16个省（区、市）人均水资源量（不包括过境水）低于严重缺水线，有6个省、区（宁夏、河北、山东、河南、山西、江苏）人均水资源量低于500 m^3。在世界上近百个缺水国家中，中国是公认的贫水国，已被联合国粮农组织列入世界12个最贫水国家的黑名单。

我国多年平均降水总量为6×10^{12} m^3，占全球陆地降水总量的4.7%，折合降水深为629 mm，小于全球陆面降水平均值（834 mm）。其中消耗于蒸发的降水占56%，约有44%的降水形成径流，据统计，全国大小河流有6 000多条，河流总长度超过430 000 km，多年平均年径流总量为2.65×10^{12} m^3，占世界河川径流总量的5%以上，在世界各国中居第六位（包括原苏联）。全国地下水总补给量为7.7×10^{11} m^3，其中有6.2×10^{11} m^3补给河流，长江流域及其南方地区地下水约4.8×10^{11} m^3，北方地区约2.9×10^{11} m^3。我国水资源分布特点是南多北少，东多西少，总量丰富，人均占有量少，时空分布不均匀。

3.2.2.3 水资源的利用与保护

水是影响世界经济发展和人民生活水平提高的重要因素，水资源缺乏问题是当前21世纪我国社会经济可持续发展最突出的问题之一。面临越来越严峻的形势，如何从长期困扰我国社会经济发展状况中找出一条合理可行的解决水资源危机问题的出路，已是当前亟待解决的重要课题。根据我国各方面的客观情况，解决水资源紧张问题应采取以下几方面的措施。

（1）转变观念。水不是取之不尽、用之不竭的，水是一种资源，淡水更是一种极其有限的资源，需要给予足够的重视和保护。加大节约用水的宣传，改变人民的用水习惯，培养个人良好的节水习惯，形成全民节水的风尚，避免用水浪费。另外，控制人口的增长，也是缓解人类对水需求紧张形式的必然选择。

（2）改善生态环境，提高水资源的可利用率。植树造林，扩大植被覆盖率，可提高水源涵养量。在充分考虑生态环境影响的前提下兴修水利，拦洪蓄水，可趋利避害，并加强水体保护、水土保持，对水资源进行合理分配、合理使用。

(3) 提高生产技术。积极改革生产工艺，降低单位产品生产耗水量，减少生产用水量和工业废水排放量，改进传统的农业灌溉技术，使用比较先进的诸如喷灌、滴灌等技术取代传统的漫灌技术，减少农业灌溉用水量。

(4) 加强管理水平。完善水资源管理体制，改变水资源管理的无序状态，建立健全相应的法规与制度，提高用水的科学管理水平，为可持续发展提供水资源保证。在统一管理的前提下，建立三个补偿机制即谁耗费水量谁补偿、谁污染水质谁补偿、谁破坏水生态环境谁补偿。同时，利用补偿建立三个恢复机制即保证水量的供需平衡、保证水质达到需求标准、保证水环境与生态达到要求，形成“一龙管水、多龙治水”，并且能够法规配套、有法可依，明确主体、有法必依，机构合理、执法必严，具有权威、违法必究，责任到人、究办必力。另一方面，要加强工业企业生产管理，注意设备的维护和更新，避免“跑、冒、滴、漏”现象的出现，杜绝浪费。

(5) 加强基础设施的建设。减少因供水管网腐蚀、老化而产生的水资源浪费现象。

(6) 发展污水处理新技术，减少污水排放量。建设污水处理厂，提高污水处理率，以减少污水及其污染物的排放量，保护现有可利用的水资源不被污染破坏；发展污水处理技术，提高污水处理效率，降低处理净化成本。

(7) 实现污水资源化，提高水的重复利用率。开展城市分质供水与区域供水研究，根据城市分质供水的不同要求，研究区域供水中的流域水资源管理原则与行政区域的协调配置方案。循序、循环用水，实现重复用水；污水处理后可直接使用，使再生水成为第二水源，可缓解水资源紧张，减少污水排放量，保护环境和水资源不受破坏。

(8) 跨流域引水及长距离调水。跨流域引水及长距离调水可大大改善我国水资源分布不均匀的情况，跨流域引水已成为我国干旱缺水城市解决水资源短缺的重要措施之一，长距离调水是一种开源措施，是人类社会生产发展中的补充措施。同时跨流域引水及长距离调水还会大大提高全国范围的抗洪、抗旱能力，缓解水、旱灾压力。

随着人口的增长、工农业生产的发展、城市化进程的加快以及社会的进步，人们对水的需求日益增长，21 世纪水资源更为短缺，供不应求矛盾日益突出。缺水已成为制约社会经济发展的“瓶颈”。在可供淡水十分有限的情况下，必须合理科学地开发利用水资源，并积极采取措施有效地保护水资源。

3.2.3 生物资源

3.2.3.1 生物资源

生物资源是自然环境的有机组成部分，包括植物、动物和微生物。具有再生性质，能够根据自身的遗传特点不断繁殖后代，以更新种群、延续种族。它是人类生活的一切需要，包括衣、食、住、行等。生物资源在保持生存环境的稳定、维护自然生态平衡中起着重要的作用。除此以外，生物资源还提供多种工业原料及药用生物资源，与人类卫生保健事业等有着密切的关系。但是任何生物的繁殖必须满足其必要的条件，人们要永续利用生物资源，必须保护生物及其再生条件，如果采取掠夺式的过度索取，资源将会受到破坏，甚至难以恢复。因此，要利用必须保护，保护是为了更合理的利用。

3.2.3.2 森林资源的利用与保护

(1) 森林资源。森林资源是林地及其所生长的森林有机体的总称，包括森林、林木、林地以及依托森林、林木、林地生存的野生动物、植物和微生物及其他自然环境因子等资源。森林包括乔木和竹林；林木包括树木和竹子；林地包括郁闭度 0.2 以上的乔木林地以及竹林地、灌木林地、疏林地、采伐迹地、火烧迹地、未成林造林地、苗圃地和县级以上人民政府规划的宜林地。

森林资源的数量多寡，直接表明一个国家或地区发展林业生产的条件、森林拥有量情况及森林生产力等。中国森林面积为 1.75×10^8 hm^2，森林覆盖率仅 18%，木材蓄积量为 1.246×10^8 m^3，人均森林面积为 0.1 hm^2，相当于世界平均水平的 18%，人均森林蓄积量为 9.1 m^3，相当于世界平均水平的 13%，是一个少林国家。因此，应尽快扩大森林资源，改变林业落后面貌。

(2) 森林资源的作用。森林资源能够提供大量木材，用于建筑、家具、造纸、造船等，能提供大量果实作为食品、饲料等。森林资源在维护人类的生存环境和改善陆地的气候条件上起着重大而不可取代的作用，森林的生态效益有涵养水源、保持水土，防风固沙、保护农田，净化大气、防治污染等，森林的生态效益（或称环保价值）大大超过它的直接产品的价值。森林有光合作用，吸收二氧化碳，释放氧气。全世界森林吸收 CO_2 放出的 O_2 超过世界人口呼吸所需 O_2 的近 10 倍，平均每公顷森林每天吸收 1 t CO_2。森林有蒸腾作用，以热带雨林为例，每亩热带雨林每年蒸腾 500 多吨水，大量水蒸气进入大气层形成降水，一般在这些地区大约 1/4～1/3 的降水来自蒸腾作用，有的甚至高达 1/2。每年每公顷松林能滞留粉尘 34 t。通过森林的吸收、阻滞和过滤，可以净化空气，有些树木还能分泌杀菌素，杀死某些有害微生物。森林有蓄水作用，5×10^4 hm^2 森林所含蓄的水量相当于一座容量为 1×10^6 m^3 的小水库。从水文资料分析证明，森林破坏后河川的洪枯变幅增大，汛期洪峰增大，枯水期水量减少，加重旱灾。另有资料表明，森林遭破坏后减少涵养水源能力的总量与年径流增加量大体相当。夏季每公顷森林每天可以从地下汲取 70～100 t 水，化为水蒸气。所以说森林资源是一种重要的物质资源。

(3) 中国森林资源的现状。我国森林资源不足，覆盖率低，按人均水平更低，我国是森林资源较少的国家之一，森林资源分布不均，森林覆盖率低。我国森林资源主要集中于东北的黑龙江和吉林两省及西南的四川、云南两省和西藏东部，土地总面积仅占全国总面积的 1/5，森林面积却占将近全国的 1/2，森林蓄积量占全国的 3/4。而西北的甘肃、宁夏、青海，新疆和西藏的中西部，内蒙古的中西部地区土地总面积占全国总面积的 1/2 以上，森林面积不足 4×10^6 hm^2，森林覆盖率在 1%以下。由于森林分布的不均匀，加剧了因森林资源匮乏所造成的矛盾。此外，我国森林覆盖率低，不到 33%，而一般林业发达的国家森林覆盖率在 80%以上。

1999 年到 2003 年国家林业局进行了第六次全国森林资源清查，这是我国第一次对大陆国土面积全覆盖的一次森林资源调查，收集调查数据 1.1 亿组，涉及森林的面积、蓄积、结构、质量、分布及生长消耗状况和对生态的影响等方方面面。清查结果显示，森林面积 1.75×10^8 hm^2，森林覆盖率为 18.21%，森林蓄积 1.2456×10^8 m^3。人工林保存面积 5.3×10^7 hm^2，即 7.95 亿亩，蓄积 1.505×10^9 m^3，人工林面积居世界首位。

清查结果显示，我国森林资源状况呈现出总量持续增加、质量不断提高、结构渐趋合理的良好态势，这充分说明国家关于林业工作的一系列决策是非常正确的，对林业的政策扶持和投入支持，成效是显著的。但森林资源保护和发展的问题也不容忽视，从总体上讲，我国生态状况已进入治理与破坏相持的关键阶段，这是一个对峙更加激烈、拉锯更加显著、任务更加艰巨、工作更加艰苦的阶段。

(4) 森林资源的利用与保护。森林是人类最宝贵的资源之一，发达国家林业已成为国家富足、民族繁荣、社会文明的标志。保护和扩大森林资源已成为举世关注的一大问题。

森林是由乔木或灌木树种为主体组成的绿色植物群体。森林与森林中的动物、植物、微生物等生物因子和它所处空间的土壤、水分、大气、阳光、温度等非生物因子相互联系、相互依存、相互作用构成森林生态系统。森林是地球之肺，是陆地生命的摇篮，它是自然界物质和能量交换的重要枢纽，是物种的基因库，是人类食物和木材来源的重要基地，是消减大气环境污染的净化器，在环境保护中起着涵养水分和保持水土的作用，对调节气候、增加降水等方面有一定的作用。森林能降低风速，具有保水固沙的作用，是美化环境和保护野生动物的重要因素。因此，必须采取有效的措施和一定的保护对策对森林资源进行合理的开发和利用。

1) 加强林业管理，健全森林法制。

2) 合理采伐，对过伐林区坚持只育不采，使其休养生息。

3) 要积极营造人工林和加强自然保护区建设，提高森林覆盖率，保护生态环境和防止生态恶化。

4) 促进珍贵树种的更新。

5) 开展对森林生态系统的生态效益、经济效益、环境效益三者之间的研究。

6) 控制环境污染对森林的影响。

3.2.3.3 草地资源的利用与保护

(1) 草地资源。草地资源是指生长草本和灌木植物为主并适宜发展畜牧业生产的土地。它具有特有的生态系统，是一种可更新的自然资源。世界草地面积约占陆地总面积的 1/5，是发展草地畜牧业的最基本的生产资料和基地。在这些土地上，生产了人类食物量的 11.5%，以及大量的皮、毛等畜产品，还生长许多药用植物、纤维植物和油料植物，栖息着大量的野生珍贵、稀有动物。草场资源是发展畜牧业的前提条件，草场的质量对畜群的构成和载畜量影响较大。草原中最优良的为豆科牧草，其次是禾本科牧草。通常水草丰富的高原草原适于放牧牛、马等大牲畜；荒漠草原多为小型丛生禾草，可放牧羊群；以灌木、半灌木为主的稀疏荒漠草原，只能放牧骆驼和山羊。草场资源是生物圈的重要组成部分，在维持生物圈的生态平衡上起着重要作用。同时，它自身又是一个复杂的生态系统，在合理利用条件下，能不断更新和恢复。若外界自然条件恶劣，特别是人为因素（如滥垦和过度放牧）破坏了生态系统，甚至超过调节极限，则会造成不良后果，甚至引起沙漠化。

(2) 草地资源的作用。草地资源是中国陆地上面积最大的生态系统，对发展畜牧业、保护生物多样性、保持水土和维护生态平衡都有着重大的作用和价值，是畜牧业发展的物质基础，而且对维护生态平衡、保护人类生存环境具有其他资源不可替代的重要地位和作用。随着科学技术的不断发展和社会进步，人们对草地资源的地位和作用的认识也在不断地深化。

草地资源不只是发展草食家畜的食物来源，也是发展纤维素生产、生物能源等的原材料基地。

草地资源在国民经济和生态环境中的地位不断增强，作用也在不断扩大。草地资源既是农牧民的基本生产资料，又是重要的生态屏障，具有多重功能、多重效益的作用。加强草原保护建设是增加农牧民收入、促进牧区繁荣和边疆稳定的需要，是建设现代农业和维护国家生态安全的需要。目前我国草地生态总体恶化的状况还没有根本改变，农牧民收入和生活水平还没有根本提高，保护和建设草地、实现可持续发展的任务依然十分艰巨。草地资源在陆地生态系统中有以下作用：

1）调节气候，涵养水源，缓解地球温室效应。

2）草地资源是防风固沙、保护水土的“绿色卫士”。

3）改良土壤，培肥地力。

4）净化空气，美化环境。

5）草地资源是生物多样性的基因库。

草地资源在国民经济中也具有相当的地位和作用，主要表现在以下几点：

1）草地资源是发展草食家畜重要饲料的来源之一。

2）草地资源是发展我国牧区和少数民族地区经济重要的生产资料。

3）草地资源是发展我国多种经济的原材料资源。

4）草地资源对提高人民生活具有重要作用。

（3）中国草地资源的现状。中国草地资源约有 4×10^8 hm^2，约占国土面积的 41%，比耕地和林地的总和还多，仅次于澳大利亚，是世界第二草原大国。但人均占有草地资源面积仅 0.3 hm^2，仅为世界人均草地资源面积的一半。其中可利用的草地资源约 2.8×10^8 hm^2，分为牧区草原和农区草山草滩两大部分。分布在各类草地的牧草资源有 5 000 多种、18 个大类、38 个亚类和 1 000 多个类型，类型之多也位居世界各国之首。其中豆科 139 属 1 130 种，禾本科 190 属 1 150 种，已用于人工栽培的牧草有 100 多种，人工草地面积 1.05×10^5 hm^2。草地资源中还蕴藏着极为丰富的生物多样性，约有 7 000 多种牧草和上千种动物，是亚洲乃至世界的最大生物基因库。丰富的草地资源不仅是发展畜牧业的重要物质基础、生产资料，而且也是我国东南部地区经济发展的重要天然屏障。中国草地资源按照地区大致可分为东北草原区，蒙、宁、甘草地区，新疆草地区，青藏草地区和南方的草山五个区。按自然条件、利用现状和发展方向可分为：蒙新高原草原区，东北草原区，青藏高原草原区和黄土高原草山区。

中国草地资源普遍严重退化。据估计，全国每年退化近 2 000 亩，退化的面积已占总面积的 1/3，从而使草原的生产力下降。草原沙漠化面积不断扩大，特别是开垦活动频繁的农牧交错区更为严重。部分草原盐碱化，水土流失现象正在发展，这种情况在内蒙河套地区十分突出，内蒙古自治区水土流失面积已占总面积的 22.4%。珍稀动植物减少，鼠、虫害增加。工农业废弃物给草地资源带来了严重的环境污染，破坏了草原的植被，降低了草场的质量，给草原生态系统带来了严重的危害。

（4）草地资源的利用与保护。草地资源主要包括北方草原、南方草山草坡、沿海滩涂、湿地和农区天然草地等，其中包括 18 个大类、38 个亚类和 1 000 多个类型。作为草地资源大国，我国的草地生产力水平却远远滞后，全国平均每公顷草地仅生产 7 个畜产品单位，相当于世界平均水平的 30%；而由草原牧区提供的畜产品仅占全国总量的不足 10%。这充分说明我国的草地资源远未得到合理、高效的开发与利用，蕴藏着巨大的生产潜力，因此，要对草地资源进行合理的开发、利用与保护。对草地资源实施保护的基本对策是发展人工草原，建设围栏草场；合理放牧，控制过度放牧现象；造林固沙，改善草质；控制工农业生产污染，提高草原环境质量。

3.2.3.4 生物多样性的利用与保护

（1）生物多样性。生物多样性是指一定范围内多种多样的有机体（动物、植物、微生物）有规律地结合所构成稳定的生态综合体。生物多样性由遗传（基因）多样性、物种多样性和生态系统多样性等部分组成。遗传多样性是指生物体内决定性状的遗传因子及其组合的多样性。物种多样性是生物多样性在物种上的表现形式，可分为区域物种多样性和群落物种（生态）多样性。物种的多样性是生物多样性的关键，它既体现了生物之间及环境之间的复杂关系，又体现了生物资源的丰富性。生态系统多样性是指生物圈内生境、生物群落和生态过程的多样性。遗传多样性和物种多样性是生物多样性研究的基础，生态系统多样性是生物多样性研究的重点。我们目前已经知道大约 200 万种生物，这些形形色色的生物物种就构成了生物物种的多样性。

（2）生物多样性的作用。生物多样性是人类社会赖以生存和发展的基础。它对整个生物圈起稳定、协调和动态平衡的重要作用。自然界的所有生物都是互相依存、互相制约的。植物通过光合作用发挥生态作用，起到生产有机物质、转化能量、生产氧气、清除二氧化碳的作用，在生态系统中扮演着生产者的角色。动物在生态系统中是消费者，但这种消费不是消极的，而是通过消费和自身的积极活动，给植物和微生物的生存和竞争提供了有利条件，推动了整个系统的运行和发展。如动物可以传播种子和花粉，可以疏松土质，促进植物的生长。微生物则起着分解作用，推动有机物的循环。正因为不同生物有不同的作用、营养方式、结构，它们相互补充、相互依存、相互促进，才共同维护着生物和人类的持续生存和发展。生物多样性是生态系统不可缺少的组成部分。科学实验证明，生态系统中物种越丰富，它的创造力就越大。每一种物种的绝迹，都预示着很多物种即将面临死亡。

生物多样性还在保持土壤肥力、保证水质以及调节气候等方面发挥了重要作用。黄河流域曾是中华民族的摇篮，几千年以前，那里还是一片十分富饶的土地，树木林立、百花芬芳，各种野生动物四处出没。但由于长期的战争及人类过度的开发利用，那里已变成生物多样性十分贫乏的地区，到处是黄土荒坡，遇到刮风的天气便是飞沙走石，沙漠化现象严重。

生物多样性在大气层成分、地球表面温度、地表沉积层氧化还原电位以及 pH 值等方面的调控发挥着重要作用。例如，现在地球大气层中的氧气含量为 21%，供给我们自由呼吸，这主要应归功于植物的光合作用。在地球早期的历史中，大气中氧气的含量要低很多。据科学家估计，假如断绝了植物的光合作用，那么大气层中的氧气将会由于氧化反应在数千年内消耗殆尽。

（3）生物多样性的利用与保护。各种各样的生物资源是地球上人类赖以生存的物质基础。目前，世界正面临着人口、资源、环境、粮食和能源五大危机，这些危机的解决都与地球上的生物多样性有密切关系。生物多样性是人类赖以生存的物质基础，是全人类共同的财富，它在维持全球和区域生态平衡具有十分重要的意义。

生物多样性在人类、社会和经济发展中具有十分重要的作用。其价值主要表现在社会、经济、文化、伦理和美学等众多方面。随着人类对生物资源开发利用规模和强度的增大，以及空气、水体和土壤等的严重污染，森林面积减小，动物的栖息地萎缩，物种的灭绝速率在加快，导致了全球生物多样性的严重丧失。这不可避免地影响到人类社会经济的可持续发展及人类未来的生存。因此，拯救研究和持续公平地利用地球生物资源已成为全人类的行动纲领。

保持生物多样性是减少遭受疫病侵袭影响的重要方式。1864 年的爱尔兰土豆枯死病，造成了 100 多万人死亡，几百万人流离失所。原因就是当地人只种植两个土豆品种，而这两个品种又特别脆弱，一发生意外就无法挽救。又如 20 世纪 70 年代，印尼、印度的稻田发生了草病毒，非常幸运的是，在 6 273 个品种中发现有一个品种对这种病毒具有抵抗性，现在该品种被广泛种植。另外，1970 年，斯里兰卡、巴西和中美洲地区的咖啡作物爆发了咖啡锈，在咖啡的故乡埃塞俄比亚发现了一种具有抵抗性的品种，从而挽救了整个局势。

当前生物多样性保护与持续利用的关键问题是：保护区生物区域规划管理——生物多样性保护区的建立；保护区的作用和利用存在的问题；以及经济全球化和保护地方化对生物多样性保护与持续利用的影响。

3.2.3.5　自然保护区的保护

自然保护区是为了保护各种重要的生态系统及其环境，拯救濒临灭绝的物种，保护自然历史遗产而划定的依法进行保护和管理的特定区域。自然保护区的作用如下：

（1）为人类提供研究自然生态系统的场所。

（2）提供生态系统的天然“本底”，对于人类活动的后果，提供评价的准则。

（3）自然保护区是各种生态研究的天然实验室，便于进行连续、系统的长期观测以及珍稀物种的繁殖、驯化的研究等。

（4）自然保护区是宣传教育的活的自然博物馆。

（5）自然保护区中的部分地域可以开展旅游活动。

（6）自然保护区能在涵养水源、保持水土、改善环境和保持生态平衡等方面发挥重要作用。

我国人口众多，自然植被少。保护区不能像有些国家那样采用原封不动、任其自然发展的纯保护方式，而应采取保护、科研教育、生产相结合的方式，而且在不影响保护区的自然环境和保护对象的前提下，还可以和旅游业相结合。因此，我国的自然保护区内部大多划分成核心区、缓冲区和外围区 3 个部分。

（1）核心区。核心区是保护区内未经或很少经人为干扰过的自然生态系统的所在，或者是虽然遭受过破坏，但有希望逐步恢复成自然生态系统的地区。该区以保护种源为主，又是取得自然本底信息的所在地，而且还是为保护和监测环境提供评价的来源地。核心区内严禁一切干扰。

（2）缓冲区。缓冲区是指环绕核心区的周围地区。它是试验性和生产性的科研基地，如饲养、繁殖和发展本地特有生物，是对各生态系统物质循环和能量流动等进行研究的地区，也是保护区的主要设施基地和教育基地。

（3）外围区。外围区位于缓冲区周围，是一个多用途的地区。除了开展与缓冲区相类似的工作外，还包括有一定范围的生产活动，还可有少量居民点和旅游设施。

上述保护区内分区的做法，不仅保护了生物资源，而且又成为教育、科研、生产、旅游等多种目的相结合的、为社会创造财富的场所。

3.2.4 矿产资源

3.2.4.1 矿产资源

矿产资源是在特定的地质条件下，经过地质成矿作用，使埋藏于地下或出露于地表的，呈固态、液态或气态产出的，并具有开发利用价值的矿物或有用元素的含量达到具有工业利用价值的集合体。矿产资源是重要的自然资源，是地球形成以来的46亿年间，伴随着各种地质作用逐渐形成的，是社会生产发展的重要物质基础，现代社会人们的生产和生活都离不开矿产资源。矿产资源属于非可再生资源，其储量是有限的。目前世界已知的矿产有1 600多种，其中80多种应用较广泛。按其特点和用途，通常分为金属矿产、非金属矿产和能源矿产三大类。目前，95%左右的能源、80%以上的工业原料、70%以上的农业生产资料和30%以上的工农业用水均来自矿产资源，矿产资源是一种重要的生产资料和劳动对象，是冶金、机械、电力、化工、轻工、建材、国防、农业及人们的衣、食、住、行等各方面的重要资源，矿产资源在国民经济建设中有着巨大的作用。矿产资源具有以下基本特征：

（1）矿产资源是有限的，采后不能再生。

（2）矿产资源多数具有共生性、伴生性。

（3）矿产资源分布是不均匀的。

（4）矿产资源具有开拓性和可变性。

3.2.4.2 中国矿产资源的现状

中国是世界上矿产资源种类齐全，矿产储量丰富的少数几个国家之一。目前，我国已探明的矿产资源约占世界总量的12%，居世界第3位。人均占有量较少，仅为世界人均占有量的58%，居世界第53位。世界上几乎所有的矿种我国均有发现，我国是仅次于美国的世界第二矿产大国。我国矿产资源主要有以下几个特点：

（1）矿产资源总量多，人均占有量少。

（2）富矿少，贫矿多。

（3）矿产品种类齐全，配套程度高，但资源结构不尽合理。

（4）共生矿多，单一矿少。

（5）矿产分布不平衡。

专家预测，21世纪前半叶，由于经济与人口增长的双重压力，我国对矿产产品的需求量快速增长，矿产资源探明储量消耗过快、后备储量不足的矛盾将充分显示出来。我国矿产资源会不断下降，大宗重要矿产资源将出现长期短缺。

3.2.4.3 矿产资源的利用与保护

我国矿产资源的利用中存在的主要问题是生产布局不合理，给周围环境造成污染和破坏，地下开采造成地面塌陷及裂隙、裂缝，矿山疏干排水量大，矿产资源开发利用为粗放型，利用率不高。因此，需要对矿产资源进行合理的利用与保护。

（1）认真贯彻执行《矿产资源法》，提高保护矿产资源的自觉性，依法管理矿产资源。

建立健全矿产资源法规体系，规范地质矿产勘察开采行为。

(2) 建立集中统一指导、分级管理的矿产资源执法监督组织体系。

(3) 组织开展定期、不定期的矿产资源供需形势分析和成矿远景区划、矿产资源总量预测以及矿产资源经济区划研究。

(4) 组织制定矿产资源开发战略、资源政策和资源规划。

(5) 建立健全矿产资源核算制度、有偿占用开采制度和资产化管理制度。

(6) 加强环境保护，防止污染。

3.2.5 海洋资源

3.2.5.1 海洋资源

地球海洋面积为 3.6×10^8 hm^2，约占地球面积的 71%，贮水量为 1.37×10^9 km^3，占地球总水量的 77.2%。海洋与人类的关系极为密切，它不仅起着调节陆地气候的作用，也为人类提供航行通道的作用，而且海洋蕴藏着极其丰富的资源。海洋资源指的是与海水水体及海底、海面本身有着直接关系的物质和能量。它是海洋生物、海洋能源、海洋矿产及海洋化学等资源的总称。海洋生物资源以鱼虾为主，在环境保护和提供人类食物方面具有极其重要的作用。海洋能源包括海底石油、天然气、潮汐能、波浪能以及海流发电、海水温差发电等，远景发展尚包括海水中铀和重水的能源开发。海洋矿产资源包括海底的锰结核及海岸带的重砂矿中的钛、锆等。海洋化学资源包括从海水中提取淡水和各种化学元素（溴、镁、钾等）以及盐等。海洋资源按其属性可分为海洋生物资源、海洋矿产资源、海水资源、海洋能与海洋空间资源。21 世纪，海洋将成为人类获取资源的主要场所。

3.2.5.2 中国海洋资源的现状

中国是一个海洋大国，是一个陆海兼具的国家，海洋国土面积超过 3×10^6 km^2，接近陆地领土面积的三分之一。按照国际法和《联合国海洋法公约》的有关规定，中国享有主权和管辖权的内河、领海、大陆架等经济区的面积广阔，大陆海岸线长约 1.8×10^4 km，岛屿海岸线长约 1.403×10^4 km，沿海滩涂面积为 2.079×10^3 km^2。主张的管辖海域面积可达 3×10^6 km^2，其中与领土有同等法律地位的领海面积为 3.8×10^5 km^2。在我国的海域中，面积在 500 m^2 以上的岛屿 7 372 个，大陆架面积居世界第五位。

我国拥有丰富的海洋资源。油气资源沉积盆地约 7×10^5 km^2，石油资源量估计为 2.4×10^{10} t 左右，天然气资源量估计为 1.4×10^{13} m^3，还有大量的天然气水合物资源，即最有希望在本世纪成为油气替代能源的“可燃冰”。我国管辖海域内有海洋渔场 2.8×10^6 km^2，20 m 以内浅海面积 2.4×10^8 hm^2，海水可养殖面积 2.6×10^6 hm^2；已经养殖的面积 7.1×10^5 hm^2，浅海滩涂可养殖面积 2.42×10^6 hm^2，已经养殖的面积 5.5×10^5 hm^2。我国已经在国际海底区域获得 7.5×10^4 km^2 的金属结核矿区，多金属结核储量大于 5×10^8 t。

据初步估计，中国海洋能源资源总蕴藏量约为 4.3×10^8 kW。海水除可供盐外，尚可提取镁、钾、溴、铀等化学物质。海水进行淡化则可弥补沿海城市及海洋岛屿淡水的不足。

3.2.5.3 海洋资源的利用与保护

海洋资源的开发较之陆地复杂，技术要求高，投资也较大，但有些资源的数量却较之陆地多几十倍甚至几千倍。因此，在人类资源的消耗量越来越大，而许多陆地资源的储量日益减少的情况下，从长计议开发海洋资源具有很高的经济价值和战略意义。

我国海洋开发利用中存在的主要问题是沿海开发不够，利用不合理，近海水域有不同程度的污染，岛屿生态环境恶化，海洋生物资源受到严重破坏。因此，需要对海洋资源进行综合开发利用。

(1) 从全局和长远出发，对海洋的开发要进行统筹规划和管理。

(2) 加强海洋环境及资源的调查研究工作。

(3) 着力发展沿海水产品的养殖业，保护近海渔业资源，逐步发展外海渔业和远洋渔业。

(4) 合理利用海水来替代淡水资源。

(5) 大力加强海岸线、海岛资源的开发与保护。

(6) 积极进行海洋资源调查、开发、保护和海洋科学的研究与管理建设的国际化。

加强海洋环境保护，防止海洋污染的措施主要有大力加强海洋污染的监测，控制陆地污染对海洋的污染，实行对陆源污染物总量的控制，大力加强对海上活动的有效管理。在我国可持续发展中，海洋的作用越来越突出。开展海洋信息共享，建立集海洋经济、资源、环境、灾害、生态等于一体的海洋信息共享网络服务系统，对于实现我国海洋的综合管理，提高人们的海洋意识，实施海洋强国和可持续发展战略具有巨大的科学、社会和潜在的经济效益。

3.2.6 人口与资源

3.2.6.1 人口对资源的影响

(1) 人口对土地资源的影响。土地是为人类获取生物资源的基地，是人类生存的主要环境要素。土地资源是有限的，食物生产也是有限的，那么人类要想生存和发展就一定要控制人口的无限增长。中国古代思想家很早就提出了人口和土地要相适应的观点，其中包含了人口适度增长的思想。最先明确提出人口和土地要相适应的思想的是《商君书》，它认为国家富强在于农业，而要搞好农业，就应当使人口和土地的数量相适应。这就是现在所说的人口环境容量，即土地承载力，又称人口承载力。它是在一定技术水平投入强度下，一个国家或地区在不引起土地退化，或不对土地资源造成不可逆负面影响，或不使环境遭到严重退化的前提下，能持续、稳定地支持具有一定消费水平的最大人口数量，或具有一定强度的人类活动规模。

关于中国的适度人口容量问题，不少学者做过一些有益的调查和研究，许多学者认为，我国的适宜人口容量以 10 亿人左右为宜。1991 年，中国科学院发表了《中国土地资源生产能力及人口承载力研究》报告，主张我国人口承载量最高值应控制在 16 亿左右。目前，中国的人口数量（13 亿人）虽未超过人口承载量的最高值，但已超过适宜人口容量，前景令人担忧。

(2) 人口对水资源的影响。水资源与人类生产、生活休戚相关。水是一种有限的、宝贵的、不可替代的自然资源，是人类和一切生物赖以生存和发展的物质基础。干旱缺水、水质污染及洪涝灾害日益成为制约我国经济发展的重要原因，严重影响我国社会经济可持续发展。

从水资源人均占有量来看，我国属于贫困国，水资源严重缺乏。我国的用水量在急剧增长，我国的水资源时空分布极不均匀，北方地区严重缺水，且降水主要集中在 6—9 月，这更加剧了我国水资源短缺的矛盾。随着人口的激增，供不应求的矛盾日趋突出。由此可见，由于人口膨胀、工农业生产发展造成的水资源紧缺，已成为制约社会经济发展的“瓶颈”。

到2030年前后，中国的人口将达到16亿左右。要满足16亿人口的基本需求，达到中等发达国家的生活水平，其用水量必将进一步增加。

(3) 人口对矿产资源的影响。目前，在人口增长和经济增长的压力下，全世界矿产资源开采加工已达到非常庞大的规模，在矿产资源消费空前增长的过程中，人类也开始面临严重的资源危机。以主要矿种铁、铅、铜为例，随着人口增长和人均消费量增加，铁、铅、铜等矿产总消费量也急剧增长。

因此，许多重要矿产储量随着时间的推移日益贫化和枯竭。下面从全球角度研究各种矿物的供给动态，推算出每一种矿物将在哪一年达到产量高峰，哪一年将被完全采尽，见表3—1。

表3—1　　世界几种金属的产量高峰期

矿产名称	产量高峰年份	枯竭年份
铝	2060	2215
铬	2150	2325
金	1980	2075
铅	2030	2165
锡	2020	2100
锌	2065	2250
石棉	2015	2150
煤	2150	2405
原油	2005	2075

中国矿产资源总量虽然很丰富，但人均占有量很少。在总体上，矿产资源的人均占有量不足世界平均水平的一半。在人均矿产消费还比较低的情况下，已使中国在很低发展水平上就成为一个矿产资源消费大国，主要是庞大的人口对矿产资源的需求压力造成的。从我国经济发展趋势看，人均矿产资源的消耗量还将有相当程度的增长，庞大的人口数量对矿产资源的需求压力潜伏着资源危机和生态危机。在今后发展中，我国矿产资源的形势是喜忧并存，形势严峻，许多矿种探明的储量将无法满足经济发展战略目标的需求。

3.2.6.2　人口对环境的影响

随着人口数量的增加与科学技术的进步，人们一方面在利用环境与征服自然方面取得很大发展，同时也带来一些严重的问题，这就是所谓的生态危机。由于人对自身的发展失去控制而使环境遭到破坏，破坏的严重程度已影响到人本身，也威胁着许多其他物种的继续生存。许多关心人类生存环境的学者对这种惊人的事实深感不安，他们大声疾呼要求人们实行自我控制，以维持自身与生态环境间的平衡。虽然他们也认识到，造成这种危机的原因很多，但是降低人口的增长速度，减轻对环境的压力，则是十分重要的措施，否则环境条件将继续恶化。

3.3 能源的利用与保护

3.3.1 能源

3.3.1.1 能源的概念

能源也称能量资源或能源资源，是指可产生各种能量（如热量、电能、光能和机械能等）或可做功的物质的统称，是指能够直接取得或者通过加工、转换而取得有用能量的各种资源，包括煤炭、原油、天然气、煤层气、水能、核能、风能、太阳能、地热能、生物质能等一次能源和电力、热力、成品油等二次能源，以及其他新能源和可再生能源。能源是发展农业、工业、国防、科学技术和提高人民生活水平的重要物质基础，它是人类赖以生存和发展的重要资源，它的多寡深刻影响着经济和社会的发展以及人们的生活。能源利用的深度和广度是衡量一个国家或地区生产力水平的重要标志。随着经济的发展和人民生活水平的提高，能源的需求量会越来越多，必然会对环境质量产生极大影响。

3.3.1.2 能源的分类

能源种类繁多，根据不同的划分方式，能源也可分为不同的类型。

(1) 按来源分为来自地球外部天体的能源（主要是太阳能）、地球本身蕴藏的能量如原子核能、地热能等以及地球和其他天体相互作用而产生的能量。

(2) 按能源的基本形态分为一次能源和二次能源。

(3) 按能源性质分为燃料型能源（煤炭、石油、天然气、泥炭、木材）和非燃料型能源（水能、风能、地热能、海洋能）。

(4) 根据能源消耗后是否造成环境污染分为污染型能源（包括煤炭、石油等）和清洁型能源（包括水力、电力、太阳能、风能以及核能等）。

(5) 根据能源使用的类型分为常规能源（包括一次能源中的可再生的水力资源和不可再生的煤炭、石油、天然气等资源）和新型能源（是相对于常规能源而言的，包括太阳能、风能、地热能、海洋能、生物能以及用于核能发电的核燃料等能源）。

(6) 人们通常按能源的形态特征或转换与应用的层次对它们进行分类。世界能源委员会推荐的能源类型分为固体燃料、液体燃料、气体燃料、水能、电能、太阳能、生物质能、风能、核能、海洋能和地热能。

(7) 按能源的商品性分为商品能源和非商品能源。凡进入能源市场作为商品销售的如煤、石油、天然气和电等均为商品能源。国际上的统计数字均限于商品能源。非商品能源主要指薪柴和农作物残余（秸秆等）。

(8) 按能源能否再生分为再生能源和非再生能源。人们对一次能源又进一步加以分类，凡是可以不断得到补充或能在较短周期内再产生的能源称为再生能源，反之称为非再生能源。风能、水能、海洋能、潮汐能、太阳能和生物质能等是可再生能源；煤、石油和天然气等是非再生能源。地热能基本上是非再生能源，但从地球内部巨大的蕴藏量来看，又具有再生的性质。随着全球各国经济发展对能源需求的日益增加，现在许多发达国家更加重视对可再生能源、环保能源以及新型能源的开发与研究；同时我们也相信随着人类科学技术的不断进步，人们会不断开发研究出更多新能源来替代现有能源，以满足全球经济发展与人类生存对能源的高度需求，而且我们能够预计地球上还有很多尚未被人类发现的新能源正等待我们去探寻与研究。

3.3.1.3 能源消费

能源消费的高低主要与产业结构有关。国际能源机构在2007年11月7日公布的《2007年世界能源展望》报告中指出，如果不采取措施限制能源消费，未来20多年内世界能源消费量将剧增55%，这很有可能使能源价格持续攀升并给环境带来严重后果。报告认为，在找到相应的替代能源之前，石油和天然气仍将是最主要的能源。到2030年，石油需求将会增长37%，全球原油日均需求量将从2006年的8 400万桶增加到1.61亿桶。随着能源消费的不断增长，温室气体排放量逐渐增多，对环境造成的难以逆转的破坏也会不断加大。国际能源机构认为，从理论上讲，如果增加能源供给所需要的投资能够到位，在2030年以前能源储备还可以满足需求。该组织预计，提高能源产量和能源利用效率所需要的投资约为22万亿美元。该报告对其他几种主要能源未来走势也进行了预测。报告认为，到2030年煤炭的需求将增长73%。天然气需求的增长速度不会太快，预计到2030年其能源市场份额为22%。

3.3.2 中国的能源现状

中国是当今世界上最大的发展中国家，是目前世界上第二位能源生产国和消费国。新中国成立以来，不断加大能源资源勘察力度，组织开展了多次资源评价。中国能源资源有以下特点。

3.3.2.1 能源资源总量比较丰富

中国拥有较为丰富的化石能源资源，其中煤炭占主导地位。2006年，煤炭保有资源量$1.034\,5\times10^{12}$ t，剩余探明可采储量约占世界的13%，列世界第三位。已探明的石油、天然气资源储量相对不足，油页岩、煤层气等非常规化石能源储量潜力较大。中国拥有较为丰富的可再生能源资源。如水力资源理论蕴藏量折合年发电量为6.19×10^{12} kW·h，可开发年发电量约1.76×10^{12} kW·h，相当于世界水力资源量的12%，列世界首位。

3.3.2.2 人均能源资源拥有量较低

中国人口众多，人均能源资源拥有量在世界上处于较低水平。煤炭和水力资源人均拥有量相当于世界平均水平的50%，石油、天然气人均资源量仅为世界平均水平的1/15左右。耕地资源不足世界人均水平的30%，制约了生物质能源的开发。

3.3.2.3 能源资源赋存分布不均衡

中国能源资源分布广泛但不均衡。煤炭资源主要赋存在华北、西北地区，水力资源主要分布在西南地区，石油、天然气资源主要赋存在东、中、西部地区和海域。中国主要的能源消费地区集中在东南沿海经济发达地区，资源赋存与能源消费地域存在明显差别。大规模、长距离的北煤南运、北油南运、西气东输、西电东送，是中国能源流向的显著特征和能源运输的基本格局。

3.3.2.4 能源资源开发难度较大

与世界相比，中国煤炭资源地质开采条件较差，大部分储量需要井工开采，极少量可供露天开采。石油天然气资源地质条件复杂，埋藏深，勘探开发技术要求较高。未开发的水力资源多集中在西南部的高山深谷，远离负荷中心，开发难度和成本较大。非常规能源资源勘探程度低，经济性较差，缺乏竞争力。

3.3.3 能源的利用与保护

3.3.3.1 新能源的利用

新能源（或称可再生能源）主要有太阳能、风能、地热能、生物质能等。生物质能在经过了几十年的探索后，国内外许多专家都表示这种能源方式不能大力发展，它不但会抢夺人类赖以生存的土地资源，更将会导致社会不健康发展。地热能的开发和空调的使用具有同样特性，如大规模开发必将导致区域地面表层土壤环境遭到破坏，必将引起再一次生态环境变化。而风能和太阳能对于地球来讲是取之不尽、用之不竭的健康能源，他们必将成为今后替代能源的主流。

太阳能发电具有布置简便以及维护方便等特点，应用面较广，现在全球装机总容量已经开始追赶传统风力发电，在德国甚至接近全国发电总量的5%～8%。随之而来的问题令我们意想不到，太阳能发电的时间局限性导致了对电网的冲击，如何解决这一问题成为能源界的一大困惑。

风力发电在19世纪末就开始登上历史的舞台，在一百多年的发展中，由于它造价相对低廉，成了各个国家争相发展的新能源首选，然而，随着大型风电场的不断增多，占用的土地也日益扩大，产生的社会矛盾日益突出，如何解决这一难题，成了我们又一困惑。

新型垂直轴风力发电机（H型）突破了传统的水平轴风力发电机启动风速高、噪声大、抗风能力差、受风向影响等缺点，采取了完全不同的设计理论，采用了新型结构和材料，达到微风启动、无噪声、抗12级以上台风、不受风向影响等性能，可大量用于别墅、多层及高层建筑、路灯等中小型应用场合。以它为主建立的风光互补发电系统，具有电力输出稳定、经济性高、对环境影响小等优点，也解决了太阳能发展中对电网冲击等影响。

随着能源危机日益临近，新能源已经成为今后世界上的主要能源之一。其中太阳能已经逐渐走入我们的生活，风力发电偶尔可以看到或听到，可是它们作为新能源如何在实际中去应用？新能源的发展究竟会是怎样的格局？这些问题将是需要我们在今后很长时间里探索的。

3.3.3.2 能源利用对环境的影响

能源与环境问题是人类生存与生活的永恒主题。能源是现代生活的重要物质基础，随着经济社会的发展，人们对各种能源的使用数量逐年增长，能源在给人们带来效益的同时，也在开发、利用、加工、运输的过程中给环境带来不利的影响，环境保护是每个公民应尽的职责。

（1）化石原料

1）煤炭。在开采和加工过程中会引起矿井地表的沉陷，露天开采除占用大量土地外，对地表水、地下水也会造成污染，煤矿会产生酸性矿井水污染水体和土壤，产生的瓦斯气体除了污染环境外，对井下作业的工人身体健康和生命安全造成危害，洗煤厂排放的煤泥水对环境产生不利影响，煤炭的液化和汽化过程会产生大量的污染物污染环境。

2）石油。在勘探和开采过程中产生的泥浆会对周围水域、农田造成不良影响，产生的含油污水会污染海洋、淡水水域和土壤，炼油厂产生的废渣也会造成水体、土壤的污染，产生的石油废气会造成大气污染。

3）天然气。在开采过程中排放的硫化物和伴生盐水会污染空气和水体。

（2）水力发电会在自然方面、水体的物化性质方面、生态平衡方面、社会经济四个方面对环境产生不利的影响。

（3）核能。目前全世界运行中的核动力反应堆已达 430 座，在建的核动力反应堆 130 多座，核能在全世界能源中所占的比例为 10%，预计 2020 年将达到 30%。发展核能技术，尽管在反应堆方面已有了安全保障，但产生核废料的最终处置还没有完全解决，核污染对环境的破坏和对人体健康的影响仍受到人们的关注。

3.3.3.3 能源的利用与环境保护

随着经济的发展，能源的消耗量迅速增长，能源问题成为经济发展中的突出问题，因此，新能源的开发成为当务之急。

（1）风能。风是由于空气的流动而形成的，风具有能量，是一种天然能源。风能蕴藏量丰富，可以再生，永不枯竭，没有污染，随处都可以开发利用。风的能量很大，全世界每年燃烧煤炭得到的能量还不到一年内刮风能量的 1%。风能是地球上可利用的重要的能源之一。风能突出的缺点是密度低，不稳定，地区差异大。但是，在重视环境保护的时代，使用风能这种“绿色”能源，对改善地球生态环境、减少空气污染有着非常积极的价值。

（2）水流能。水的流动（河流、潮汐）也能提供可利用的能量。利用水流来发电，是把水流的机械能转化为电能。现在水力发电的技术已经十分成熟。我国有丰富的水力资源，已经建设了很多水力发电站，如三峡工程、小浪底工程等。水流能也是“可再生能源”。

（3）太阳能。太阳辐射到地球的能量是巨大的，每年可以达到 10^{24} J；对于我们人类的历史来说，太阳能是取之不尽用之不竭的。同时太阳能也是一种清洁能源，它的利用不污染环境。

（4）生物质能。由生物体产生的能量就是生物质能。生物质能是以化学能源形式储存在生物体中的太阳能，来源于植物的光合作用。地球上的植物进行光合作用所消费能量占太阳照射至地球总能量的 0.2%。虽然比例很小，但它是目前人类能源消费总量的 40 倍。可见，生物质能是一个巨大的能源，是仅次于煤、石油、天然气的第四位能源。

生物质能主要来源于柴薪、人畜粪便、城市垃圾和水生植物等。除柴薪可以直接燃烧外，利用生物质能的技术还有沼气生产、酒精制取、人造石油的制造、生物质能发电等。现在全世界家用沼气池大约 530 万个，中国占了其中的 92%。农村沼气的主要填料是秸秆、牲畜粪便、污泥和水。建立以沼气为中心的农村新能源和物质循环系统，在解决我国农村能源方面具有巨大潜力。我国许多现代化的农村，由于很好地开发了沼气的生产和利用，不仅提高了生活质量，改善了农田，还很好地保护生态环境，形成了农业生产的良性循环。

（5）核能。核能是重核裂变或轻核聚变时所释放出的巨大能量。核电站就是利用核能发电。目前，我国浙江秦山核电站和广东大亚湾核电站已经运行发电，几个新的核电站正在积极建设之中。建造核电站时需要特别注意的一个问题是防止放射线和放射性物质的泄漏，以避免射线对人体的伤害和放射性物质对水源、空气和工作场所造成放射性污染。

（6）氢能。氢和其他能源载体（如电、蒸汽）相比，具有更多的优势。电、热和氢的最大差别在于氢气可以大规模储存，而且储存方式多种多样。氢气既可以像天然气一样，以气体的形式储存在压力容器中，也可以方便地储存在金属合金中，当然还可以以液体的形式储存。更新更有效的储氢方法有待继续开发。所有这些，使氢能在未来可再生能源体系中处于非常重要的位置。氢能是最环保的能源。利用低温燃料电池，由电化学反应将氢转化为电能、热能和水。不排放 CO_2 和 NO_x，没有任何污染。氢使用时和氧化合生成水，而水又可电解转化成同样数量的氢和氧，对大气中氧的浓度没有影响。氢—水—氢如此循环，永无止境，所以“氢矿”不会枯竭。从长远看，人类的能源既可以来自像太阳一样的核聚变，也可以来自地球上的可再生能源，而这两者都与氢密不可分。在核聚变中，氢同位素参加反应。在可再生能源中，氢以能源载体的形式为人类服务。由于氢具有以上特点，所以氢能同时满足资源、环境和经济持续发展的要求，可以无限期地为人类所用。

本章小结

一、基本概念

资源、再生资源、非再生资源、自然资源、社会资源、生物资源、能源

二、基本知识

1. 自然资源分类

(1) 从资源的再生性角度来分，可划分为再生资源和非再生资源。

(2) 从资源利用的可控性程度来分，可划分为专有资源和共享资源。

(3) 按资源用途分类可划分为农业资源、工业资源和信息资源（含服务性资源）。

(4) 按资源可利用状况分类可划分为现实资源、潜在资源、废物资源。

2. 社会资源的特性

(1) 社会性　(2) 继承性　(3) 主导性　(4) 流动性　(5) 不均衡性

3. 草地资源的利用与保护

(1) 草地资源　(2) 草地资源的作用

(3) 中国草地资源的现状　(4) 草地资源的利用与保护

4. 森林资源的利用与保护

(1) 森林资源　(2) 森林资源的作用

(3) 中国森林资源的现状　(4) 森林资源的利用与保护

5. 人口对资源的影响

(1) 人口对土地资源的影响　(2) 人口对水资源的影响

(3) 人口对矿产资源的影响

6. 中国的能源现状

(1) 能源资源总量比较丰富　(2) 人均能源资源拥有量较低

(3) 能源资源赋存分布不均衡　(4) 能源资源开发难度较大

练 习 题

一、选择题

1. 从资源的再生性角度可划分为________。

A. 现实资源和潜在资源　　B. 专有资源和共享资源

C. 农业资源和工业资源　　D. 再生资源和非再生资源

2. 我国人均占有耕地 0.10 hm^2，仅为世界人均占有耕地的 1/3，居世界人均占有量的________位。

A. 126　B. 130　C. 136　D. 140

3. 中国水资源总量为 2.711 5×10^{12} m^3，居世界________。

A. 第四位　B. 第五位　C. 第六位　D. 第七位

4. 目前，我国已探明的矿产资源约占世界总量的 12%，居世界________。

A. 第一位　B. 第二位　C. 第三位　D. 第四位

5. 海洋国土面积大于 3×10^6 km^2，接近陆地领土面积的________。

A. 二分之一　B. 三分之一　C. 四分之一　D. 五分之一

6. 我国人口承载量最高值应控制在________亿左右。

A. 15　B. 16　C. 17　D. 18

7. 我国的自然保护区内部大多划分________ 3 个部分。

A. 核心区　B. 缓冲区　C. 周围区　D. 外围区

8. 海洋资源是________等资源的总称。

A. 海洋生物　B. 海洋能源　C. 海洋矿产　D. 海洋化学

二、填空题

1. 自然资源是指在一定时间条件下，能够产生________以提高人类当前和未来福利的________的总和。

2. 土地的基本属性是________、________、________。

3. 生物资源是自然环境的有机组成部分，包括________________和____________。

4. 森林是由________或________为主体组成的________群体。

5. 生物多样性是指________多种多样的有机体________地结合所构成的生态综合体。

6. 我国的自然保护区内部大多划分成________、________和________ 3 个部分。

7. 凡是可以不断得到补充或能在较短周期内再产生的能源称为________。

三、判断题

1. 能够被利用是作为资源的唯一标准。　（　）

2. 地球上的水分布很广，大部分以固体形式存在于地球的南北极和陆地的高山上。　（　）

3. 人们通常的饮用水都是淡水。　（　）

4. 森林资源的数量多寡，直接表明一个国家或地区发展林业生产的条件、森林拥有量情况及森林生产力等。　（　）

5. 物种多样性是生物多样性研究的重点。 （ ）
6. 生物多样性是生态系统不可缺少的组成部分。 （ ）

四、简答题

1. 自然保护区的作用是什么？
2. 矿产资源的基本特征是什么？
3. 我国矿产资源的利用中存在的主要问题有哪些？
4. 如何对矿产资源进行合理的利用与保护？
5. 如何对海洋资源进行合理开发与利用？
6. 中国能源资源有哪些特点？
7. 结合实践，谈谈你对资源的利用和保护的看法。

4 大气污染与保护

本章学习目标

了解：大气、大气污染、大气湍流、温度层结、逆温的概念。了解稳定度、气象动力因子、气象热力因子的概念。

熟悉：大气圈、大气的组成、大气污染源、大气污染物及大气的重要性。熟悉大气污染的影响因素，大气污染控制原则，大气污染的危害及室内空气污染。

掌握：颗粒污染物的治理，气体污染物的治理，常见气体污染物 SO_2、NO_2、汽车尾气的治理，室内空气污染防治。

4.1 大气污染

4.1.1 大气圈

4.1.1.1 大气

大气是指地球周围所有空气的总和，其厚度为 1 000～1 400 km。世界气象组织按大气温度的垂直分布将大气分为对流层、平流层、中间层、热成层、逸散层。其中，对人类及生物生存起着重要作用的是近地面约 10 km 的气体层——对流层，人们常称这层气体为空气层。可见，空气的范围比大气小得多，但空气层的质量却占大气总质量的 95%左右。在环境污染领域中，“空气”和“大气”常作为同义词使用。

大气为地球生命的繁衍、人类的发展提供了理想的环境。

4.1.1.2 大气圈

大气圈就是指包围着地球的大气层，由于受地心引力的作用，大气圈中空气质量的分布是不均匀的。海平面处的空气密度最大，随高度的增加，空气密度逐渐变小。大气在垂直方向上不同高度时的温度、组成与物理性质也是不同的，根据大气温度垂直分布的特点，在结构上可以将大气圈分为 5 个气层。

（1）对流层。对流层是大气圈中最接近地面的一层，对流层的平均厚度约为 12 km。对流层中的空气质量约占大气层总质量的 75%左右，是天气变化最复杂的层次。对流层具有两个特点，一是对流层中的气温随高度增加而降低，由于对流层的大气不能直接吸收太阳辐射的能量，但能吸收地面反射的能量而使大气增温，因而靠近地面的大气温度高，远离地面的空气温度低，高度每增加 100 m，气温下降约 0.65℃。二是空气具有强烈的对流运动。近地层的空气接受地面的热辐射后温度升高，与高空冷空气发生垂直方向的对流，构成了对流层空气强烈的对流运动。

对流层中存在着极其复杂的气象条件，各种天气现象也都出现在这一层，因而在该层中有时形成污染物易于扩散和不易扩散的条件。人类活动排放的污染物主要是在对流层中聚集，大气污染主要也是在这一层发生，因而对流层的状况对人类生活影响最大，与人类关系最密切，是我们研究的主要对象。

（2）平流层。对流层层顶之上的大气为平流层，从地面向上延伸到约 50～55 km 处。该层的特点是下部的气温随高度变化而变化不大，到 30～35 km 处温度均维持在 278.15 K 左右，故也叫等温层。再向上温度随高度增加而升高，这一方面是由于它受地面辐射影响小；另一方面也是由于该层含有臭氧，存在着一个厚度约为 10～15 km 的臭氧层。臭氧层可以直接吸收太阳的紫外线辐射，造成了气温的增加。

臭氧层的存在对地面免受太阳紫外线辐射与宇宙辐射起着很好的防护作用，否则，地面上所有的生命将会由于这种强烈的辐射而致死。

再者，平流层没有对流层中那种云、雨、风暴等天气现象，大气透明度好，气流也稳定。同时，进入平流层中的污染物，由于在平流层中扩散速度较慢，污染物停留时间较长，有时可达数十年。

（3）中间层。由平流层顶以上距地面约 85 km 范围内的一层大气叫中间层。由于该层没有臭氧层这一类可直接吸收太阳辐射能量的组分，因此其温度随高度的增加而迅速降低，其顶部温度可低至 190 K。

中间层底部的空气通过热传导接受了平流层传递的热量，因而温度最高。这种温度分布下高上低的特点，使得中间层空气再次出现强烈的垂直对流运动。

（4）热成层。热成层位于 85～800 km 的高度之间。该层空气密度很小，气体在宇宙射线作用下处于电离状态，也称作电离层。由于电离后的氧气能强烈地吸收太阳的短波辐射，使空气温度迅速升高，因此该层气温的分布是随高度的增加而增高，其顶部可达 750～1 500 K。电离层能够反射无线电电波，对远距离通讯极为重要。

（5）逸散层。该层是大气圈的最外层，是从大气圈逐步过渡到星际空间的大气层。该层大气极为稀薄，气温高，分子运动速度快，有的高速运动的粒子能克服地球引力的作用而逃逸到太空中去。

如果按照空气组成成分划分大气圈层结构，又可以将其分为均质层和非均质层。均质层包括对流层、平流层和中间层，非均质层包括热成层和逸散层。如果按照大气的电离状态来分，还可以将大气分为电离层和非电离层。

4.1.2 大气污染

4.1.2.1 大气污染

大气污染通常是指由于人类活动引起某种物质进入大气中，呈现出足够的浓度，达到了足够的时间，超出了大气本身的自净能力，并因此而危害了人体的舒适、健康和福利或危害了环境的现象。这里所说的舒适和健康，是包括了从人体正常的生活环境和生理机能的影响到引起慢性病、急性病以致死亡这样一个广泛的范围，而所谓的福利，则认为是指与人类协调共存的生物、自然资源、财产以及器物等。通常说的大气污染主要是指人类活动造成的。

4.1.2.2 大气污染源

污染源有两个含义即“污染物发生源”和“污染物来源”，通常我们所说的污染源，其含意指的是前者。大气污染源包括人为污染源和自然污染源。大气污染源按其性质和排放方式可以分为燃料燃烧污染源、工业生产污染源、交通运输污染源和农业生产污染源。

(1) 燃料燃烧。燃料（如煤、石油、天然气等）的燃烧过程是向大气输送污染物的重要发生源。煤燃烧时除产生大量烟尘外，在燃烧过程中还会形成一氧化碳、二氧化碳、二氧化硫、氮氧化物、有机化合物及烟尘等有害物质。发达国家能源以石油为主，大气污染物主要是一氧化碳、二氧化碳、氮氧化物和有机化合物。

(2) 工业生产。工业生产过程中排放到大气中的污染物种类很多，数量大，是城市或工业区大气的主要污染源。

化工厂、石油炼制厂、钢铁厂、焦化厂、水泥厂等各种类型的工业企业，在原材料及产品的运输、粉碎以及由各种原料制成成品的过程中，都会有大量的污染物排入大气中。这类污染物主要有粉尘、碳氢化合物、含硫化合物、含氮化合物以及卤素化合物等多种污染物。

(3) 交通运输。现代化交通运输工具如各种机动车辆、飞机、轮船等均排放尾气，是造成大气污染的主要来源。由于交通运输工具主要以燃油为主，因此主要的污染物是碳氢化合物、一氧化碳、氮氧化物、含铅污染物、苯并［a］芘等。排放到大气中的这些污染物，在阳光照射下，有些还可经光化学反应，生成光化学烟雾。因此，它也是二次污染物的主要来源之一。

(4) 农业生产。农业生产过程对大气的污染主要来自农药和化肥的使用。有些有机氯农药如 DDT，施用后能在水面悬浮，并同水分子一起蒸发而进入大气；氮肥在施用后，可直接从土壤表面挥发成气体进入大气；而以有机氮或无机氮进入土壤内的氮肥，在土壤微生物作用下可转化为氮氧化物进入大气，从而增加了大气中氮氧化物的含量。

我国大气污染物主要来源于燃料燃烧，其次是工业生产与交通运输，它们所占的比例分别为 70%、20%和 10%。

4.1.2.3 大气污染物

(1) 颗粒污染物。大气污染物系指由于人类活动或自然过程排入大气的并对人或环境产生有害影响的那些物质。排入大气的污染物种类很多，依据不同的原则，可将其进行分类。依照污染物存在的形态，可将其分为颗粒污染物与气态污染物；依照与污染源的关系，可将其分为一次污染物与二次污染物。

进入大气的固体粒子和液体粒子均属于颗粒污染物。对颗粒污染物可作出如下的分类。

1）尘粒。烟尘一般是指粒径大于 75 μm 的颗粒物，易于沉降到地面。

2）粉尘。粉尘是指悬浮于空气中的固体颗粒，受重力作用可发生沉降，但在一定时间内能够保持悬浮状态，其粒径一般小于 75 μm。在这类颗粒物中，粒径大于 10 μm，靠重力作用能在短时间内沉降到地面者，称为降尘；粒径小于 10 μm，不易沉降，能长期在大气中飘浮者，称为飘尘。

3）烟尘。烟尘是指冶金过程或燃烧过程中所形成的固体颗粒。烟尘的粒子粒径很小，一般均小于 1 μm。在燃料的燃烧、高温熔融和化学反应等过程中所形成的颗粒物，飘浮于大气中称为烟尘。

4）雾尘。雾尘是指小液体粒子悬浮于大气中的悬浮体的总称。这种小液体粒子一般是由于蒸汽的凝结、液体的喷雾、雾化以及化学反应过程所形成的，粒子粒径小于 100 μm。

5）煤尘。煤尘是指燃烧过程中未被燃烧的煤粉尘，大、中型煤码头的煤扬尘以及露天煤矿的煤扬尘等。

（2）气态污染物。以气体形态进入大气的污染物称为气态污染物。

1）含硫化合物。主要指 SO_2、SO_3 和 H_2S 等，其中 SO_2 的量最大，危害也最大，是影响大气质量的最主要的气态污染物。

2）含氮化合物。含氮化合物种类很多，其中最主要的是 NO、NO_2、NH_3 等。

3）碳氧化合物。污染大气的碳氧化合物主要是 CO 和 CO_2。

4）碳氢化合物。此处主要是指有机废气。有机废气中的许多组分构成了对大气的污染，如烃、醇、酮、酯、胺等。

5）卤素化合物。对大气构成污染的卤素化合物，主要是含氯化合物及含氟化合物，如 HCl、HF、SiF_4 等。气态污染物从污染源排入大气，可以直接对大气造成污染，同时还可以经过反应形成二次污染物。

（3）二次污染物。若大气污染物是从污染源直接排出的原始物质，进入大气后其性质没有发生变化，则称其为一次污染物，也可称为原发性污染物。若由污染源排出的一次污染物与大气中原有成分或几种一次污染物之间发生了一系列的化学变化或光化学反应，形成了与原污染物性质不同的新污染物，则所形成的新污染物称为二次污染物，也可称为继发性污染物。二次污染物，如硫酸烟雾和光化学烟雾所造成的危害，已受到人们的普遍重视。

（4）工业和交通废气。在交通工具中，因为汽车数量最多，在城市中密度高，故以汽车尾气污染影响最大。汽车尾气的主要污染物为碳氢化合物（HC）和氮氧化合物（NO_x），但也有研究指出，柴油汽车所排放的含未完全燃烧柴油气溶胶，可能对人体危害更大。

4.1.3 大气污染的危害

4.1.3.1 大气的重要性

地球上所有生物的新陈代谢活动都离不开大气，大气也是人类赖以生存的氧的唯一来源。人类机体与外界环境不断地进行着气体交换，机体由外界环境中吸入生命所必需的氧气，并将物质代谢过程中所产生的二氧化碳等气体随呼吸排到体外。在通常情况下，每人每日平均吸入 10～12 m^3 空气，在 60～90 m^2 的肺泡面积上进行气体交换与吸收，以维持人的正常生理活动。一般成年人每天呼吸的空气相当于一天食物质量的 10 倍，饮水质量的 3 倍。

一个人可以几天不吃饭，但不可以断绝空气几分钟。因此，大气的正常化学组成是保证人体的生理机能和健康的必要条件。

对植物而言，则是从大气中吸收二氧化碳，放出氧气，但其正常的生理反应也是需要氧的，没有氧植物也要死亡。空气中的氮分子经过固氮微生物吸收成为固定的氮进入土壤，在那里被高等植物和最终被动物吸收利用，形成生命所必需的基础物质——蛋白质。

可以说大气质量的优劣，对整个生态系统和人类健康有着直接的影响。

4.1.3.2 大气污染的危害

大气污染是当前世界最主要的环境问题之一，其对人类健康、工农业生产、动植物生长、社会财产和全球环境等都将造成很大的危害。主要表现在以下几个方面。

（1）对人体。大气污染对人体的危害由于污染物的来源、性质、浓度和持续的时间不同，污染地区的气象条件、地理环境因素的差别等，对人体健康将产生不同的危害。其中以通过呼吸道进入人体的危害最大，因为人们每时每刻都要呼吸，而且整个呼吸道富有水分，对有害物质吸附、溶解、吸收能力大，感受性强。大气污染物种类很多，不同的污染物对人体健康所造成的危害程度、表现病状也各不相同，通常可分为急性作用或慢性作用。

（2）对动物。大气污染对动物的危害和影响与对人的情况相似。凡是对人造成了危害的大气污染事件，都同时对动物产生一定的危害和影响，会使不少动物患病和死亡。大气污染对动物的慢性危害，除直接吸入外，还通过食品进入动物体内。

（3）对植物。大气污染对农作物、森林、水产及陆地动物都有严重的危害。严重的酸雨会使森林衰亡和鱼类死亡。

（4）大气污染对环境的影响。大气污染对环境的影响主要指温室效应、臭氧层破坏、酸雨等。

4.2 大气污染的影响因素

大气污染可看做是由污染源所排放出的污染物、对污染物起着扩散稀释作用的大气，以及承受污染的物体三者相互关联所产生的一种效应。一个地区的大气污染程度与该地区污染源所排出的污染物总量有关，而大气中污染物的浓度则与该地区的气象因素和地理因素有着直接的关系。这里主要介绍影响大气污染程度的气象因素。

大气污染物自污染源排出后，在到达受体之前，在大气中要经过气象因子作用而引起的输送和扩散稀释，要经过物理变化或化学变化等过程。在这许多变化过程中，气象条件将决定大气对污染物的稀释扩散速率和迁移转化的途径。通常称风和湍流为气象动力因子，而温度层结、逆温和稳定度被称为气象热力因子。

4.2.1 气象动力因子

4.2.1.1 大气的运动和风

空气的水平运动称为风。风对大气污染的影响包括风向和风速的大小两个方面。风向决定了污染物迁移运动的方向，对大气污染物起到了整体输送的作用；风速的大小则决定着污染物的扩散和稀释状况，对大气污染物起到了冲淡稀释的作用。

风向是指风的来向，例如，东风是指风从东方来。风向可用 8 个方位或 16 个方位表示，也可用角度表示。

污染物排入大气之后，会顺风而下，刮东风，烟向西行，这表明风向决定了污染物的移动方向。污染物靠风的输送作用沿下风向地带进行稀释。污染物排放源的下风向地区，大气污染就比较严重，而其上风向，污染程度就轻得多。任何地区的风向，一年四季都在变化，但是也都有它自己的主风向。例如北京地区的主风向是西北、北、西南和南。一般情况下，污染源应设在下风向。

风速是指单位时间内空气在水平方向移动的距离，用 m/s 或 km/h 来表示。通常气象台站所测定的风向、风速都是指一定时间的平均值。风速也可用风力级数（0～12 级）来表示。若用 P 来表示风力，u 表示风速，则有：$u = 3.02\sqrt{P^3}$。

由于地面对风产生摩擦，起阻碍作用，所以风速会随高度升高而增加（见表 4—1），100 m 高处的风速，约为 1 m 高处风速的 3 倍。

表 4—1　　风速随高度的变化

高度/m	0.5	1	2	16	32	100
风速/（m/s）	2.4	2.8	3.3	4.7	5.5	8.2

为了表示风向、风速对大气污染物的扩散影响，可以采用风向频率玫瑰图和污染系数玫瑰图。

所谓风向频率，就是指某方向的风占全年各风向总和的百分率。如果从一个原点出发，画许多根辐射线，每一条辐射线的方向就是某个地区的一种风向，而线段的长短则表示该方向风的风向频率，将这些线段的末端逐一连接起来，就得到该地区的风向频率玫瑰图。

污染系数表示风向、风速联合作用对空气污染物的扩散影响，其值可由下式计算：

污染系数=风向频率/该风向的平均风速

显然，不同方向的污染系数不尽相同，其大小正好表示该风向大气污染的轻重不同。如果也像绘制风向频率玫瑰图那样，在从某原点出发的辐射线上，截取一定长短的线段，表示该风向上污染系数的大小，并把各线段的末端逐一连接起来，就得到了污染系数玫瑰图。风向频率玫瑰图和污染系数玫瑰图都能直观地反映一个地区的风向，或风向与风速联合作用对大气污染物的扩散影响。也就是说，由图可以直观看到某地区的某个方向上，由于风的作用，容易造成严重的大气污染，这些地区也就不适宜于选作工业区。

对污染物的稀释程度主要取决于风速。风速越大，单位时间内与烟气混合的清洁空气量越大，冲淡稀释的作用就越好。一般来说，大气中污染物的浓度与污染物的总排放量成正比，而与风速成反比。

4.2.1.2　大气湍流

大气除了做整体水平运动外，还存在着不同于主流方向的各种不同尺度的次生运动或漩涡运动。我们把这种极不规则的大气运动称作大气湍流，也就是日常感觉到的阵风。风速时大时小，出现脉动；主导风向上下左右出现摆动，就是大气湍流作用的结果。大气湍流因形成原因不同，可分为两种。

（1）机械湍流。它是由于垂直方向风速分布不均匀以及地面粗糙度造成的。

（2）热力湍流。这主要是因地表面受热不均或垂直方向气温分布不均匀造成的。空气在起伏不平的地面上活动时，由于空气有黏性，地面有阻力，在主要气流中会产生大大小小的湍流。湍流的强、弱和发展及其结构特征取决于风速的大小、地面粗糙度和近地面的大气温度的垂直梯度。烟囱里排出的烟流在随风飘动的过程中会上下左右摆动，体积越来越大，最后消失在大气中，这就是大气湍流扩散的结果。

湍流的扩散作用与风的稀释冲淡作用不同。在风的作用下，烟气进入大气之后，可顺风拉长。而湍流则可使烟气沿着三维空间的方向迅速延展开来，大气中污染物的扩散主要是靠大气湍流的作用来完成的。湍流越强，扩散效应也就越显著。湍流是由尺度不同的旋涡组成的气流。根据旋涡的尺度不同可分为三类，如图 4—1A 所示。从图 4—1B 中还可以看到，湍流旋涡尺度不同，对烟气扩散的影响也是不同的。(a) 小旋涡：尺寸比烟团小，因为扩散速度慢，烟气沿水平方向几乎成直线前进。(b) 大旋涡：尺寸比烟团大，这时烟团可能被大尺度的湍流夹带，前进路线呈曲线状。(c) 复合尺度湍流：湍流由大小与烟团尺寸相似的旋涡组成，烟团被旋涡迅速撕裂，沿着下风向不断扩大，浓度逐渐稀释。

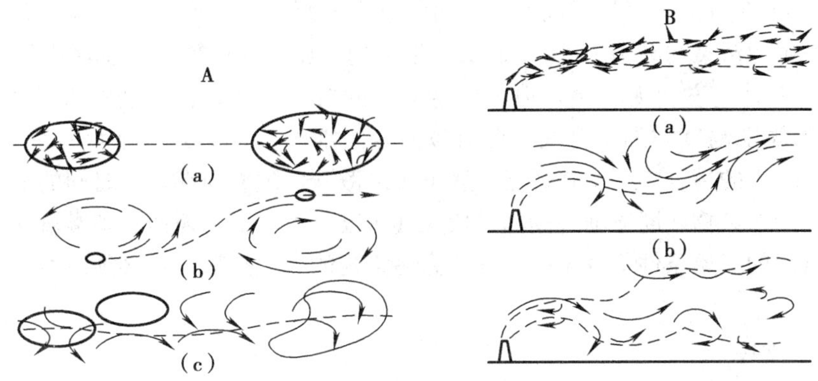

图 4—1 不同大小的湍流对烟扩散的影响

4.2.2 气象热力因子

4.2.2.1 温度层结

大气的温度层结是指大气的气温在垂直方向上的分布，即指在地表上方不同高度大气的温度情况。在正常的气象条件下（即标准大气状况下），近地层的气体温度总要比其上层气体温度高。所以，在对流层内，气温垂直变化的总趋势是随高度的增加而逐渐降低的。气温随高度的变化通常用气温垂直递减率 r 来表示，r 是指在垂直于地球表面方向上高度每增加 100 m 的气温变化值。在正常的气象条件下，对流层内不同高度上的 r 值不同，其平均值为 0.65，但实际上，近地面低层大气的气温垂直变化比标准大气状况要复杂得多。

由于气象条件不同，气温垂直递减率 r 可以有不同的数值，根据 r 值的不同，大气中的气温层结有 4 种典型情况：气温随高度的增加而递减，$r>0$，称为正常分布层结，或递减层结；气温随高度的增加而增加，$r<0$，称为气温逆转，简称逆温；气温随铅直高度的变化等

于或近似等于干绝热直减率，$r=1$ 称为中性层结；气温随铅直高度增加是不变的，$r=0$，称为等温层结。如图 4—2 所示。

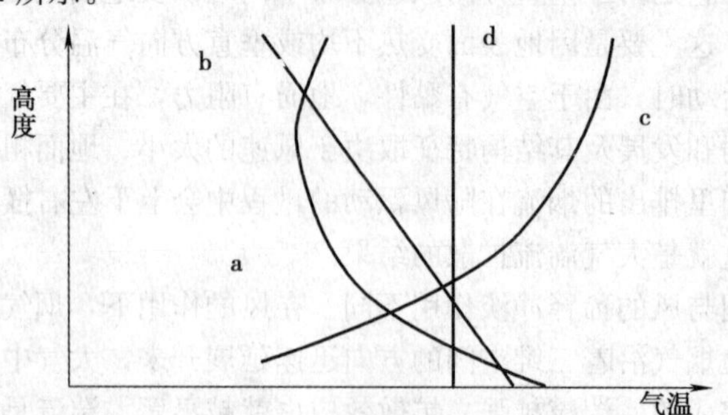

图 4—2　温度层结曲线

a—递减层结　b—中性层结　c—逆温层结　d—等温层结

大气的温度层结直接影响着大气稳定度，稳定的大气将不利于污染物的扩散。对大气湍流的测量比对相应垂直温度的测量要困难得多。因此常用温度层结作为大气湍流状况的指标，从而判断污染物的扩散情况。

当 $r>1℃/100\ m$ 时，气温随高度增加而明显降低。空气会产生上下对流运动，湍流随之发展，大气中的污染物易于扩散。r 越大，形成的气象条件也就有利于污染物的扩散。当 $r=0$ 时，气温在垂直方向无变化，很难产生上下的对流运动，污染物在大气中难于扩散。当 $r<0$ 时，气温随高度增加而升高，此时暖而轻的空气位于上方，冷而重的空气在下面，大气稳定，大气中的污染物滞留在逆温层底下难以散开。随着逆温持续时间的增加，会使近地面处大气中的污染物浓度逐渐升高而形成大气污染。著名的马斯河谷烟雾事件、伦敦烟雾事件都是在这样的气象条件下发生的。在研究污染物的大气扩散时，必须注意一个地区逆温的情况。

4.2.2.2　逆温

出现逆温的大气层叫逆温层。逆温层的下限称为逆温层高度。上下限的温度差称为逆温强度。根据逆温层出现的高度不同，分为接地逆温层和上层逆温层或上部逆温层，如图4—3 所示。

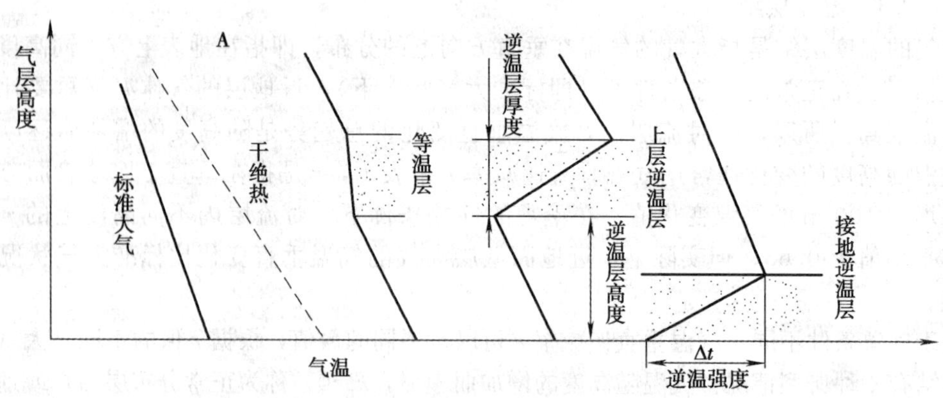

图 4—3　气温直减率与逆温层

事实表明，有许多大气污染事件多发生在有逆温及静风的气象条件下，所以在研究污染物的大气扩散时必须对逆温给予足够的重视。根据逆温生成的过程，可将逆温分为辐射逆温、下沉逆温、平流逆温、锋面逆温及湍流逆温五种。

（1）辐射逆温。在晴空无云（或少云）的夜间，当风速较小（<3 m/s）时，地面因强烈的有效辐射而很快冷却，近地面气层冷却最为强烈，较高的气层冷却较慢，因而形成了自地面开始逐渐向上发展的逆温层，称为辐射逆温。

（2）下沉逆温。由于空气下沉受到压缩增温而形成的逆温称为下沉逆温。下沉逆温多出现在高压控制区，范围很广，厚度也很大，一般可达数百米。下沉逆温一般不从地面开始，而是多发生在高空大气层中，对高的排放源影响较大。

（3）平流逆温。由于暖气流到冷地表面上而形成的逆温称为平流逆温。冬季，中纬度沿海地区海面上温度高，陆地上温度低，当海上的暖空气流到大陆上时，常常形成平流逆温。同样暖空气平流到低地、山谷、盆地内积聚的冷空气上方时，也可以形成平流逆温。

（4）锋面逆温。当对流层中冷、暖空气相遇时，暖空气因密度小就会爬到冷空气上面而形成的逆温，称为锋面逆温。

（5）湍流逆温。因低层空气的湍流混合作用而形成的逆温，称为湍流逆温，这种逆温层一般只有几十米。

实际上，大气中出现逆温时，可能是几种原因共同作用产生的结果，比较复杂，应作具体分析。

4.2.2.3 稳定度

大气稳定度是指大气中某一高度上的一空气块在垂直方向上的相对稳定程度。对大气稳定度的含义，可作下述的解释。如果一空气块由于某种原因受到外力的作用，产生了上升或者下降的运动，当外力消除后，可能发生三种情况，气块逐渐减速并有返回原来高度的趋势，我们则称此时的大气是稳定的。气块仍然加速上升或者下降，此时大气则是不稳定的。气块停留在外力消失时所处的位置，或者做等速运动，这时大气是中性的。

要判断大气的稳定度需要用到干绝热直减率的概念。干绝热直减率指的是干空气块在绝热过程中，每上升（或下降）100 m时，温度降低（或升高）的数值，用 γ_d 表示。γ_d 是一个用于比较的理论值。根据热力学的原理计算出干空气块在做绝热上升（或下降）时，每升高（或降低）100 m，温度约降低（或升高）1℃。

大气稳定度随着气温层结的分布而变化，是直接影响大气污染物扩散的极重要因素。大气越不稳定，污染物的扩散速率就越快；反之，则越慢。当近地面的大气处于不稳定状态时，由于上部气温低而密度大，下部气温高而密度小，两者之间形成的密度差导致空气在竖直方向产生强烈的对流，使得烟流迅速扩散。大气处于逆温层结的稳定状态时，将抑制空气的上下扩散，使得排向大气的各种污染物质因此而在局部地区大量聚积。当污染物的浓度增大到一定程度并在局部地区停留足够长的时间时，就可能造成大气污染。烟流在不同气温层结及稳定度状态的大气中运动，具有不同的扩散形态如波浪形、锥形、带形、爬升形、熏烟形等，可以简单地判断大气稳定度的状态和分析大气污染的趋势。

4.3 大气环境的保护

4.3.1 大气污染控制的原则

4.3.1.1 大气污染控制的原则

（1）以源头控制为主，实施全过程控制。从根本上解决大气环境质量问题，就必须要从源头开始控制并实行全过程控制，推行清洁生产，即应利用适宜能源，减少能耗，提高能源利用率和工业生产原料利用率，在生产全过程中最大限度地减少污染物排放量。

（2）合理利用大气自净能力与人为措施相结合。合理利用大气自净能力，既可保护环境，又可节约环境污染治理投资。但大气的自净能力并不是无限制的，一旦污染物的排放量超过了大气所能承受的负荷，还是会造成严重的后果。所以，应坚持合理利用大气自净能力与人为措施相结合的原则，既要考虑单个污染源的治理也要综合考虑大气自净能力，组成不同方案，然后择其最优或较优者。

（3）分散治理与综合防治相结合。区域污染综合防治必须以污染集中控制为主，这样既能改善整个区域环境质量，又能以尽可能少的投入获取尽可能大的效益。同时污染综合防治又要以污染源分散治理为基础，因为区域主要污染物应控制的排放总量，是根据该区域的环境目标确定的，并将此总量合理分配落实到污染源，各主要污染源按总量控制指标采取防治措施，可以说分散治理是区域污染综合防治的基础。

（4）按功能区实行总量控制与浓度控制相结合。按功能区实行总量控制是指在保持功能区环境目标值（环境质量符合功能区要求）的前提下，所能允许的某种污染物的最大排污总量。环境功能区的环境质量主要取决于区域的污染物排放总量，而主要不是单个污染源的排放浓度是否达标。如果某一功能区大气污染源的数量多，即使单个污染源都达标排放，整个功能区的污染物排放总量仍会超过环境容量。但实践表明对污染源排放的浓度控制也是必需的。所以，必须实施污染物排放浓度控制与污染物排放总量控制相结合的原则。

（5）技术措施与管理措施相结合。污染综合防治一定要管治结合，污染治理固然十分重要，但我国目前的经济、技术水平相对落后，所以通过加强环境管理来解决环境问题就显得尤为重要。运用管理手段，坚持实行排污申报登记、排污收费、限期治理等各项环境管理制度，可以促进污染治理。

4.3.1.2 大气污染控制

无论是大气污染源、污染物、污染类型还是大气污染的危害，都具有多样性。这种多样性给大气控制带来了很大难度。所以，要从根本上解决大气污染的问题，也就必须多手段并行。在符合自然规律的前提下，运用社会、经济、技术多种手段对大气污染进行从源头到末端的综合防治，才能达到人与大气环境的和谐。

（1）能源的利用效率。有效利用能源，顾名思义就是节约能源消费，从能源生产开始，一直到最终消费为止，在开采、运输、加工、转换、使用等各个环节上都要减少损失和浪费，提高其有效利用程度。提高能源利用效率、节约能源，不仅要重视节能技术、开发和推广节能新工艺、新设备和新材料，加速节能技术改造。

（2）能源的开发。煤和石油等能源的开发利用越来越多，地球上贮存的资源逐渐减少，同时也带来严重的环境污染问题。新型能源是指近期和将来被广泛开发和利用的能源，清洁能源则是指在能源的使用过程中不会对环境产生污染的能源。新型清洁能源中包含有太阳能、风能、潮汐能、生物质能、水能、海洋能等以及氢能、地热能，其中太阳能为最核心。

（3）绿化造林。绿地被称为城市的肺，是城市大气净化的呼吸系统。绿化造林，不仅美化环境，调节空气温度、湿度及城市小气候，保持水土，防风防沙，而且具有截留粉尘、净化大气、减低噪声等多种功能。

（4）工业污染源控制。首先，要根据工厂产品的结构、产品的特性、排放污染物的化学性质等，合理布局，充分考虑环境承载力，将污染物排放量控制在大气允许排放标准浓度之内，防止造成局部地区污染物浓度过大，从而对环境产生危害。其次，工厂的选址应考虑地理条件、气象因素，生产区与生活区之间要有缓冲区，要考虑工厂区排出的污染物有足够的稀释空间，生活区应处于主导风向的上风区域。再次，要改进生产工艺以减少生产过程中的有害气体的排放，甚至可以将有害气体转化成无害物质，变废为宝。大力进行技术创新，从原材料选用、反应条件、工艺流程、尾气再利用等环节提高技术含量，减轻污染，对污染源进行治理，使大气环境质量达到标准。

4.3.2 大气环境的保护

4.3.2.1 颗粒物污染物的控制

大气污染控制中涉及的颗粒物一般是指所有大于分子的颗粒物，但实际的最小界限为 0.01 μm 左右。颗粒物的存在状态，既可单个地分散于气体介质，也可能因凝聚等作用使多个颗粒集合在一起，成为集合体的状态，它在气体介质中就像单一个体一样。此外，颗粒物还能从气体介质中分离出来，呈堆积状态存在，或者本来就呈堆积状态。一般将这种呈堆积状态存在的颗粒物称为粉尘。充分认识粉尘颗粒的大小等物理特性，是研究颗粒的分离、沉降和捕集机理以及选择、设计和使用除尘装置的基础。

颗粒污染物控制是我国大气污染控制的重点之一。颗粒污染物控制技术就是从废气中将颗粒污染物分离出来并加以捕集、回收的技术，即除尘技术。从气体中除去或收集固态或液态粒子的设备称为除尘装置或除尘器。根据除尘机理，常用的除尘装置可分机械式除尘器、洗涤式除尘器、过滤式除尘器和电除尘器等几种类型。在选择除尘装置时除要考虑所处理的粉尘特性外，还应考虑除尘装置的气体处理量、除尘装置的效率及压力损失等技术指标和有关经济性能指标。

（1）机械式除尘器。机械式除尘器是借助质量力的作用来去除尘粒的除尘器。质量力包括重力、惯性力和离心力，主要除尘器形式为重力沉降室、旋风除尘器和惯性除尘器等类型。这种除尘器构造简单、投资少、动力消耗低，除尘效率一般在 40%～90%，是国内目前常用的一种除尘设备，由于这类除尘器的效果尚待提高，一些新建项目采用不多。

（2）湿式除尘器。湿式除尘器是使含尘气体与液体（一般为水）相互接触，利用水滴和颗粒的惯性碰撞及拦截、扩散、静电等作用捕集颗粒或使粒径增大的装置。湿式除尘器可以有效地将直径 0.1～20 μm 的液态或固态粒子从气流中除去，同时也能脱除部分气态污染物，这是其他类型除尘器所无法做到的，某些洗涤器也可以单独充当吸收器使用。它具有结构简单、造价低、占地面积小、操作及维修方便和净化效果高等优点，能够处理高温、高湿的气流，将着火、爆炸的可能减至最低，在除尘的同时还可去除气体中的有害物。但要特别注意设备和管道腐蚀以及污水和污泥的处理，也不利于副产品的回收，而且可能造成二次污染。在寒冷地区和季节，易结冰。湿式除尘器的种类很多，根据其净化机理，可将其分成七类重力喷雾除尘器、旋风除尘器、自激喷雾除尘器、板式塔除尘器、填料塔除尘器、文丘里除尘器、机械除尘器等。

（3）过滤式除尘器。过滤式除尘器又称空气过滤器，是使含尘气流通过多孔滤料，利用多孔滤料的筛分、惯性碰撞、扩散、黏附、静电和重力等作用而将粉尘分离捕集的装置。采用滤纸或玻璃纤维等填充层作滤料的空气过滤器，主要用于通风及空气调节方面的气体净化；采用廉价的砂、砾、焦炭等颗粒物作为滤料的颗粒层除尘器，主要用于高温烟气除尘；采用纤维织物作滤料的袋式除尘器，在工业尾气的除尘方面应用广泛。

（4）电除尘器。电除尘器是利用静电力从气流中分离悬浮粒子（尘粒或液滴）的装置，就是使含尘气流在通过高压电场进行电离的过程中，使尘粒荷电，并在电场力的作用下使尘粒沉积在集尘极上，从而将尘粒从含尘气流中分离出来的一种除尘设备。

电除尘器的工作原理包括电晕放电、气体电离、粒子荷电、荷电粒子的迁移和捕集以及清灰等过程。

4.3.2.2 气体污染物的控制

（1）气体污染物的控制原理。气体污染物种类繁多，依据这些物质不同的化学性质和物理性质，需采用不同的技术方法进行控制。气体污染物的常用控制方法包括吸收法、吸附法、催化转化法、燃烧法、冷凝法等。

1）吸收法。当气液两相接触时，利用气体中的不同组分在同一液体中的溶解度不同，气体中的一种或数种溶解度大的组分进入到液相中，使气相中各组分相对浓度发生改变，气体即可得到分离净化，这个过程称为吸收。吸收法就是利用这一原理，采用适当的液体作为吸收剂，使含有有害物质的废气与吸收剂接触，废气中的有害物质被吸收于吸收剂中，使气体得到净化的方法。

常用的吸收剂包括水，适用于去除溶于水的有害气体，如氯化氢、氨、二氧化硫等；烧碱溶液、石灰乳、氨水等碱液，适用于酸性气体如二氧化硫、氮氧化物、硫化氢等的去除；硫酸溶液、盐酸溶液等酸液，适用于碱性气体如氨的去除；以及碳酸丙烯酯、冷甲醇等有机溶剂，可有效去除废气中的二氧化硫、硫化氢等。

吸收过程中，依据吸收质与吸收剂是否发生化学反应，可将吸收分为物理吸收与化学吸收。物理吸收在吸收过程中只发生纯物理过程，如水吸收二氧化碳或二氧化硫，吸收剂一般不予以再生；而化学吸收过程中常伴有明显的化学反应，如碱液吸收二氧化碳、酸液吸收氨等，吸收剂会封闭循环使用。在处理以气量大、有害组分浓度低为特点的各种废气时，化学吸收的效果要比单纯物理吸收好得多。因此，在用吸收法治理气态污染物时，多采用化学吸收法。

吸收法具有设备简单、捕集效率高、应用范围广、一次性投资低等特点。但由于吸收是将气体中的有害物质转移到了液体中，因此对吸收液必须进行处理，否则容易引起二次污染。

2）吸附法。由于固体表面上存在着未平衡和未饱和的分子引力或化学键力，因此当其与气体接触时，就能吸引气体分子，使其聚集在固体表面并保持其上，这种现象称为吸附。

吸附法治理废气就是使废气与大表面、多孔性固体物质相接触，将废气中的有害组分吸附在固体表面上，使其与气体混合物分离，从而达到净化目的。具有吸附作用的固体物质称为吸附剂，被吸附的气体组分称为吸附质。

吸附过程是可逆过程，在吸附质被吸附的同时，部分已被吸附的吸附质分子还可因分子的热运动而脱离固体表面回到气相中，这种现象称为脱附。当吸附速度与脱附速度相等时，就达到了吸附平衡，吸附剂就丧失了吸附能力。所以，当吸附进行到一定程度时，为了回收吸附质以及恢复吸附剂的吸附能力，需采用一定的方法使吸附质从吸附剂上解脱下来，谓之吸附剂的再生。吸附法治理气态污染物，应包括吸附及吸附剂再生的全部过程。

吸附净化法的净化效率高，特别是对低浓度气体仍具有很强的净化能力。因此，吸附法特别适用于排放标准要求严格或有害物浓度低，用其他方法达不到净化要求的气体的净化。因此，常作为深度净化手段或联合应用几种净化方法时的最终控制手段。吸附效率高的吸附剂如活性炭、分子筛等，价格一般比较昂贵，因此必须对失效吸附剂进行再生，重复使用吸附剂，以降低吸附的费用。常用的再生方法有升温脱附、减压脱附、吹扫脱附等。再生的操作比较麻烦，这一点限制了吸附方法的应用。另外，由于一般吸附剂的吸附容量有限，因此对高浓度废气的净化，不宜采用吸附法。

吸附过程中，合理选择与利用高效吸附剂，对提高吸附法的效果起着关键作用。

3）催化转化法。催化转化法是利用催化剂的催化作用，使气态污染物通过催化剂床层转化为无害物质或易于处理和回收利用的物质的方法。

4）燃烧法。燃烧净化法是对含有可燃有害组分的混合气体进行氧化燃烧或高温分解，从而使这些有害组分转化为无害物质的方法。燃烧法主要应用于碳氢化合物、一氧化碳、沥青烟、黑烟等有害物质的净化治理。实用中的燃烧净化方法有三种，即直接燃烧、热力燃烧与催化燃烧。

①直接燃烧法是把废气中的可燃有害组分当做燃料直接烧掉，因此只适用于净化含可燃组分浓度高或有害组分燃烧时热值较高的废气。直接燃烧是有火焰的燃烧，燃烧温度高，通常大于 1 100℃，一般的窑、炉均可作为直接燃烧的设备。

②热力燃烧是利用辅助燃料燃烧放出的热量将混合气体加热到要求的温度，使可燃的有害物质进行高温分解变为无害物质。热力燃烧一般用于可燃有机物含量较低的废气或燃烧热值低的废气治理，可同时去除有机物及超微细颗粒。热力燃烧为有火焰燃烧，燃烧温度较低，一般在 760～820℃，燃烧设备为热力燃烧炉，在一定条件下也可用一般锅炉进行。

直接燃烧与热力燃烧的最终产物均为二氧化碳和水。燃烧法工艺比较简单，操作方便，可回收燃烧后的热量；但不能回收有用物质，并容易造成二次污染。

③催化燃烧是在催化剂存在下，废气中可燃组分于较低温度下进行燃烧反应而得到去除的方法。该方法能节约燃料的预热，提高反应速度，减小反应器容积，提高一种或几种反应物的相对转化率。其主要优点就是操作温度低、燃料耗量低、保温要求不严格、能减小回火及火灾危险等。

5）冷凝法。物质在不同的温度下具有不同的饱和蒸汽压，利用这一性质，采用降低系统温度或提高系统压力，使处于蒸汽状态的污染物冷凝并从废气中分离出来的过程即为冷凝法。冷凝法只适用于处理高浓度有机废气，常用做吸附、燃烧等方法净化高浓度废气的前处理，也用于高湿气体的预处理。冷凝法的设备简单，操作方便，并可回收到纯度较高的产物，因此也成为气态污染物治理的主要方法之一。

（2）常见污染物的控制

1）SO_2 控制技术。燃烧过程及一些工业生产排出的废气中 SO_2 浓度较高，而废气量大、影响面广。常用的烟气脱硫的方法有抛弃法和回收法两种。抛弃法是将脱硫的生成物作为固体废物抛掉，方法简单，费用低廉。美国、德国等一些国家多采用此法。回收法是将 SO_2 转变成有用的物质加以回收，成本高，所得副产品存在着应用及销路问题，但对保护环境有利。

烟气脱硫的方法可分为干法和湿法两大类，工业上应用的脱除 SO_2 的方法主要为湿法，即用液体吸收剂洗涤烟气，吸收所含的 SO_2。其次为干法，即用吸附剂或催化剂脱除废气中的 SO_2。

①湿法。在化学吸收过程中，SO_2 作为吸收物质在液相中与吸收剂起化学反应，生成新物质，使 SO_2 在液相中的含量降低，从而增加了吸收过程的推动力；另一方面，由于溶液表面上 SO_2 的平衡分压降低得很多，从而增加了吸收剂吸收气体的能力，使排出吸收设备气体中所含的 SO_2 浓度进一步降低，能达到很高的净化要求。

a. 氨液吸收法。以氨水或液态氨作吸收剂，吸收 SO_2 后生成亚硫酸铵和亚硫酸氢铵。因为氨易挥发，实际上此法是用氨水与 SO_2 反应后生成的亚硫酸铵水溶液作为吸收 SO_2 的吸收剂。若用浓硫酸或浓硝酸等对吸收液进行酸解，所得到的副产物为高浓度 SO_2、$(NH_4)_2SO_4$ 或 NH_4NO_3，该法称为氨—酸法。若用 NH_3、NH_4HCO_3 等将吸收液中的 NH_4HSO_3 中和为 $(NH_4)_2SO_3$ 后，经分离可副产结晶的 $(NH_4)_2SO_3$，此法不消耗酸，称为氨—亚铵法。若将吸收液用 NH_3 中和，使吸收液中的 NH_4HSO_3 全部变为 $(NH_4)_2SO_3$，再用空气对 $(NH_4)_2SO_3$ 进行氧化，则可得副产品 $(NH_4)_2SO_4$，该法称为氨—硫铵法。

氨法工艺成熟，流程、设备简单，操作方便，副产的 SO_2 可生产液态 SO_2 或制硫酸。硫铵可作化肥，亚铵可用于制浆造纸代替烧碱，是一种较好的方法。该法适用于处理硫酸生产尾气，但由于氨易挥发，吸收剂消耗量大，因此缺乏氨源的地方不宜采用此法。

b. 碱液吸收法。以氢氧化钠溶液、碳酸钠溶液或石灰浆液作为吸收剂，吸收 SO_2 后制得亚硫酸钠或亚硫酸钙。

生成的吸收液为 Na_2SO_3 和 $NaHSO_3$ 的混合液。用不同的方法处理吸收液，可得不同的副产物。将吸收液中的 $NaHSO_3$ 用 NaOH 中和，得到 Na_2SO_3。由于 Na_2SO_3 溶解度较 $NaHSO_3$ 低，它则从溶液中结晶出来，经分离可得副产物 Na_2SO_3。析出结晶后的母液作为吸收剂循环使用，该法称为亚硫酸钠法。若将吸收液中的 $NaHSO_3$ 加热再生，可得到高浓度 SO_2 作为副产物。而得到的 Na_2SO_3 结晶经分离溶解后返回吸收系统循环使用。此法称为亚硫酸钠循环法。钠碱吸收剂吸收能力大，不易挥发，对吸收系统不存在结垢、堵塞等问题。亚硫酸钠法工艺成熟、简单、吸收效率高，所得副产品纯度高，但耗碱量大，成本高，因此只适于中小气量烟气的治理。而吸收液循环法可处理大气量烟气，吸收效率可达 90%以上，在国外是应用最多的方法之一。

②干法

a. 活性炭吸附法。在氧及水蒸气存在的条件下，用活性炭吸附 SO_2。由于活性炭表面具有的催化作用，使吸附的 SO_2 被烟气中的 O_2 氧化为 SO_3，SO_3 再和水蒸气反应生成硫酸。生成的硫酸可用水洗涤下来；或用加热的方法使其分解，生成浓度高的 SO_2，此 SO_2 可用来制酸。利用 H_2S 将活性炭再生，称为还原再生法。

活性炭吸附法虽然不消耗酸、碱等原料，又无污水排出，但由于活性炭吸附容量有限，因此对吸附剂要不断再生，操作麻烦。另外为保证吸附效率，烟气通过吸附装置的速度不宜过大。当处理气量大时，吸附装置体积必须很大才能满足要求，因而不适于大气量烟气的处理，而所得副产物硫酸浓度较低，需进行浓缩才能应用，故此法不能普遍应用。

b. 催化氧化法。催化氧化法是在催化剂的作用下将 SO_2 氧化为 SO_3 后进行净化。NO_2 在 150℃时，可以使 SO_2 氧化成 SO_3。此法为低温干式催化氧化脱硫法，既能净化氧气中的 SO_2，又能部分脱除烟气中的 NO_x，所以在电厂烟气脱硫中应用较多。

催化氧化法可用来处理硫酸尾气，技术成熟，已成为制酸工艺的一部分。用此法处理电厂锅炉烟气及炼油尾气，在技术上、经济上还存在一些问题需要解决。

2）NO_x 控制技术。NO_x 包括 N_2O、NO、NO_2、N_2O_3、N_2O_4、N_2O_5 等，其中对大气造成污染的主要是 NO、NO_2 和 N_2O。对含 NO_x 的废气也可采用多种方法进行净化处理，当然这些方法也主要是治理生产工艺尾气。

①吸收法。目前常用的吸收剂有水、氢氧化钠、碳酸钠、氨水、稀硝酸和浓硫酸等。碱液吸收设备简单，操作容易，投资少，但吸收效率较低，特别是对 NO 吸收效果差，只能消除 NO_2 所形成的黄烟，达不到去除所有 NO_x 的目的。但用“漂白”的稀硝酸吸收硝酸尾气中的 NO_x，不仅可以净化排气，而且可以回收 NO 而用于制硝酸，此法只能应用于硝酸的生产过程中，应用范围有限。

a. 水吸收法。水对氮氧化物的吸收率很低，主要是由一氧化氮被氧化成二氧化氮的速度决定的。当一氧化氮浓度高时，吸收速率有所提高。一般水吸收法的效率为 30%～50%。

此法制得浓度为 5%～10%的稀硝酸，可用于中和碱性污水，作为废水处理的中和剂，也可用于生产化肥等。另外，此法是在 588～686 kPa 的高压下操作，操作费及设备费均较高。

b. 稀硝酸吸收法。用 30%左右的稀硝酸作为吸收剂，先在 20℃和 1.5×10^5 Pa 压力下，NO_x 被稀硝酸进行物理吸收，生成很少硝酸；然后将吸收液在 30℃下用空气进行吹脱，吹出 NO_x 后，硝酸被漂白；漂白酸经冷却后再用于吸收 NO_x。由于氮氧化物在漂白稀硝酸中的溶解度要比在水中的溶解度高，一般采用此法 NO_x 的去除率可达 80%～90%。

c. 碱性溶液吸收法。利用碱性物质来中和所生成的硝酸和亚硝酸，使之变为硝酸盐和亚硝酸盐。使用的吸收剂主要有氢氧化钠、碳酸钠和石灰乳等。

d. 氧化吸收法。用氧化剂先将 NO 氧化成 NO_2，然后再用吸收液加以吸收。例如日本的 NE 法是采用碱性高锰酸钾溶液作为吸收剂。此法 NO_x 去除率达 93%～98%。这类方法效率高，但运转费用也比较高。

总之，尽管有许多物质可以作为 NO_x 的吸收剂，使含 NO_x 废气的治理可以采用多种不同的吸收方法，但从工艺、投资及操作费用等方面综合考虑，目前采用较多的还是碱性溶液吸收和氧化吸收这两种方法。

②吸附法。吸附法排烟脱硝具有很高的净化效率，常用的吸附剂有分子筛、硅胶、活性炭、含氨泥煤等。活性炭对低浓度 NO_x 具有很高的吸附能力，并且经解吸后可回收浓度高的 NO_x，但由于温度高时活性炭有燃烧的可能，给吸附和再生造成困难，限制了该法的使用。分子筛吸附 NO_x 是最有前途的一种。当含 NO_x 废气通过时，废气中极性较强的 H_2O 分子和 NO_2 分子被选择性地吸附在表面上，并进行反应生成硝酸放出 NO。新生成的 NO 和废气中原有的 NO 一起，与被吸附的 O_2 进行反应生成 NO_2，生成的 NO_2 再与 H_2O 进行反应重复上一个反应步骤。经过这样的反应后，废气中的 NO_x 即可被除去。对被吸附的硝酸和 NO_x，可用水蒸气置换的方法将其脱附下来，脱附后的吸附剂经干燥、冷却后，即可重新用于吸附操作。分子筛吸附法适于净化硝酸尾气，可将体积分数为（1 500～3 000）$\times 10^{-6}$ 的 NO_x 降低到 50×10^{-6} 以下，而回收的 NO_x 可用于 HNO_3 的生产，因此是一个很有前途的方法。但使用此法去除 NO_x 时其吸附剂吸附容量较小，需要频繁再生，限制了它的应用。

丝光沸石就是分子筛的一种。它是一种硅铝比值大于 10～13 的铝硅酸盐，其化学式为 $Na_2O \cdot Al_2O_3 \cdot 10SiO_2 \cdot 6H_2O$，耐热、耐酸性能好，天然蕴藏量较多。用 H^+ 代替 Na^+ 即得氢型丝光沸石。

丝光沸石脱水后孔隙很大，其比表面积达 500～1 000 m^2/g，可容纳相当数量的被吸附物质。其晶穴有很强的静电场和极性，对低浓度的 NO_x 有较高的吸附能力。当含 NO_x 的废气通过丝光沸石吸附层时，由于水和 NO_2 分子极性较强，被选择性地吸附在丝光沸石分子筛的内表面上，两者在内表面上进行如下反应：

$$3NO_2 + H_2O \longrightarrow 2HNO_3 + NO\uparrow$$

放出的 NO 连同废气中的 NO 与 O_2 在丝光沸石分子筛的内表面上被催化氧化成 NO_2 继续吸附：

$$2NO + O_2 \longrightarrow 2NO_2$$

经过一定的吸附层高度，废气中的水和 NO_x 均被吸附。达到饱和的吸附层用热空气或水蒸气加热，将被吸附的 NO_x 和在沸石内表面上生成的硝酸脱附出来。脱附后的丝光沸石经干燥后得以再生。

③催化还原法。在催化剂的作用下，用还原剂将废气中的 NO_x 还原为无害的 H_2O 和 N_2 的方法称为催化还原法。依还原剂与废气中的 O_2 发生作用与否，可将催化还原法分为以下两类。

一类是非选择性催化还原，在催化剂的作用下，还原剂不加选择地与废气中的 NO_x 与 O_2 同时发生反应。作为还原剂气体可用 H_2 和 CH_4 等。该法由于存在着与 O_2 的反应过程，放热量大，因此在反应中必须使还原剂过量并严格控制废气中的氧含量；另一类是选择性催化还原，在催化剂的作用下，还原剂只选择性地与废气中的 NO_x 发生反应，而不与废气中的 O_2 发生反应。常用的还原剂气体为 NH_3 和 H_2S 等。

用氨作还原剂，铜铬作催化剂，废气中 NO_x 被 NH_3 有选择地还原为 N_2 和 H_2O，其反应式为：

$$6NO + 4NH_3 \xrightarrow{\text{催化剂}} 5N_2 + 6H_2O$$

$$6NO_2 + 8NH_3 \xrightarrow{\text{催化剂}} 7N_2 + 12H_2O$$

本法脱硝效率在90%以上，技术上是可行的，不过NO_x未能达到利用，而要消耗一定量的氨。

催化还原法适用于硝酸尾气与燃烧烟气的治理，并可处理大量的废气，技术成熟、净化效率高，是治理NO_x废气的较好方法。由于反应中使用了催化剂，对气体中杂质含量要求严格，因此对进气需作预处理；用该法进行废气治理时，不能回收有用物质，但可回收热量；应用效果好的催化剂一般均含有铂、钯等贵金属组分，所以催化剂价格比较昂贵。

3）汽车尾气控制技术。城市建设和交通事业发展很快，汽车尾气对城市大气的污染日趋严重，净化汽车尾气已成为一些城市保护大气环境的重要课题。

汽车尾气中主要含烃类、CO和NO_x等有害物质，前两种是燃料不完全燃烧造成的，而NO_x则是由汽缸中的高温条件造成的，在汽车发动过程中排放的这些成分会造成环境污染。针对污染物的来源，当前控制汽车尾气中有害物排放浓度的方法有两种：一种方法是改进发动机的燃烧方式，使污染物的产生量减少，称为机内净化；另一种方法是利用装置在发动机外部的净化设备，对排出的废气进行净化治理，这种方法称为机外净化。从发展方向上说，机内净化是从根本上解决问题的途径，也是今后应重点研究的方向。

机外净化采用的主要方法是催化净化法。

①一段净化法。一段净化法又称为催化燃烧法，即利用装在汽车排气管尾部的催化燃烧装置，将汽车发动机排出的CO和碳氢化合物用空气中的氧气氧化成为CO_2和H_2O，净化后的气体直接排入大气。显然，这种方法只能去除CO和碳氢化合物，对NO_x没有去除作用。但这种方法技术较成熟，是目前我国应用的主要方法。

②二段净化法。二段净化是利用两个催化反应器或在一个反应器中装入两段性能不同的催化剂，完成净化反应。由发动机排出的废气先通过第一段催化反应器（还原反应器），利用废气中的CO和NO_x还原为N_2；从还原反应器排出的气体进入第二段反应器（氧化反应器），在引入空气的作用下，将CO和碳氢化合物氧化为CO_2和H_2O。按这种先进行还原反应后进行氧化反应顺序的二段反应法，在实践中已得到了应用；不过此法的缺点是燃料消耗增加，而且可能对发动机的操作性能产生影响，还有就是在氧化反应器中，由于副反应的存在，将会导致NO_x含量的回升。

③三元催化法。三元催化法是利用能同时完成CO、碳氢化合物的氧化和NO_x还原反应的催化剂，将三种有害物一起净化的方法。采用这种方法可以节省燃料、减少催化反应器的数量，是比较理想的方法。但由于需对空燃比进行严格控制以及对催化剂性能的高要求，因此从技术上说还不十分成熟。

4.3.2.3 室内空气污染的控制

（1）室内空气污染。室内空气污染是指由于室内引入能释放有害物质的污染源或室内环境通风不佳而导致室内空气中有害物质无论是从数量上还是种类上的不断增加，并引起人的一系列不适症状。室内是指居室内，也包括办公室、会议室、教室、医院等室内环境和旅馆、影剧院、图书馆、商店、体育馆、健身房、舞厅、候车室、候机室等各种室内公共场所以及飞机、汽车、火车等交通工具内。

室内空气污染物主要有甲醛、苯、氨、氡及其他放射性物质、总挥发性有机化合物（TVOC）等。此外，还有游离甲苯二异氰酸酯、氯乙烯单体、苯乙烯单体、吸烟烟雾、可溶性的铅、镉、铬、汞、砷、厨房产生的油烟、细菌、真菌（包括真菌孢子）、花粉和生物体有机成分等。民用建筑室内环境主要有害污染物质浓度限量标准见表4—2。

表4—2　民用建筑室内环境主要有害污染物质浓度限量标准

有害污染物	甲醛/（mg/m^3）	苯/（mg/m^3）	氨/（mg/m^3）	氡/（Bq/m^3）	TVOC/（mg/m^3）
国家标准	≤0.08	≤0.09	≤0.2	≤200	≤0.5

（2）室内空气污染控制。治理技术上应着重于减少污染物的放出，而不是进入室内空气后再进行排除。治理上的考虑应包括控制室内污染源、使用绿色建材、通风、合理使用空调、采用室内空气净化器、室内绿化、优化设计、完善法规等。

1）污染源控制。消除或减少室内污染源是改善室内空气品质、提高舒适性的最经济、有效的途径。在室内减少吸烟和室内的燃烧过程，进行燃具改造，减少气雾剂、化妆品的使用，更重要的是控制能够给环境带来污染的材料、家具，而源头控制主要是选择和开发绿色建筑装饰材料。

2）室内通风换气。通风就是室内外空气互换。互换频率越高，降低室内产生的污染物效果越好，但有时也把室外的污染物带入室内。加强通风换气，用室外的新鲜空气来稀释室内空气污染物，使污染物含量降低，改善室内空气质量，是最方便快捷的方法。我们可以依据污染物发生源的大小、污染物种类及其量多少决定采用全面通风还是局部通风，以及通风量强度。在一般家庭居室内，每人每小时需要新风量30 m^3。

从直觉上看，通风可明显降低室内污染浓度，这对于间断性污染如吸烟、使用煤气炉等效果很好，对于连续不断产生的污染问题就不一样了，因此，通风具有局限性。

3）合理使用空调。在密闭性很强的室内，当新风量不足时使用空调，会造成室内空气质量的下降。我们在使用空调时要合理控制室内的温度、湿度，室内外温差不能太大。对于使用分体式空调的居室，要适当引入新鲜空气，而且要经常清洗过滤器，还要选择一些室内空气处理设备配合空调一起使用。同时也要辩证地看待空调的附加功能，不能完全依赖，也要注意节能问题，这样才能充分发挥空调的优点，真正地为我们所用，而尽可能地减小对环境的危害。

对于我们普通居民，还可以通过锻炼身体、增强体质，多吃富含维生素的食品来抵抗室内环境污染的危害。

本章小结

一、基本概念

大气、大气圈、大气污染、二次污染物、大气湍流、温度层结、逆温、稳定度

二、基本知识

1. 大气圈

（1）对流层　（2）平流层　（3）中间层　（4）热成层　（5）逸散层

2. 逆温

(1) 辐射逆温 (2) 下沉逆温 (3) 平流逆温 (4) 锋面逆温 (5) 湍流逆温

3. 大气污染控制的原则

(1) 以源头控制为主，实施全过程控制

(2) 合理利用大气自净能力与人为措施相结合

(3) 分散治理与综合防治相结合

(4) 按功能区实行总量控制与浓度控制相结合

(5) 技术措施与管理措施相结合

4. 颗粒物污染物的控制

(1) 机械式除尘器 (2) 湿式除尘器 (3) 过滤式除尘器 (4) 电除尘器

5. 气体污染物的控制原理

(1) 吸收法 (2) 吸附法 (3) 催化转化法 (4) 燃烧法 (5) 冷凝法

练 习 题

一、选择题

1. 干洁空气中的主要成分包括________。

A. 氮气、氧气、氩气　　B. 氮气、氧气、二氧化碳

C. 氮气、氧气、水蒸气　　D. 氧气、二氧化碳、水蒸气

2. 影响能见度的因素不包括________。

A. 液滴　　B. 悬浮颗粒物

C. 二氧化碳　　D. 雾

3. 下列不属于室内空气污染防治措施的是________。

A. 常通风　　B. 勤锻炼

C. 勤洗手　　D. 多吃维生素

4. 下列________为二次污染物。

A. 醛类　　B. 苯并蒽

C. 一氧化碳　　D. 光化学烟雾

5. 形成酸雨的主要污染物是________。

A. SO_2 和 NO_x　　B. SO_2 和 SO_3

C. CO_2　　D. CO

二、填空题

1. 大气污染的污染源通常可以分为 4 类：________、________、________和________。

2. 根据大气污染物存在的状态可分为气溶胶态污染物和________。

3. 飘尘是指颗粒物直径小于________ μm。

4. 当前人们关注的世界大气污染问题有三个，即________、________和________。

5. 为了表示风向、风速对大气污染物的扩散影响，可以采用________和________。

三、判断题

1. 85 km 以下的干洁空气的组成基本保持不变。 ( )
2. 飞灰是指由燃料燃烧所产生的烟气中分散的非常细微的灰分。 ( )
3. 降尘和飘尘相比对人体危害性最大的是降尘。 ( )
4. 大气中污染物的浓度与污染物的总排放量成正比，而与风速成反比。 ( )
5. 空气的上下运动称为风。 ( )

四、简答题

1. 我国大气污染防治的措施包括哪些？
2. 我国大气污染的综合防治原则是什么？
3. 简述除尘技术有哪些。气态污染物治理技术又有哪些。
4. 大气污染对人类有哪些危害？
5. 温室气体有哪些？引起臭氧层破坏的物质主要有什么？你如何正确面对这样的问题？
6. 居室内有哪些污染？你如何看待吸烟问题？
7. 简述颗粒污染物的性质有哪些。

5 水污染与保护

本章学习目标

了解：水体、水体污染、水体净化、海洋污染的概念，中国水体现状，水体净化理论，海洋污染的危害。

熟悉：水体的类型、组成，水体污染源、水体污染的危害，水环境容量，净化形式，水污染的控制途径，海洋污染的危害。

掌握：水污染控制技术，水体的自净作用，水体物理处理法、化学处理法、物理化学处理法、生物处理法，污泥的利用，污泥的处理，海洋保护。

5.1 水体污染

5.1.1 水体

5.1.1.1 水资源

水是地球上分布最广的物质，是人类环境的一个重要组成部分。水资源包括地表水和地下水。淡水中绝大部分为极地冰雪冰川和地下水，能供人类直接利用而且易于取得的淡水资源是十分有限的。水资源并不是取之不尽、用之不竭的。中国已被联合国列为12个水资源贫乏国家之一。

随着经济的迅速发展，用水量将日益增加，水资源由于受到工业废水和生活污水的污染，长江、黄河、珠江、松花江、淮河、海河和辽河七大水系总体水质日益恶化，国控网七大水系的197条河流408个监测断面中，Ⅰ～Ⅲ类，Ⅳ、Ⅴ类和劣Ⅴ类水质的断面比例分别为46%、28%和26%。珠江、长江水质良好，松花江、黄河、淮河为中度污染，辽河、海河为重度污染，主要污染指标为高锰酸盐指数、石油类和氨氮。2006年，27个国控重点湖（库）中，满足Ⅱ类水质的湖（库）2个（占7%），Ⅲ类水质的湖（库）6个（占22%），Ⅳ类水质的湖（库）1个（占4%），Ⅴ类水质的湖（库）5个（占19%），劣Ⅴ类水质的湖（库）

13 个（占 48%）。其中，巢湖水质为Ⅴ类，太湖和滇池为劣Ⅴ类。主要污染指标为总氮和总磷。水库水质好于湖泊，富营养化程度较轻。据调查结果统计表明，地下水有 90%以上被污染，地表水 100%遭污染。

地球上水的储量是有限的。自然界中的水是不能新生的，只能通过水循环而再生。水的循环分为自然循环和社会循环两种。

（1）自然循环。自然循环是指自然界中的水如海洋、湖泊、河流及土壤表面、植物茎叶等，在太阳照射和地心引力等的作用下不停地流动和转化，通过降水、径流、渗透和蒸发等方式循环，这种川流不息、循环往复的过程叫做水的自然循环，如图 5—1 所示。水的自然循环形成各种不同的水源。在自然循环中几乎在每个环节都有杂质混入，使水质发生变化。

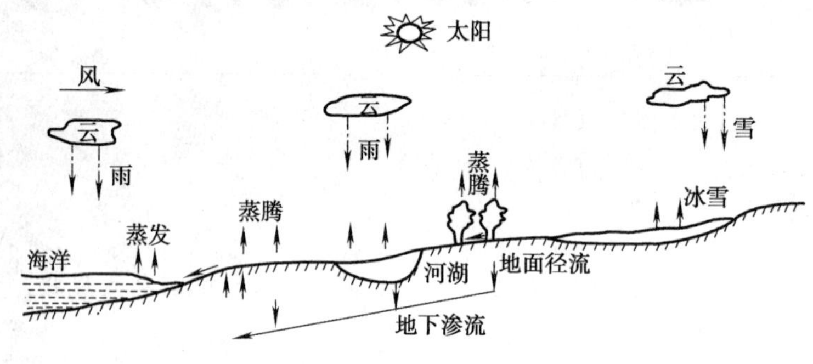

图 5—1　水的自然循环

（2）社会循环。社会循环是指人类社会为了满足生活和生产需求，从各种天然水体中取用大量的水。这些生活和生产用水，使用后成为生活污水和工业废水，最终又流入天然水体。这样，水在人类社会中也构成了一个局部循环体系，称为水的社会循环。社会循环中取用的水量虽然仅是径流和渗流水量的百分之二三，亦即地球总水量的数百万分之一，然而，就是取用这似乎微不足道的水，却表现出人与自然在水量和水质方面存在着巨大的矛盾。水体环境保护和治理的任务就是调查研究和解决这些矛盾，保证取水和排水的社会循环能够顺利进行。随着世界人口的增长和工农业的发展，用水量也在日益增加。用水量增加的结果会使污水量也相应地增加。未经妥善处理的污水如果直接排入水体，就会造成严重的污染，使本来已经并不充裕的水资源更加紧张。因此，在合理开发利用水资源的同时，必须有效地控制水体污染。

5.1.1.2　水体

从自然地理的角度来说，水体是指地表被水（河流、湖泊、沼泽、水库、地下水、冰川和海洋等）覆盖区域的自然综合体。因此，水体不仅包括水，而且包括水中的悬浮物、溶解性物质、底泥和水中生物等。它是一个完整的自然生态系统。在环境污染研究中，区分“水”和“水体”的概念十分重要。如重金属污染物易于从水中转移到底泥中（生成沉淀或被吸附和螯合），水中重金属的含量一般都不高，仅从水着眼，似乎未受到污染，但从整个水体来看，则很可能受到较严重的污染。

5.1.1.3　水体的类型

根据水体成因可分为自然水体和人工水体，根据化学成分和溶解于水中的盐含量可分为咸水体和淡水体。

地表水如江河水，水量充足，自净能力强，水质较好。湖库水，流速较慢，其中悬浮物易于沉积，浑浊度较高，宜于水生生物繁殖，严重时会变臭，有色度。海水，水量巨大，但矿物质多，水质硬，为咸水，经淡化才能使用。水塘水，水量少，自净能力差，常带异味和色度，含大量有机物和细菌。

地下水如浅层水，深度一般为几十米内，受降雨影响大。为农村主要饮水源，经表面土层渗滤，水质较好。深层水，一般不受污染，水质好，污染少，但盐类及矿物质多，硬度大。泉水，由地层断裂处自行涌出，水质好，可饮用。

降水如雨、雪、雾、雹等。

5.1.2 水体污染

5.1.2.1 水体污染

水体污染是由于人类的生活和生产活动，将大量的工业污水、生活污水、农业回流水及其他废物未经处理排入水体，使排入水体的污染物的含量超过了一定程度，使水体受到损害直至恶化，水体的物理、化学性质和生物群落生态平衡发生变化，破坏了水体功能，降低了水体的使用价值。

水体污染的原因有自然的和人为的两个方面。自然污染主要是自然原因所造成，如特殊地质条件使某些地区的某种化学元素大量富集，降雨淋洗大气和地面各种矿石的溶解作用后夹带各种物质流入水体，火山爆发产生的尘粒落入水体，山洪暴发、干旱地区的风蚀作用所产生的大量灰尘落入水体而引起水污染。人为污染是人类生活和生产活动中产生的污水对水体的污染，向水体中排放大量未经处理的工业废水、生活污水、农田排水和各种废弃物，造成水质恶化，属于人为污染。通常所说的水体污染主要指人为污染。

据联合国调查统计，全世界河流的稳定流量有40%被污染，就连人迹稀少的南极大陆和北极等地也难以幸免。在巴黎召开的第13届水源分配会议的专家们估计，现在全世界约有20亿人没有安全的饮用水。由于饮水不卫生引起的各类疾病，每年达6亿多人次，水污染已成为人们关注和焦虑的大问题。

5.1.2.2 水体污染类型

(1) 化学型污染。化学型污染指随污水及其他废物排入水体中的无机物如酸、碱、盐和有机物如碳水化合物、蛋白质、油脂、纤维素、氨基酸等造成的水体污染。

(2) 物理型污染。物理型污染指色度和浊度物质污染、悬浮固体污染、热污染和放射性污染等物理因素造成的水体污染。

(3) 生物型污染。生物型污染指生活污水、医院污水以及屠宰、畜牧、制革业、餐饮业等排放的污水中常含有各种病原体如病毒、病菌、寄生虫等造成的水体污染。

5.1.2.3 水体污染源

水体污染源是指造成水体污染的污染物的发生源。水体污染源按造成水体污染的原因分为自然污染源和人为污染源，按受污染的水体分为地面水污染源、地下水污染源和海洋污染源，按污染释放的有害物质种类分为物理性污染源、化学性污染源和生物性污染源，按污染源分布排放特征分为点污染源、面污染源。

(1) 点污染源。点污染源包括工业废水、生活污水等通过管道、沟渠集中排入水体的污染源。具有连续性，水量的变化规律取决于工厂的生产特点和居民的生活习惯。一般有季节性又有随机性，一些废水、污水经过污水处理厂处理后排入水体。

(2) 面污染源。面污染源又称非点污染源，主要包括农村灌溉水形成的径流、农村中无组织排放的废水、地表径流及其他废水。如降水所形成的径流和渗流把土壤中的氮、磷和农药带入水体，由牧场、养殖场、农副产品加工厂的有机废物排入水体，使水体的水质发生恶化，造成河流、水库、湖泊等水体污染，有的导致水体富营养化。雨、雪水，特别是暴雨、洪水将地表污染物冲刷形成径流而流入地面水体，造成地面水体的污染。非点污染源的特点是在不确定的时间内，通过不确定的途径，排放不确定数量的污染物质。

5.1.2.4　水体污染物

(1) 悬浮物。悬浮物是水中的不溶性物质，是水质感官性的污染指标。主要来源是开矿、采石及建筑等生产活动，以及农田的水土流失和岩石的自然风化。这些过程产生的废物，被地表水带入水体中，往往成为悬浮物的主体。

悬浮物漂浮在水体表面，能够截断光线，减少水生植物的光合作用并妨碍水体自净作用；它们可以伤害鱼鳃，并在含量很大时使鱼类死亡。浑浊的天然水没有多大害处，但是由生活污水或工业污水形成的浑浊水却往往是有害的。水中的悬浮物又可能是各种污染物的载体，它可能吸附一部分水中的污染物并随水流动迁移，扩大污染。悬浮物在水体中沉积后，淤塞河道，危害水体底栖生物的繁殖，影响渔业生产。灌溉时，悬浮物会阻塞土壤的孔隙，不利于作物生长。大量悬浮物的存在，还会造成水道淤塞，干扰废水处理和回收设备的工作。在废水处理中，通常采用筛滤、沉淀等方法使悬浮物与废水分离而除去。

(2) 耗氧有机物污染物。某些工业废水和生活污水中含有蛋白质、脂肪、氨基酸、糖、纤维素和许多合成有机物。这些物质排入水体后，在氧气存在下经水中需氧微生物的生化氧化最后分解成 CO_2 和硝酸盐等，消耗水中的大量溶解氧，给鱼类等水生生物带来危害，并可使水发生恶臭现象。最终使溶解氧耗尽，水中生物缺氧而死亡。耗氧有机物污染物采用化学需氧量（COD）、生化需氧量（BOD）、总需氧量（TOD）、总有机碳（TOC）、理论需氧量等综合水质污染指标来描述。

耗氧有机污染物的主要来源是生活污水、牲畜污水以及屠宰、肉类加工、罐头等食品工业和制革、造纸、印染、焦化等工业废水。从排水的量来看，生活污水是需氧污染物质的最主要来源，主要危害渔业、水产资源。当水中溶解氧消失时，水中厌氧菌大量繁殖，在厌氧菌的作用下有机物可能分解放出甲烷和硫化氢等有毒气体，更不适于鱼类生存。

(3) 酸碱盐污染物。污染水体中的酸主要来自矿山排水、许多工业废水及酸雨。碱性废水主要来自碱法造纸、化学纤维制造、制碱、制革等工业的废水。酸碱废水的水质标准中以 pH 值来反映其含量水平。酸性废水和碱性废水可相互中和产生各种盐类，酸性、碱性废水亦可与地表物质相互作用，生成无机盐类。

酸碱污染水体，使水体的 pH 值发生变化，破坏自然缓冲作用，消灭或抑制微生物生长，妨碍水体自净。如长期遭受酸碱污染，水质逐渐恶化、周围土壤酸化，危害渔业生产。酸、碱污染物不仅能改变水体的 pH 值，而且可大大增加水中的一般无机盐类和水的硬度。水中无机盐的存在能增加水的渗透压，对淡水生物和植物生长不利。水体的硬度增加对地下水的影响显著，使工业用水的水处理费用提高。如水的硬度增加、锅炉能源消耗增大等。酸性废水也对金属和混凝土材料造成腐蚀。

(4) 营养性污染物。营养性污染物指可以引起水体富营养化的物质，主要有氮和磷。可生化降解的有机物、维生素类物质、热污染等也能触发或促进富营养化过程。营养性污染物主要来源农田施肥、农业废弃物、城市生活污水、某些工业废水、雨雪对大气的淋洗和径流对地表物质的淋溶与冲刷。含氮和磷的物质包括蛋白质、多肽、氨基酸、尿素、氨氮、亚硝酸态氮、硝酸态氮、粪便、含磷洗涤剂、磷石灰、硝石、鸟粪层、化肥、农业废物植物秸秆等。

营养性污染物的危害是水体富营养化，富营养化是湖泊分类和演化的一种概念，是湖泊水体老化的一种自然现象。在自然界物质的正常循环过程中，湖泊将由贫营养湖发展为富营养湖，进一步又发展为沼泽地和干地。但这一历程需要很长的时间，在自然条件下需几万年甚至几十万年。但是，人为的富营养化将大大加速这个过程。当大量生物所需的氮、磷等营养物质进入湖泊、河口、海湾等缓流水体，将提高各种水生生物的活性，刺激它们异常繁殖，特别是藻类，这样就带来一系列严重后果，直至湖泊消亡。但是湖泊的富营养化是可逆性问题，特别对于人为富营养化湖，通过合理的治理，如切断流入湖内过量营养物质的来源，清除湖底淤泥，疏浚河道，缩短湖泊换水周期等，可使湖泊恢复“年轻”。

(5) 重金属污染物。重金属指的是原子量大于 55 的金属。重金属是构成地壳的物质，在自然界分布非常广泛。重金属在自然环境的各部分均存在着本底含量，在正常的天然水中金属含量均很低。主要来源是化石燃料的燃烧、采矿和冶炼，通过废水、废气和废渣向环境中排放重金属。目前最引起人们关注的是 Hg、Cd、Pb、Cr、As 五大毒物的污染。

重金属进入水体后，可以通过沉淀［$M(OH)_x$、MS、MCl］、吸附（底泥）、配位—螯合（液相中）、氧化—还原等发生价态和存在形式的变化。在天然水体中只要有微量浓度即可产生毒性效应，微生物不能降解重金属。相反，某些重金属有可能在微生物作用下转化为金属有机化合物，产生更大的毒性，如汞在厌氧微生物作用下，转化为毒性更大的有机汞(甲基汞、二甲基汞)。金属离子在水体中的转移、转化与水体的酸、碱条件有关。地表水中的重金属可以通过生物的食物链在生物体内逐步富集，重金属进入人体后能够和生理高分子物质如蛋白质和酶等发生强烈的相互作用使它们失去活性，也可能累积在人体的某些器官中，造成慢性累积性中毒，最终造成危害。重金属被水中悬浮物吸附后会沉入水底，积存在底泥中，所以水体底泥中含有的重金属量会高于上面的水层。

(6) 油类污染物。随着石油事业的迅速发展，油类物质对水体的污染越来越严重，在各类水体中以海洋受到的油污染尤为严重。目前通过不同途径排入海洋的石油数量每年为几百万至一千万吨，排出的废油和含油废水使水体遭受污染。主要来源是石油开采、储运、炼制、使用等，以及不可预测的事件导致油污染。

油污染的主要危害是破坏优美的滨海风景，降低其疗养、旅游等的使用价值。严重危害水生生物，尤其是海洋生物。使大气与水面隔绝，影响大气中氧的溶入，影响鱼类生存和水体的自净。阻碍水的蒸发，影响大气和海洋的热交换，影响局部地区的水文气象条件。油膜能粘住大量的鱼卵和幼鱼，使其致畸或死亡，对成鱼产生石油臭味，降低其食用价值。石油组成成分中含有毒物质，特别是其中沸点在 300～400℃间的稠环芳烃，大多是致癌物，如苯并芘、苯并蒽等。油污染还能引起河面火灾，危及桥梁、船舶等。

(7) 难降解有机污染物。水体中难分解有机污染物主要有有机氯农药、有机磷农药和有机汞农药。有机氯农药性质比较稳定，在环境中不易被分解、破坏，它们可以长期残留于水体、土地和生物体中，通过食物链可以富集而进入人体，在脂肪中蓄积。有机氯农药的特点是毒性较缓慢，但残留时间长，是神经及实质脏器的毒物，可以在肝、肾、甲状腺、脂肪等组织和部位逐步蓄积，引起肝肿大、肝细胞变性或坏死。有机磷农药的特点是毒性较强，但可以分解，残留时间短，短期大量摄入可引起急性中毒，其毒理作用是抑制体内胆碱酯酶，使其失去分解乙酰胆碱的作用，造成乙酰胆碱的蓄积，导致神经功能紊乱，出现恶心、呕吐、呼吸困难、肌肉痉挛、神志不清等。有机汞农药性质稳定、毒性大、残留时间长，降解产物仍有较强的毒性。

(8) 热污染。因能源的消费而引起环境增温效应的污染称为热污染。主要来源是工矿企业向江河排放的冷却水，其中以电力工业为主，其次是冶金、化工、石油、造纸、建材和机械等工业。

热污染致使水体水温升高，增加水体中化学反应速率，会使水体中有毒物质对生物的毒性提高。如当水温从8℃升高到18℃时，氰化钾对鱼类的毒性将提高一倍；水温升高，溶解氧减少，不利于水中生物生存，降低水生生物的繁殖率。水温增高促进藻类生长，加速水体原有的富营养化污染，使水体中溶解氧下降，破坏水体的生态和影响水体的使用价值。在大约32℃时，一般淡水有机体能保持正常的种群结构。水体温度升至35～40℃时，蓝藻占优势。而有些蓝藻种群可在家庭供水中产生不好的味道，有些可以使家畜中毒。

(9) 生物污染物。生物污染物主要指废水中的致病性微生物，它包括致病细菌、微生物、病虫卵和病毒，未污染的天然水中的细菌含量很低。主要来源是生物制品生产、生活污水、医院污水、屠宰肉类加工、制革等工业废水。主要通过动物和人排泄的粪便中含有的细菌、病菌及寄生虫类等污染水体，引起各种疾病传播。生物污染物污染的特点是数量大、分布广、存活时间长、繁殖速度快，必须予以高度重视。

(10) 其他污染物。除上述污染物外还有感官性状污染物、放射性污染物等。感官性状污染物指废水中能引起异色、浑浊、泡沫、恶臭等现象的物质。虽然没有严重的危害，但引起人们感官上的极度不快，如印染废水污染往往使水色变为红色或其他染料颜色，炼油废水污染可使水色是黑褐色等。对于供游览和文体活动的水体而言，感官性状污染物的危害则更大。放射性污染物指水中所含有的放射性物质，主要包括能够发射α射线、β射线、γ射线的物质。核武器试验、原子能工业以及铀矿开采、提炼、纯化、浓缩过程均产生放射性废水和废物。磷矿石中经常会有相当量的铀和钍，如使用磷肥不当，也可能造成放射性污染。

此外，还有砷、硒、氰化物、氟化物、硫化物、亚硝酸盐等无机非金属有毒污染物。

5.2 水体的自净作用

5.2.1 水体污染的危害

水体污染的影响巨大，不仅影响人体健康，而且会给工农业生产造成巨大的经济损失。因此水资源关系到国计民生。

5.2.1.1 危害人体健康

水体污染物通过直接从饮水进入人体，或间接通过食物链在食物中富集，再转入人体中，在人体内累积形成危害。这两条途径，都危害人们的健康。

5.2.1.2 影响工农业生产

工业生产要消耗大量的水，如果使用有污染的水，会使产品质量下降。如纺织厂用水不当，布匹上出现各种颜色的斑点，使产品质量降低。废水需要经过处理，因此增加处理费用，直接影响成本，还可能损坏机器设备，甚至造成停工停产。引用污水灌溉，有害物会在粮食、蔬菜和水产品中富集，造成食物链中毒。

5.2.1.3 危害水生生态系统

污染物进入水体后，改变了原有的水生生态系统的结构和组成，使之发生变化，不适应新环境的水生生物会大量死亡，使水生生态系统变得越来越简单、脆弱。

5.2.2 水体的自净作用

5.2.2.1 水体净化的概念

当污染物进入水体后，随水稀释的同时发生挥发、絮凝、水解、配合、氧化还原及微生物降解等物理、化学变化和生物转化过程，使污染物的浓度降低或至无害化的过程称为水体自净作用。水体的自净作用是有一定限度的，当污染物浓度超过水体的自净能力时，污染随之产生。

5.2.2.2 净化理论

水体自净的机制包括稀释、混合、吸附沉淀等物理作用，氧化还原、分解化合等化学作用，以及生物分解、生物转化和生物富集等生物学作用。各种作用可能同时发生并相互影响，自净的初始阶段以物理和化学作用为主，后期则以生物学作用为主。

(1) 物理净化。污染物进入水体后，立即受到水体的稀释、扩散、沉淀和挥发等作用而使其浓度降低的过程。颗粒物进入水体后，可以依靠其重力逐渐下沉，参与底泥的形成。此时水体变清，水质改善。其中，稀释作用是一项重要的物理净化过程。

(2) 化学净化。进入水体的污染物与水中成分发生化学作用，通过氧化、还原、酸碱反应、分解、凝聚、中和等作用，使水体中污染物质的存在形态发生变化，并且浓度降低的过程。

(3) 生物净化。天然水体中的生物活动过程使污染物质的浓度降低，特别重要的是水中微生物对有机物的氧化分解作用。生物自净过程需要消耗氧。所消耗的氧若得不到及时补充，生物自净过程就要停止，水体的水质就要恶化。因此，生物净化过程实际上包括了氧的消耗和氧的补充（复氧）两方面的作用。氧的消耗过程主要取决于排入水体的有机污染物的量、氧的量和废水中无机性还原物的量。复氧过程为大气中氧向水体扩散，使水体溶解氧增加，以及水生植物在阳光照射下进行光合作用放出氧气。

(4) 杀菌净化。地面水在日光紫外线的照射作用、水生生物间的拮抗作用、噬菌体的噬菌作用以及微生物不适宜的环境因素作用下，可以发生杀菌净化作用。

5.2.2.3 净化形式

(1) 水中的自净作用。污染物质在水体中发生稀释、扩散、氧化、还原或生物化学分解等。

(2) 水与大气间的自净作用。水体表面不断地从大气中获得氧气，使氧化过程和微生物消耗掉的氧气得到补充，经过一段时间水体恢复到原来的洁净状态。天然水中某些有害气体的挥发释放等，也属于其净化形式。

(3) 水与底质间的自净作用。水体中悬浮物质的沉淀和污染物被底质吸附等。

(4) 底质中的自净作用。底质中微生物的作用使底质中有机污染物发生分解等。

水体自净作用包含着十分广泛的内容，任何水体的自净作用又常是相互交织在一起的。物理过程、化学过程及生物化学过程常是同时、同地产生，相互影响，其中常以生物自净过程为主。生物体在水体自净作用中是最活跃、最积极的因素。

5.2.2.4 水环境容量

水体所具有的自净能力就是水环境接纳一定量污染物的能力。一定水体所能容纳污染物的最大负荷被称为水环境容量，即某水域所能承担外加的某种污染物的最大允许负荷量。它与水体所处的自净条件（如流量、流速等）、水体中的生物类群组成、污染物本身的性质等有关。污染物的物理化学性质越稳定，其环境容量越小；耗氧性有机物的水环境容量比难降解有机物的水环境容量大得多；而重金属污染物的水环境容量则甚微。

水环境容量与水体的用途和功能有十分密切的关系。水体功能越强，对其要求的水质目标越高，其水环境容量必将减小；反之，当水体的水质目标不甚严格时，水环境容量可能会大些。水体本身的特性，如河宽、河深、流量、流速以及天然水质、水文特征等，对水环境容量的影响很大。水体对某种污染物质的水环境容量可用下式表示：

$$W = V(c_s - c_B) + C$$

式中，W——某地面水体对污染物的水环境容量，kg；

V——该地面水体的体积，m^3；

c_s——地面水中某污染物的环境标准，mg/L；

c_B——地面水中某污染物的环境背景值，mg/L；

C——地面水对污染物的自净能力，kg。

5.3 水环境的保护

5.3.1 水污染的控制方法

水污染的控制途径一般包括以下几个方面。

5.3.1.1 提高水资源利用率

改造生产工艺，尽量不用水或少用水，尽量不用或少用易产生污染的原料、设备及生产工艺。重复利用废水，尽量采用重复用水及循环用水系统，使废水排放量减至最少。一水多用，提高水的重复利用率，重点抓好工业用水中的冷却水的循环利用。

开展污水综合利用，从污水中回收有用产品，是防止废水污染的一项有效措施，尽量使流出的废水中的原料和产品与水分离，就地回收。这样既可减少生产成本，增加经济效益，又可大大降低废水浓度，减轻污水处理负担。在城市中建立所谓“中水道”系统，开辟第三水源，对中水经过不同程度的处理。根据水质情况回收用于农业、工业和城市公共用水。

5.3.1.2 发展污水处理技术

工业废水中常含有酸、碱、有毒物质、有害物质、重金属或其他污染物。对不同的工业废水在厂内或车间内进行局部处理，对于与城市污水相近的工业废水一般排入城市下水道与城市污水共同处理。城市污水虽不含有害物质，但其中所含的悬浮物质会在水体中沉积、腐烂、发臭，影响水体的卫生状况。为确保水体不受污染，必须在废水排入水体前对其进行妥善处理，确保在排入水体前达到国家或地方规定的排放标准。

5.3.1.3 强化水体及污染源的管理

经常的监测和科学的管理，可以使水体污染的防治工作有目标地进行。这方面的工作包括污水源的调查、对工业废水的排放量和废水浓度的监测及管理、对污水处理厂的监测和管理、对水体特征及经济指标的检测和管理。

5.3.2 水污染控制技术

水污染控制技术就是采用某种方法将废水中所含的污染物分离出来，或将其分解转化为无害和稳定的物质，使废水得以净化。废水处理极为复杂，处理方法的选择，必须根据废水的水质和数量、排放到的接纳水体或水的用途来考虑，同时还要考虑废水处理过程中所产生的污泥、残渣的处理利用和可能产生的二次污染问题。污泥、残渣一般要达到防止毒害和病菌传播、除掉异味和恶臭感才能满足不同要求。根据其处理进度可划分为预处理、一级处理（初级处理）、二级处理和三级处理；根据其作用原理可划分为四大类别，即物理处理法、化学处理法、物理化学处理法和生物处理法。

5.3.2.1 物理处理法

利用物理作用分离和除去废水中呈悬浮状态的污染物质，在处理过程中不改变其化学性质的方法叫物理处理法，又称机械处理法。优点是简单易行，效果良好，费用也较低。物理处理法包括调节、筛滤、除油、沉淀、过滤、分离等方法。

（1）调节。多数废水的水质、水量常常是不稳定的，具有很大的随机性。尤其是当操作不正常或设备产生泄漏时，废水的水质就会急剧恶化，水量也大大增加，往往会超出废水处理设备的处理能力，给处理操作带来很大的困难。这时就要进行水量与水质的调节。调节的作用就是减小废水性质上的波动，为后续的水处理系统提供一个稳定和优化的操作条件。在调节的过程中废水进行混合，以保证水质的均匀和稳定。通过调节提供对废水处理负荷的缓冲能力，防止处理系统负荷的急剧变化；减少进入处理系统废水流量的波动，使处理废水时所用化学品的加料速率稳定，适合加料设备的能力；控制废水的 pH 值，稳定水质，并可减少中和作用中化学品的消耗量；防止高浓度的有毒物质进入生物化学处理系统；当工厂或其他系统暂时停止排放废水时，仍能对处理系统继续输入废水，保证系统的正常运行。

调节主要通过设在废水处理系统之前的调节池来实现。水量调节有两种方式，一是线内调节，二是线外调节。水质调节有两种方法，一是外加动力调节，二是采用差流方式调节。差流方式调节池有对角线和折流式两种。

调节池容积大小可视废水的浓度、流量变化、要求的调节程度及废水处理设备的处理能力来确定，做到既经济又满足废水处理系统的要求。

（2）筛滤。利用筛滤介质截流废水中的悬浮物。废水通过一层带孔眼的过滤装置或介质，其中的悬浮颗粒被截流在过滤装置表面。用反洗法除去截流物。筛滤介质有钢条、筛网、滤布、石英砂、合成纤维、微孔管等，筛滤设备有：格栅、栅网、微滤机、砂滤器、真空滤机、压滤机等。

1）格栅。格栅用以拦截废水中较大的悬浮物，以防阻塞构筑物的孔洞、闸门和管道，或损坏水泵的机械设备，以保证后续处理设备正常工作。格栅是由一组或多组平行圆钢或扁钢栅条制成的框架，直立或倾斜架设在废水处理构筑物前或泵站集水池进口处的渠道中。

根据格栅上截留物的清除方式分人工和机械两种清除方法。人工清除格栅适用于处理量不大或污染物量较少的场合，机械清除格栅适用于大型水处理厂或泵站前的大型格栅。

2）筛网。筛网用以截留尺寸较小的悬浮固体，尤其适宜用分离和回收废水中细碎的纤维类悬浮物（如羊毛、棉布毛、纸浆纤维和化学纤维等），也可用做城市污水和工业废水的预处理，以降低悬浮固体含量。筛网一般用金属丝或纤维丝编制而成。筛网可以做成多种形式，如固定式、圆筒式、板框式等。不论何种形式，其构造都要做到既能截流悬浮物固体，又能自动清理筛面。

(3）除油。废水中的油有浮油、分散油、乳化油、溶解油。隔油主要用于对废水中浮油的处理，它是利用水中油品与水密度的差异与水分离并加以清除的过程。隔油过程在隔油池中进行，目前常用的隔油池有两大类：平流式隔油池与斜流式隔油池。

(4）沉淀。沉淀是利用废水中悬浮物密度比水大，借助重力作用下沉的原理而达到液固分离目的，使水质得到澄清。沉淀的作用是为化学处理与生物处理的预处理；用于化学处理或生物处理后，分离化学沉淀物、分离活性污泥或生物膜；污泥的浓缩脱水；灌溉农田前作灌前处理。影响沉淀处理效果的因素有同离子效应、盐效应、酸效应、配位效应、水温等。根据废水中悬浮物的含量、性质和絮凝性能的不同，沉淀现象可分自由沉淀、絮凝沉淀、拥挤沉淀和压缩沉淀。它们均是通过沉淀池来进行的。

沉淀池是一种用来分离悬浮颗粒的构筑物，根据它们的构造可分为普通沉淀池和斜板斜管沉淀池。普通沉淀池应用较为广泛，按其池内水流方向，可分为平流式、竖流式和辐流式三种。

(5）过滤。过滤是用过滤介质把废水中悬浮物和胶体截留在介质表面而除去，使水获得澄清的工艺过程。过滤介质有格栅、筛网、砂、滤布、塑料微孔管等。过滤可截留水中悬浮物、有机物、细菌、病毒等。

滤池的形式多种多样，以石英砂为滤料的普通快滤池使用历史最久，并在此基础上出现了双层滤料、多层滤料和向上流过滤等。若按作用水头分，有重力式滤池和压力式滤池两类，还有自动冲洗的虹吸滤池、无网滤池等。

(6）分离。废水中悬浮物借助离心力的旋转，在离心力的作用下，悬浮物和废水的质量不同，所受到的离心力大小不同，由于悬浮颗粒质量大的被甩到外圈，质量小的则留在内圈，通过不同的出口将它们分别引导出来，从而使悬浮物与水分离。常用的离心设备有旋流分离器和离心分离机等。

旋流分离器又称水力旋流器，它的离心力是由污水在水泵的压力或进出水的压头差作用下以切线方向进入设备，造成快速旋转而产生的。根据产生水流旋转能量的来源，又分为压力式水力旋流器和重力式水力旋流器两种。

离心分离机是利用惯性离心力来分离液态非均相混合物的机械，它和旋流分离器最大的不同在于后者无转动部分，而离心机的主要部件则是一高速旋转的转鼓。转鼓安装在竖直或水平的轴上，由电动机带动旋转，同时也带动要处理的液体一起旋转。由于液体中悬浮固体颗粒和液体的密度不同而产生力的差异，从而达到分离的目的。

5.3.2.2 化学处理法

化学处理法是废水处理的基本方法之一。它是利用化学反应原理及方法处理废水中的溶解物质或胶体物质，分离回收废水中的污染物或改变污染物的性质，使其从有害变为无害。化学处理法用来去除废水中的金属离子、细小的胶体有机物、无机物、植物营养素（氮、磷）、乳化油、色度、臭味、酸、碱等。化学处理法包括混凝、中和、氧化还原、化学沉淀、消毒、电解等。

（1）混凝。混凝法是废水处理中一种经常采用的方法，混凝是指向水中投加药剂，进行废水与药剂的混合，使废水中的胶体物质产生凝聚和絮凝，这一综合过程称为混凝。处理的对象是废水中自然沉淀法难以沉淀除去的细小悬浮物及胶体微粒，降低废水的浊度和色度，去除多种高分子有机物、某些重金属和放射性物质。混凝法还能改善污泥的脱水性能。它既可以作为独立的处理方法，也可以和其他处理方法配合使用，作为预处理、中间处理或最终处理。

凝聚是通过双电层作用而使胶体颗粒相互聚结的过程。絮凝是通过高分子物质的吸附作用而使胶体颗粒相互黏结的过程。高分子混凝剂溶于水后，会产生水解和缩聚反应而形成高聚合物，这种高聚合物的结构是线型结构，线的一端拉着一个胶体颗粒，另一端拉着另一个胶体颗粒，在相距较远的两个微粒之间起着黏结架桥作用，使得微粒逐步变大，变成大颗粒的絮凝体（矾花）。这种由于高分子物质的吸附架桥而使微粒相互黏结的过程，就称为絮凝。换言之，絮凝是向水中投加高分子物质絮凝剂，帮助已经中和的胶体微粒进一步凝聚，使其更快地凝成较大的絮凝物，从而加速沉淀。

能够使水中的胶体微粒相互黏结和聚结的物质称为混凝剂。混凝剂应具有混凝效果好、对人类健康无害、价廉易得、使用方便等特点。目前，常用的有硫酸铝［$Al_2(SO_4)_3$］、明矾［$Al_2(SO_4)_3 \cdot K_2SO_4 \cdot 24H_2O$］、聚合氯化铝［$Al_2(OH)_nCl_{(6-n)} \cdot XH_2O$］$_m$、硫酸亚铁（$Fe_2SO_4 \cdot 7H_2O$）、三氯化铁（$FeCl_3 \cdot 6H_2O$）、聚丙烯酰胺等。混凝法优点是设备简单，操作易于掌握，处理效果好，间歇或连续运行均可以。缺点是运行费用高，沉渣量大，且脱水较困难。

混凝沉淀处理流程包括混凝剂的配制、投药、混合、反应和沉淀分离几个部分，混凝沉淀分为混合、反应、沉淀三个阶段。混合阶段的作用主要是将药剂迅速、均匀地投加到废水中，以压缩废水中的胶体颗粒的双电层，降低或消除胶粒的稳定性，使废水中胶体能互相聚集成较大的微粒—绒粒。混合阶段需要快速地进行搅拌，作用时间要短，以达到瞬间和混合效果最好的状态。

反应阶段的作用是促使失去稳定的胶体粒子碰撞结合，成为可见的矾花绒粒，然后送入沉淀池进行分离。

投药方法有干法和湿法。干法是把经过破碎、易于溶解的药剂直接投入废水中。湿法是将混凝剂和助凝剂配成一定浓度的溶液，然后按处理水量大小定量投加。

影响混凝效果的主要因素有水温、水的 pH 值和碱度、水中杂质的成分、性质和浓度、混凝剂投加时与水的混合速度、接触介质、混凝剂的用量及其混合的均匀性等有关。

(2) 中和。中和法就是利用化学酸碱中和的原理来处理含酸、碱的废水，使废水达到中性的过程。酸性废水中有的含无机酸如硫酸、硝酸、盐酸、磷酸、氢氟酸、氢氰酸等，有的含有机酸如乙酸、甲酸、柠檬酸等，主要来源于化工厂、化纤厂、电镀厂、煤加工厂及金属酸洗车间等。碱性废水中含有碱性物质，如苛性钠、碳酸钠、硫化钠及氨类等。这种废水主要来源于印染厂、炼油厂、造纸厂、金属加工厂等。

在处理酸碱废液时，对于浓度较高的酸碱废液（如酸含量大于3%～5%的废酸液或碱含量大于1%～3%的废碱液）时，应首先考虑综合利用，这样既可回收酸碱，又可大大减轻或消除酸碱污水的处理。对于酸碱含量低的废水采用中和处理，使污水的 pH 值恢复到中性附近的一定范围（pH＝6～9），消除其危害。

中和法有酸、碱废水互相中和，投药中和及过滤中和。

1）酸、碱废水互相中和。酸、碱废水相互中和是一种既简单又经济的以废治废的处理方法，适用于各种浓度的酸碱污水。当酸、碱废水排出的水量水质比较均匀、稳定，并且酸、碱含量又能相互平衡时，可直接利用水泵于吸水池或管道进行混合中和；如果水量水质变化较大，调节池调节后在中和池中和；若污水水量和水质变化较大，酸、碱含量很难平衡，则补加碱（或酸）性中和剂。当出水水质要求很高时，采用间歇式中和池中和。

2）投药中和。投药中和是应用广泛的一种中和方法。此法可处理任何浓度、任何性质的酸碱污水，也可以进行污水的 pH 值调节。

中和酸性废水常用的药剂有石灰（CaO）、石灰石（$CaCO_3$）、苛性钠、碳酸钠、电石渣或白云石等。其中以石灰最为常用，因为其不仅价格便宜，可中和任何浓度的酸，而且在污水中形成石灰乳，对污水中的杂质具有凝聚作用，能降低污水中的有机物含量和色度。

投药中和法的工艺过程主要包括中和药剂的制备与投配、混合与反应以及中和产物的分离、泥渣的处理与利用。

酸性污水投药中和之前，有时需要进行预处理。预处理包括悬浮杂质的澄清、水质及水量的均和。前者可以减少投药量，后者可以创造稳定的处理条件。投加石灰有干投法和湿投法两种方式。

中和碱性污水常用的药剂是硫酸、盐酸及压缩 CO_2。工业硫酸应用最多。

3）过滤中和。过滤中和法是指以具有中和能力的碱性固体颗粒物为滤料，采用过滤的形式使酸性废水通过滤料而得到中和的一种方法。这种方法适用于处理含酸浓度不大于2～3 g/L并生成易溶盐的各种酸性废水。滤料有石灰石、白云石、大理石等，最常用的是石灰石。

(3) 氧化还原。废水中的氧化性、还原性有机物以及无机物，在加氧化剂或还原剂药剂后，发生氧化或还原作用，将废水中有害的污染物转化为无毒或低毒物质的方法称为氧化还原法。氧化可使污水中部分有机物分解，具有消毒杀菌作用；还原还可能使高价有毒离子转化为无毒离子。常用氧化剂有 O、O_2、O_3、Cl_2、HNO_3、H_2SO_4、$K_2Cr_2O_7$、$KMnO_4$、H_2O_2、$KClO_3$、漂白粉等，常用还原剂有 Fe、Zn、Al、C、Fe（Ⅱ）、H_2SO_3、$NaBH_4$、CO、H_2S 等。

氧化还原法的工艺过程及设备比较简单，通常只需一个反应池，投药混合并发生反应即可。

例如电镀工业的含铬废水主要为含极毒的六价铬，加入硫酸亚铁等还原剂后，六价铬即被还原成三价铬，然后投加石灰，使 pH=7.5～9.0，生成难溶于水的氢氧化铬沉淀。硫酸亚铁投加量与废水含铬浓度有关，生产上控制 Cr^{6+} ∶ $FeSO_4 \cdot 7H_2O$ =1∶50～1∶16（质量比）。投加 $FeSO_4 \cdot 7H_2O$ 后搅拌 10～15 min 再投石灰，继续搅拌 15～30 min，然后沉淀 1.5～2.0 h，废水即得到澄清。

(4) 化学沉淀。化学沉淀法是向水中投加某些化学药剂，使之与废水中溶解性物质发生化学反应，生成难溶化合物，然后进行固液分离，从而除去废水中污染物的方法。化学沉淀法通常在给水处理中用于去除钙、镁硬度，废水处理中用于去除重金属 Zn、Cd、Cr、Pb、Cu 等和某些非金属 As、F 等污染物。

化学沉淀法的工艺流程和设备与混凝法相类似，一般步骤为化学沉淀剂的配制与投加，沉淀剂与原水混合、反应，固液分离，泥渣处理与利用。

根据采用的沉淀剂及反应中所生成的生成物不同，可将化学沉淀法分为氢氧化物沉淀法、硫化物沉淀法、钡盐沉淀法、碳酸盐沉淀法和铁氧体沉淀法等。

(5) 消毒。消毒是利用物理法和化学法杀灭废水中的病原微生物如细菌类、病毒类、原生动物类以及寄生虫类，防止疾病扩散，保护公用水体的过程。

消毒与灭菌不同，消毒是对有害微生物的杀灭过程，而灭菌是杀灭或去除一切活的细菌或其他微生物以及它们的芽孢。

消毒分为化学法消毒与物理法消毒两大类。化学法消毒是通过向水中投加化学消毒剂来实现消毒，在污水消毒处理中采用的主要化学消毒方法有氯化法、臭氧消毒法、二氧化氯消毒法等。物理法消毒是应用热、光波、电子流等来实现消毒作用的方法。在水的消毒处理中，采用或研究的物理消毒方法有加热消毒、紫外线消毒、辐射消毒、高压静电消毒以及微电解消毒等方法。

(6) 电解。电解法就是利用电解的基本原理，在废水中插入直流的电极，废水中的污染物在阳极被氧化，在阴极上被还原，使离子电荷中和，转化为无害成分被分离出去。这种在阳、阴两极上分别发生氧化反应和还原反应，从而使某些污染物转化为无害物质以实现污水净化的方法称为电解法。电解法按照去除对象以及产生的电化学作用来区分，可分为电解氧化、电解还原、电解气浮、电解凝聚等方法。

电解法广泛用于处理含氰、含铬、含镉的电镀废水，以及含各种无机和有机的耗氧物质，如硫化物、氨、酚、油、有色物质、致病微生物等。电解过程的影响因素有电极材料、槽电压、电流密度、污水的 pH 值、搅拌的作用等。

5.3.2.3 物理化学处理法

物理化学处理法利用物理化学作用来处理或回收废水中的溶解性物质或胶体物质，回收有用组分，使废水得到深度净化。适合于处理杂质浓度很高的废水（用做回收利用的方法），或是浓度很低的废水（用做废水深度处理）。处理废水前一般要经过预处理，以减少废水中的悬浮物、油类、有害气体等杂质，或调整废水的 pH 值，以提高回收率，减少损耗，浓缩的残渣要经过后处理以避免二次污染。

物理化学处理法包括气浮、吸附、离子交换、膜分离法、萃取、吹脱等方法。

（1）气浮。气浮亦称浮选法，利用高度分散的微小气泡作为载体去除黏附废水中的污染物，使低密度固体物质上浮到水面，实现固液或液液分离的过程。适用于分离水中的细小悬浮物、藻类及微絮体；回收工业废水中的有用物质；分离回收含油废水中的悬浮油和乳化油；分离回收以分子或离子状态存在的目的物质如表面活性剂和金属离子等。

气浮法是根据表面张力的作用原理，当液体和空气相接触时，在接触面上的液体分子与液体内部液体分子的引力使之趋向于被拉向液体的内部，引起液体表面收缩至最小，使得液珠总是呈圆球形存在。这种企图缩小表面积的力，称之为表面张力，其单位为 N/m。将空气注入废水时，与废水中存在的细小颗粒物质共同组成三相系统。细小颗粒黏附到气泡上时，使气泡界面发生变化，引起界面能的变化。

（2）吸附。吸附法处理废水是利用一种多孔性固体材料（吸附剂）的表面来吸附水中的溶解污染物、有机污染物等（称为溶质或吸附质），以回收或去除它们，使废水得以净化。吸附法用以脱除水中的微量污染物，包括脱色、除臭，脱除重金属、各种溶解性有机物、放射性元素等，多用于给水处理。在处理流程中，吸附法可作为离子交换、膜分离等方法的预处理，以去除有机物、胶体物及余氯等；也可以作为二级处理后的深度处理手段，以保证回收用水的质量。吸附剂有活性炭、活化煤、白土、硅藻土、活性氧化铝、焦炭、树脂吸附剂、炉渣、木屑、煤灰等。吸附法适应范围广、处理效果好、可回收有用物料、吸附剂可重复使用等优点，但对进水预处理要求较高，运转费用较贵，系统庞大，操作较麻烦。

吸附的基本原理是溶质从水中移向固体颗粒表面发生吸附，是水、溶质和固体颗粒三者相互作用的结果。引起吸附的主要原因在于溶质对水的疏水特性和溶质对固体颗粒的高度亲和力。溶质的溶解程度是确定第一种原因的重要因素。溶质的溶解度越大，则向吸附界面运动的可能性越小。相反，溶质的疏水性越大，向吸附界面移动的可能性越大。吸附作用的第二种原因主要由溶质与吸附剂之间的静电引力、范德华引力或化学键力所引起。由此相对应吸附分为交换吸附、物理吸附和化学吸附三种类型。

（3）离子交换。离子交换法是利用离子交换树脂进行物理处理而使水质净化的方法。离子交换树脂是带有可交换阳离子的阳离子交换树脂和带有可交换阴离子的阴离子交换树脂的交换剂。它具有一定的空间网络结构，在与废水溶液接触时，就与溶液中的离子进行交换，不溶性固体骨架在这一交换过程中不发生任何化学变化。离子交换法在工业上首先用于给水处理，如硬水的软化、脱碱除盐、去硅除氟、制备纯水等。在工业废水处理中，此法可用于回收和去除工业废水中金、镍、镉、铜、铬等；用于去除原子能工业废水中的放射性同位素；还能去除污水中磷酸、硝酸、氨、有机物等。

离子交换法对污水的预处理要求较高，应用范围较窄，且离子交换剂的再生及再生液的处理有时也是一个难以解决的问题。此法具有离子去除效率高、设备较简单、操作易控制、离子交换树脂可以合成等优点。

（4）膜分离法。膜分离法是利用一种特殊的膜，对液体中的某些成分进行选择性透过的方法的统称。溶剂透过膜的过程称为渗透，溶质透过膜的过程称为渗析。常用的膜分离方法有电渗析、反渗透、超滤、自然渗析和液膜技术。膜分离技术在水和废水处理、化工、医疗、轻工、生化等领域得到了大量的应用。

1）电渗析。电渗析是在直流电作用下，利用离子交换膜对溶液中阴、阳离子的选择透过性即阳离子只能穿过阳离子交换膜，而被阴离子膜所阻，同样，阴离子能穿过阴离子交换膜，而被阳离子膜所阻，而使溶液中的溶质与水分离的一种物理化学过程。

此方法应用在环保方面进行废水处理已取得良好的效果。但是由于耗电量很高，多数还仅限于在以回收为目的的情况下使用。

2）反渗透法。反渗透是利用半渗透膜进行分子过滤来处理废水的一种新的方法，又称膜分离技术。通过一张平透膜，在一定的压力下，将水分子压过去，而溶质则被膜所截留，废水得到浓缩，而压过膜的水就是处理过的水。反渗透膜是实行反渗膜分离的关键。反渗膜是一类具有不带电荷的亲水性基团的膜。膜材料主要有醋酸纤维膜、芳香族聚酰胺膜。

利用它可以除去水中比水分子大的溶解固体、溶解性有机物和胶状物质。近年来应用范围在不断扩大，多用于海水淡化、高纯水制造及苦咸水淡化等方面。

3）超滤。超滤也称过滤法，是利用半透膜对溶质分子大小的选择透过性而进行的膜分离过程。超过滤法所需的压力较低，一般为 0.1～0.5 MPa，而反渗透的操作压力则为 2～10 MPa。因化工废水中含有各种各样的溶质物质，所以只采用单一的超滤方法，不可能去除不同分子量的各类溶质，一般多是与反渗透法联合使用，或者与其他处理法联合使用，多用于物料浓缩。

（5）萃取。萃取法是向废水中投加一种与水互不相溶，但能良好溶解污染物的溶剂，使其与废水充分混合接触，使废水中污染物溶于溶剂中，然后分离废水和溶剂，即可使废水得到净化。再利用溶质与溶剂的沸点差将溶质蒸馏回收，再生后的溶剂可循环使用。使用的溶剂叫萃取剂，萃取后的溶剂称为萃取液，提出的物质叫萃取物。萃取法具有处理水量大，设备简单，便于自动控制，操作安全、快速、成本低等优点，因而该法具有广阔的应用前景。

萃取工艺包括混合、分离和回收三个主要工序。根据萃取剂与废水的接触方式不同，萃取操作有间歇式和连续式两种。其中间歇萃取的工艺及计算与间歇吸附相同。连续逆流萃取设备常用的有填料塔、筛板塔、脉冲塔、转盘塔和离心萃取机。

（6）吹脱。吹脱法是将气体通入废水中，使其与废水充分接触，使废水中的溶解气体和易挥发的溶质便穿过气液界面吹入大气中，从而达到脱除溶解气体（污染物）的目的。若把解吸的污染物收集，可以将其回收或制取新产品。吹脱法常用于去除污水中含有的有毒、有害的溶解气体 CO_2、H_2S、HCN 等。

吹脱设备有吹脱池和吹脱塔（内装填料或筛板）等。吹脱池有自然吹脱池与强化吹脱池两种。前者是依靠池面液体与空气自然接触而脱除溶解气体的，它适用于溶解气体极易挥发、水温较高、风速较大、有开阔地段和不产生二次污染的场合。若向池内鼓入空气或在池面上安装喷水管，则构成强化吹脱池。吹脱塔采用塔式装置吹脱效率较高，有利于回收有用气体，防止二次污染。在塔内设置栅板或瓷环填料或筛板，以促进气液两相的混合，增加传质面积。

填料塔的主要特征是在塔内装置一定高度的填料层，污水由塔顶往下喷淋，空气由鼓风机从塔底送入，在塔内逆流接触，进行吹脱与氧化。污水吹脱后从塔底经水封管排出。自塔顶排出的气体可进行回收或进一步处理。工艺流程如图 5—2 所示。

影响吹脱的主要因素有温度、气液比、不同的 pH 值油类物质等。

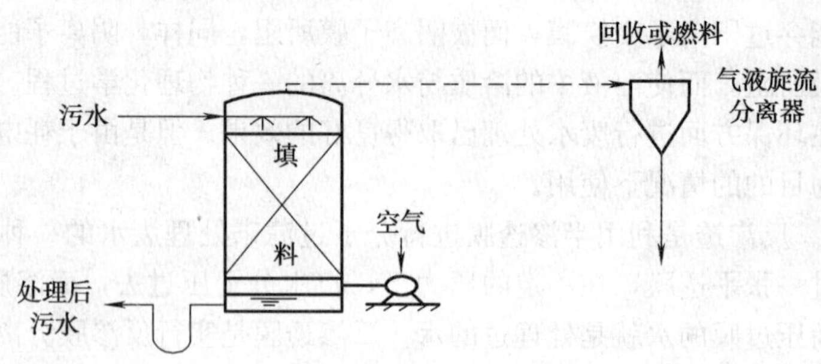

图 5—2　填料吹脱塔工艺流程

5.3.2.4　生物处理法

生物处理法就是利用微生物的生物化学作用，来氧化废水中呈溶解和胶体状态的有机污染物和某些无机物，并转化为无害的物质，使废水得以净化。生物处理法的工艺根据参与的微生物种类和供氧情况分为好氧处理法、厌氧处理法两种。

水体中的微生物种类很多，不同的微生物在不同的条件下，对有机物的转化产物不同，见表 5—1。

表 5—1　　**不同微生物分解产物的情况**

有机物中基本元素	C	H	N	S	P
好氧菌	CO_2、CO_3^{2-}、HCO_3^-	H_2O	NO_3^-、NO_2^-	SO_4^{2-}、HSO_4^-	PO_4^{3-}、HPO_4^{2-}、$H_2PO_4^-$
厌氧菌	CH_4	CH_4	NH_4^+、NH_3	H_2S、HS^-、S^{2-}	PH_3

由表 5—1 可以看出，微生物种群不同，在生成的产物不同。在好氧生化处理中，有机物分别转化成 CO_2、H_2O、NO_3^-、SO_4^{2-}、HSO_4^-、PO_4^{3-}、HPO_4^{2-}、$H_2PO_4^-$ 等，基本无害；在厌氧生化处理中，有机物先被转化成中间的有机物（如有机酸、醇类等）以及 CO_2、H_2O，其中有机酸又被甲烷菌继续分解，最终产物为 CH_4、NH_3、H_2S、PH_3 等，产物复杂，有异味。

采用厌氧法处理污水，需要的时间较长，处理水发黑，有臭味，出水 BOD 浓度仍然很高，所需的处理设备很庞大，一般污水有机物浓度超过 1%（约为 10 000 mg/L）采用厌氧生化处理。好氧生化处理则多用于处理有机污染物浓度较低或适中的污水。究竟采用哪种方法，应视具体情况而定。

(1) 好氧处理。好氧处理法是向污水中通入大量空气，促使好氧和兼性微生物大量繁殖。利用好氧微生物分解有机物，实现废水处理的目的。主要有活性污泥法、生物膜法、氧化塘法和污水灌溉等。

1) 活性污泥法。将空气连续鼓入曝气池的废水中，经过一段时间，由于污水中微生物的生长和繁殖，将逐渐形成带褐色的污泥状絮凝体，即活性污泥。它是一种好氧性微生物的活性污泥，它能吸附和分解废水中的有机物，并以有机物为养料使微生物获得能量并不断增殖。如图 5—3 所示，废水进入曝气池与池内活性污泥混合成混合液，并在池内充分曝气。一方面使活性污泥处于悬浮状态，废水与活性污泥供氧，保持好氧条件，保证微生物的正常生长与繁殖。废水中的有机物在曝气池内被活性污泥吸附、吸收和氧化分解后，混合液进入二次沉淀池，进行固液分离，净化废水排出。大部分二次沉淀池的沉淀污泥回流入曝气池进口，与进入曝气池的废水混合。污泥回流的目的是使曝气池内保持足够数量的活性污泥。

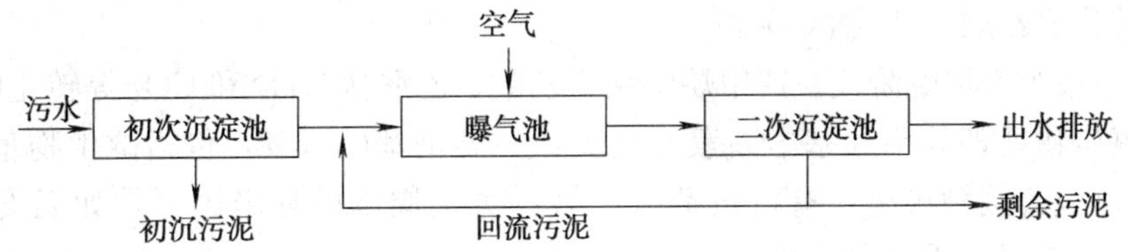

图 5—3 活性污泥法的基本流程

活性污泥法的三个必备条件是向微生物提供充足的溶解氧和适当浓度的有机物 N 和 P（作氧料）；微生物和有机物需要充分搅拌，即应有搅拌设备；活性污泥易与水分离，改善出水水质。常用的曝气方法有两种：一是用压缩机加注空气；二是借机械搅拌作用，使空气中的氧气溶于水中。曝气在曝气池中进行，曝气池一般有两种类型：推流式和完全混合式。

2）生物膜法。生物膜法是模拟土壤的自净过程所创造的一种人工生物处理方法。它是使污水流过生长在填料（碎石、炉渣、塑料蜂窝等）表面上的生物膜，废水与生物膜接触，进行固液相的物质交换，利用生物氧化作用和各相间的物质交换，降解废水中有机污染物的方法。同时生物膜内微生物不断生长与繁殖，生物膜具有生物化学活性，又进一步吸附、分解废水中呈悬浮、胶体和溶解状态的污染物。为了保持好气性生物膜的活性，除提供废水营养物外，还应创造一个好的好氧条件，即向生物膜供氧。目前，主要有生物滤池、生物转盘、生物接乏氧化法及生物硫化床等。

普通生物滤池的工作原理是废水通过布水器均匀地分布在滤池表面，滤池中装满滤料，废水沿滤料向下流动，到池底进入集水沟、排水渠并流出池外。在滤料表面覆盖着一层黏膜，在黏膜上长着各种各样的微生物，这层膜被称为生物膜。生物滤池的工作实质，主要靠滤料表面的生物膜对废水中有机物的吸附氧化作用。

生物滤池的种类有普通生物滤池、高负荷生物滤池、塔式滤池等。

生物膜法的特点是生物的这种渐进式更新和大块脱落，使出水既带大块脱落物质，又有碎片，所以出水浑浊，需沉淀池沉淀处理。另外，稠密的厚层生物膜结构使有机物和氧气的扩散较为困难，要取得满意的处理效果，需使水中保持较高的溶解氧。

3）氧化塘法。与天然水体自净作用相似，废水在池塘中长时间停留（2～10 天）会被水中微生物逐渐分解而得到处理。

4）污水灌溉（土地处理系统）。污水在灌溉过程中，受到土壤的过滤、吸附及生物氧化作用而得到处理。同时污水中的氮、磷、钾则被植物吸收利用。利用生活污水灌溉效果好，而对工业废水则应慎重。

（2）厌氧处理。厌氧处理法是指在无氧的条件下，通过厌氧微生物或兼氧微生物的作用，将废水中的有机物分解转化为甲烷和二氧化碳的过程。厌氧过程主要依靠水解产酸细菌、产氢产乙酸细菌和产甲烷细菌三大类群细菌的联合作用完成。适于处理高浓度有机污水。

1）第一阶段为水解酸化阶段。复杂大分子、不溶性有机物先在细菌外酶的作用下水解为小分子、溶解性有机物，然后渗入细胞体内，分解产生挥发性有机酸、醇类、醛类等。这个阶段主要产生较高级脂肪酸。

2）第二阶段为产氢产乙酸阶段。在产氢产乙酸细菌的作用下，第一阶段产生的各种有机酸被分解转化成乙酸、H_2 和 CO_2。

3）第三阶段为产甲烷阶段。产甲烷细菌将乙酸、乙酸盐、H_2 和 CO_2 等转化成为甲烷。

控制厌氧生物处理效率的基本因素有两类：一类是基础因素，包括微生物量（污泥浓度）、营养比、混合接触状况、有机负荷等；另一类是周围的环境因素，如温度、pH 值、氧化还原电位、有毒物质的含量等。

厌氧生化法的设备主要有普通污水消化池、厌氧接触工艺、厌氧生物滤池、升流式厌氧污泥床反应器、厌氧硫化床反应器等。由于各种厌氧生物处理工艺和设备各有优缺点，究竟采用什么样的反应器以及如何组合，要根据具体的废水水质及处理需要达到的要求而定。

厌氧生化法的应用范围广，能耗低，负荷高，剩余污泥少，效果可达 80%～90%。费用少，甲烷可做燃料。但是，厌氧生化法在分解过程中产生硫化氢、磷化氢等毒气和硫离子，使水呈黑色并有恶臭味，特别适宜于处理城市废水处理厂的污泥和高浓度有机工业废水。

（3）生物处理法的新发展。目前，活性污泥法技术、应用范围有了不少新进展，如利用活性污泥法脱氮、除磷、处理无机氰化物及无机硫化物，与化学法联用去除难降解的有机化合物等。20 世纪 50 年代出现氧化沟技术，并在最近 30 年来得到广泛应用，20 世纪 70 年代又开发了生物吸附氧化法（即 AB 法）及纯氧曝气法。近年来，国内外又开发了序批式活性污泥法（SBR 法）等。此外，还有向曝气池投加粉末活性炭以改善处理效果的粉末海参性污泥法（PACT 法），以及利用射流曝气器以改善充氧效果的射流曝气工艺等。

1）A/O 法。即缺氧/好氧生物脱氮工艺，其功能是去除有机物和脱氮。对生化需氧量（BOD_5）和悬浮物（SS）的总处理效率为 90%～95%，对总氮的处理效率为 70%以上。其流程如图 5—4 所示。

2）AB 法。生物降解活性污泥法工艺流程的主要特点是不设初沉池，由 A、B 两段活性污泥系统串联运行，并各自有独立的污泥回流系统，如图 5—5 所示。AB 法工艺对 BOD_5 和 SS 的处理效率均可达 90%～95%，对 N、P 的去除率取决于 B 段采用的工艺。该工艺适合于进水浓度高的城市污水处理厂。

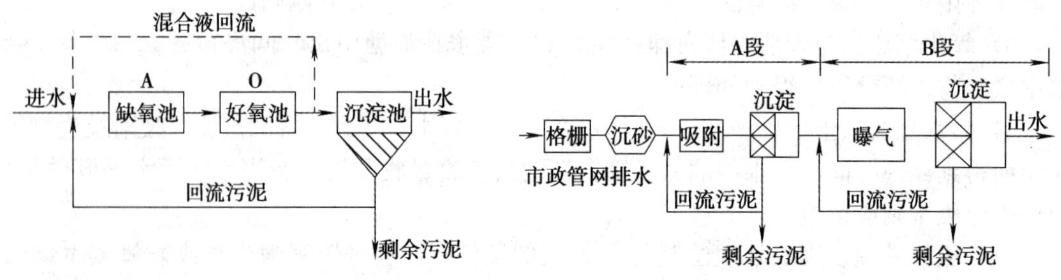

图 5—4　A/O 法生物脱氮流程

图 5—5　AB 法工艺流程

3）间歇式活性污泥法。间歇式活性污泥法（简称 SBR 活性污泥法），也称序批式活性污泥法。其工艺流程如图 5—6 所示。原污水流入到间歇式曝气池，按照时间顺序依次实现进水—反应—沉淀—出水—等机（闲置）五个基本过程组成的处理周期，并周而复始反复进行。SBR 工艺同时具有均匀水量水质、曝气氧化、沉淀排水三种功能。

4）氧化沟活性污泥法。按照污水流态来分，又称循环混合式活性污泥法。氧化沟一般用延时曝气，并增加了脱氮功能，所以同时具有去除 BOD_5 和脱氮的功能，如图 5—7 所示。氧化沟对 BOD_5 和 SS 的处理效率均在 95 %以上，对总氮为 70%～80%。

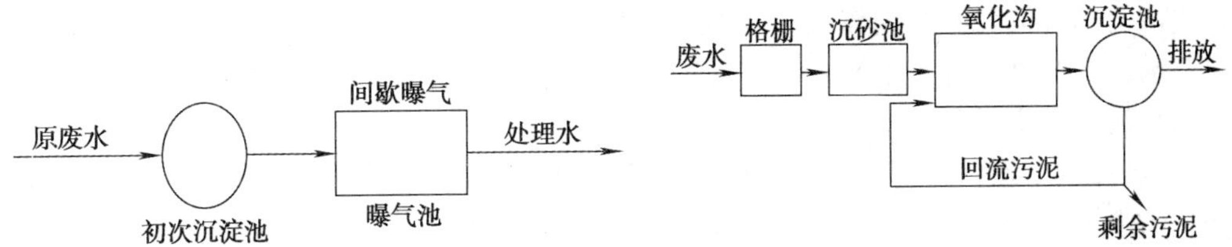

图 5—6　间歇式活性污泥法工艺流程　　图 5—7　氧化沟污水处理工艺流程

（4）废水处理流程。废水处理流程主要取决于废水的水质特征、处理后水的去向。废水的水质特征表现为废水中所含污染物的种类、形态及浓度，它直接影响到废水处理程度和处理流程。

废水处理系统可分一级处理、二级处理、深度处理等不同阶段。一级处理只去除水中呈悬浮状态的污染物。大部分物理法用于一级处理。二级处理是大幅度去除废水中呈胶体和溶解状态的有机污染物。生物法用于二级处理。通过二级处理一般废水均能达到排放标准。

深度处理是进一步去除废水中的悬浮物质、无机盐类及其他污染物质，以便达到工业用水或城市用水所要求的水质标准。

5.3.3　污泥的处理

5.3.3.1　污泥的处理

在城市污水和工业废水处理过程中产生了很多沉淀物与漂浮物，即污泥。污泥的成分非常复杂，不仅含有很多有毒物质如病原微生物、寄生虫卵和重金属离子等，也可能含有可利用的物质，如植物营养素、氮、磷、钾、有机物等。这些污泥若不加以妥善处理，就会造成二次污染。所以污泥在排入环境之前必须予以充分重视。

（1）污泥的浓缩。污泥浓缩的目的是使得污泥初步脱水，增加固态物含量的过程，减少后续污泥处理单元（泵、消化池、脱水设备）所处理污泥体积。固态物含量为 3%～8%的污泥经浓缩后体积可减少 50%。污泥浓缩的方法有重力沉淀、浮选、离心等。

（2）污泥的脱水与干化。污泥脱水的主要目的是减少污泥中的水分。脱水可去除污泥异味，使污泥成为非腐败性物质。脱水方法主要有加压过滤、离心过滤等。从二次沉淀池排出的剩余污泥含水率高达 99%～99.5%，污泥体积大，堆放和运输都不方便。污泥的脱水、干化是污泥处理方法中较为重要的环节。

（3）污泥的稳定。污泥稳定的目的是减少病原体，去除引起异味的物质，抑制、减少并去除可能导致腐化的物质。污泥稳定过程一般包括厌氧消化、好氧消化、化学（石灰、杀菌剂）稳定和混合等。

1）污泥的厌氧消化。将污泥置于密闭的消化池中，利用厌氧微生物的作用，使有机物分解，这种有机物厌氧分解的过程称为发酵。由于发酵的最终产物是沼气，污泥消化池又称沼气池。当沼气池温度为 30～35℃时，正常情况下 1 m^3 污泥可产生沼气 10～15 m^3，其中甲烷含量大约为 50%左右。沼气可用做燃料和提取甲烷等。污泥厌氧消化处理工艺的运行管理要求较高，处理构筑物要求密封、容积大、数量多而且复杂，所以认为污泥厌氧消化法适用于大型污水处理厂污泥量比较大、回收沼气量多的情况。

2）污泥好氧消化。是在污泥处理系统中曝气供氧，利用好氧和兼性菌，分解生物可降解有机物（污泥）及细菌原生质，并从中获得能量。污泥好氧消化法设备简单、运行管理比较方便，但运行能耗及费用较大，适用于小型污水处理厂，即污泥量不大、沼气回收量小的情况。当污泥受到工业废水影响，进行厌氧处理有困难时，也可采用好氧消化法。

（4）污泥的干燥与焚烧

1）污泥的干燥。污泥经脱水干化后，采用加热干燥法，在300～400℃的高温下将含水率降至10%～15%。这样既缩小了体积，便于包装运输，又不破坏肥分，还杀灭了病原菌和寄生虫卵，有利于卫生。用于污泥干燥的设备，有回转炉和快速干燥器等。

2）污泥焚烧。污泥焚烧可将污泥中的水分全部除去，有机成分完全无机化，最后残留物减至最小。此法的成本较高，只有在别无他法可施时予以考虑。此外还有一种湿法燃烧法，是在高温高压下，用空气将湿污泥中的有机物氧化，无须进行脱水干化。在固体废物处理中也常采用焚烧的方法。

含有机物多的污泥经脱水及消化处理后，可用做农田肥料；当污泥中含有有毒物质，不宜做肥料时，应采用焚烧法进行彻底无害化处理、填埋或筑路。

5.3.3.2　污泥的利用

污泥中含有许多有用物质，充分利用则能化害为利，这是最积极的污泥的处理。

（1）用做农肥。污泥经过浓缩消化后可直接用做农肥，有显著肥效，但其中重金属离子等有害物质的含量应在允许范围内。

（2）制取沼气。污泥经过厌氧发酵产生沼气，可做能源使用，也可提取四氯化碳或用做其他化工原料。

（3）制造建筑材料。某些工业废水中的污泥和沉渣中的一些成分可用做建筑材料，如污泥焚烧后掺加黏土和硅砂制砖，或在活性污泥中加进木屑、玻璃纤维后压制成板材；以无机物为主要成分的沉渣可用于铺路和填坑等。

此外，污泥的蛋白质部分可制饲料，或从中提取维生素 B_{12}、胡萝卜素、硫胺、烟酸等化学药物，甚至可用河底淤泥制作工艺品。

5.4　海洋保护

5.4.1　海洋污染

“海洋”是一种泛称，海洋是地球上水体的中心，占地球表面的2/3，有太平洋、大西洋、印度洋和北冰洋。海是洋与陆地连接的部位。海洋环境通常包括海洋上方的大气、海洋水体（海水、海洋生物及海洋底质）以及海底矿藏。渤海、黄海、东海、南海都是北太平洋西部的陆缘海，统称中国近海。四海相连，总面积 4.727×10^6 km²，其中渤海面积为 7.7×10^4 km²，黄海为 3.8×10^5 km²，东海为 7.7×10^5 km²，南海为 3.5×10^6 km²。

5.4.1.1　海洋资源

海洋总面积为 3.6×10^{12} km² 的海洋，是地球陆地面积的2倍多，是地球上富饶而远未开发的资源宝库。海洋资源是指来源、形成和存在方式均直接与海水或海洋有关的资源。海洋资源包括可提取各种化学元素和制取淡水的海水资源，鱼类、药用植物、经济藻类等海洋生物资源，石油、天然气和锰结核等海底矿产资源，潮汐能、波浪能等海洋能源，可建海底居所、仓库等海洋空间资源，海运资源、海洋自净能力、海洋旅游资源等。海洋环境通过自身的物理过程、化学过程、生物过程而使污染物的浓度、毒性降低乃至消失的能力，称为海洋环境自净能力。海洋环境的自净能力也是一种资源。

例如海水中溶解有大量的各种物质，是食盐的重要来源，1 km^3 的海水中含氯化钠（NaCl）超过 2.7×10^7 t、氯化镁（$MgCl_2$）3.2×10^6 t、碳酸镁（$MgCO_3$）2.2×10^6 t 和硫酸镁（$MgSO_4$）1.2×10^6 t。“海洋元素”溴 99%都在海洋里，总储量达 1×10^{14} t。海水中还含有贵重金属，以及放射性元素铀等。海洋的富有（丰富的资源、博大的空间），吸引人们把生产和生活空间向海上推进。海洋开发有着广阔的前景，科学家们预言 21 世纪将是海洋的世纪。

5.4.1.2 海洋污染

中国近岸海域主要污染指标是无机氮、活性磷酸盐与重金属。环境状况公报报道近岸海域水体污染严重，局部海域环境质量呈恶化趋势。因水质污染和过度捕捞，近海生物资源下降，近海海水养殖自身污染严重。

渤海污染严重，主要污染指标为无机氮、活性磷酸盐、石油类和铅，渤海生态系统退化，生物和渔业资源衰退，鱼类群落生物多样性指数大大下降，经济鱼类低龄化、个体化、生长周期缩短。黄海污染总体较轻，主要污染指标为无机氮、活性磷酸盐和铅，胶州湾和大连湾无机氮分别超三类和二类标准。东海污染严重，主要污染指标为无机氮、活性磷酸盐、铅和汞。南海水质较好，局部污染严重，主要污染指标为无机氮、活性磷酸盐和铅。珠江口海域污染突出。

海洋污染赤潮为最多而严重，溢油次之。

5.4.1.3 海洋污染的危害

（1）对水产资源的危害严重。我国海域辽阔、水产资源丰富，渔业生产与人民生活密切相关，是国民经济不可缺少的重要组成部分。随着沿海地区人口增长，工农业及海上运输业的发展，造成近海环境污染，使海洋水产资源受到不同程度的影响和损害。例如渤海海域的三大湾——辽东湾、渤海湾、莱州湾，是经济鱼虾类最重要的产卵场、索饵场和高幼场，由于污染严重，如今这里的渔业资源几乎遭到毁灭性破坏，对虾、底栖生物、银鱼、河蟹、毛蚶面临绝迹。回游性鱼虾产卵场、滩涂贝类、鱼虾类等水产资源也都受到损害或破坏。

（2）对人体健康的危害较大。海洋环境污染对人体健康的影响，主要是污染物通过食物链迁移、转化、富集进入人体，直接危害人体健康。食用带石油味的鱼虾后，轻者恶心，重者呕吐、腹泻。据调查沿海渔民头发中汞、铅、镉等的含量均高于相应地区的农民，其中以汞最为显著。渤、黄海沿岸渔民恶性肿瘤死亡率高于全国普查的恶性肿瘤死亡率，渔民恶性肿瘤死亡率的前 3 位是胃癌、肝癌、食道癌。

（3）对旅游资源的危害不容忽视。滨海旅游吸引了大量的游客，带来了可观的经济效益。石油污染造成海面飘浮的大量油膜或油块，随海流飘至海岸区域，黏附在潮间带各种物体上，渗透于砂砾之间，污染了海水滩面、礁石、海岸堤坝和海上游乐设施等，破坏了海滨环境，降低了海滨旅游价值。另外大肠菌群数超标和富营养化使海水浴场的水质降低，不符合国家规定的海水浴场的水质标准，对在海水浴场游泳的人群必将造成不良影响。

此外，捕捞过度导致渔业资源衰退，滩涂不合理开发及乱砍滥伐红树林造成海域生态破坏。

5.4.1.4　中国海洋资源的开发

中国对海洋资源的开发与管理基本上是根据海洋自然资源属性形成开发产业，现已形成的海洋资源开发利用行业主要有海洋渔业、海洋水产养殖业、海洋交通运输业、海盐和盐化工业、海洋油气业、滨海旅游业、滨海砂矿，以及海水直接利用等。中国的海盐产量居世界第一，海洋捕捞、海水养殖步入世界大国行列，中国已与许多国家和地区石油公司合作勘探开发海洋石油资源，中国港口建设和海运事业发展迅速，中国的滨海城市气候宜人，景观秀丽，有丰富的旅游资源，海洋能资源的开发出取得了明显的成果。

尽管如此，中国海洋资源开发利用还存在着行业部门管理的狭隘，急需综合考虑从整体上优化开发利用规划，使得海洋的综合优势和潜力有效地发挥出来。海洋资源开发与保护的政策、法规绝大多数是单行法规，缺乏能调节行业矛盾的综合性管理法规、区域性管理法规和海洋基本法。有的法规不配套、不系统。另外，海洋资源可持续利用的观念淡薄，强调经济增长速度，而忽视了合理开发和保护，也没考虑到海洋资源的培育和增殖。

5.4.2　海洋保护

海洋保护是以预防为主、源头及全过程控制为主；积极推行清洁生产，促进经济增长方式的转变；严格控制新污染源，减少陆源及海上污染源的排放量，促进经济与海洋环境协调发展。

5.4.2.1　海洋保护的基本原则

(1) 以经济建设为中心，坚持可持续发展战略。以经济发展为中心，以资源、环境可持续利用为基础，综合防治对策必须有利于促进经济与环境协调发展，经济建设开发强度不能超过资源、环境承载力。

(2) 近岸海域与滨海地区相互依存、相互制约，组成一个复合生态系统。综合防治就是要促进复合生态系统的良性循环。以生态理论为指导，根据近岸海域的生态特征和规律，调整和改善滨海陆域的生态结构，促进复合生态系统生态流协调稳定的运行。

(3) 以防为主，坚持源头控制原则。转变经济增长方式，推行清洁生产，加强生态建设。合理利用海洋环境自净能力，与人为措施相结合。按功能区实行总量控制与海域环境浓度控制相结合，全面规划、突出重点、系统分析、整体优化，制定海洋环境保护规划，污染防治与生态环境保护并重，技术措施与管理措施相结合。

海洋环境保护一般包括海洋环境调查评价、近岸海域环境功能区划、海洋环境保护战略目标及总量控制目标、海洋污染防治对策、海洋生态环境保护对策等内容。

5.4.2.2　产业结构调整

沿海地区和海洋经济产业结构不合理是造成海洋环境严重污染的主要原因之一。产业结构及工业结构指系统内部各部门、各行业等的比例关系，主要指农、轻、重的比例关系，第一、第二、第三产业的比例关系，高新技术产业、环保产业与其他产业的比例关系；工业结构包括各行业的比例关系，污染型工业与非污染型工业的比例关系，以及工业产品结构、原料结构、规模结构等。

产业结构调整的基本原则是要有利于促进经济增长方式的转变，建立低消耗、高效益的经济社会结构。要依靠科技进步，推行清洁生产，将产品推向绿色设计、绿色加工工艺、绿色产品的发展道路。突出重点，建立全面带动和促进海洋各行业发展的海洋主导产业，在全国经济、社会发展中，对缓解交通、能源、水资源紧张状态影响大，对解决就业贡献大的海洋产业，节能、节水、节地、耗原材料少、排污少和效益好的技术密集型产业，要贯彻可持续发展战略和国家的产业政策，促进开发与保护、发展与环境的良性循环，保证海洋资源的可持续利用。

5.4.2.3　优化排污口布局

不同海域的环境功能不同、扩散系数不同，而环境自净能力和最大纳污量也不同。依据海洋的这一特性首先改善工业布局，沿海地区的经济发展和近岸海域的环境污染是一个密切相关的经济—环境大系统。工业布局的不合理，是造成我国近岸海域污染的重要因素。应在全国各海域进行环境功能区划的基础上，对工业布局进行调整。一类、二类海区不应再建污染型工业企业，原有工业企业向一、二类海域排污的要逐步调整，削减排污量，排污量大、污染严重的应有计划地关停并转。另外，还要考虑污水的排放方式，若是集中排放方式，工厂的布局应便于污水的收集和集中排放。若是分散排放方式，工厂的布局可沿海岸线布设，以便于污染物分散排放入海。

排污口设置在不同地点，排放等量的污染物产生不同的效果。为了合理利用海洋环境的自净能力，要优化排污口分布、选择最佳排污口位置。一般排污口设置在海水交换活跃区。

5.4.2.4　总量控制

在海洋环境功能区划的基础上，对各海域环境功能区进行环境容量分析，确定出各环境功能区的最大纳污总量，作为各海域环境功能区的总量控制目标。各海域重点控制的主要污染物，如无机氮（或总氮）、总磷、COD、石油类、重金属等。总量控制目标直接与环境功能区的环境质量目标相联系，进入环境功能区的污染物总量不超过总量控制目标，各环境功能区的环境质量才能达到相应的环境质量标准。实现总量控制目标，将总量控制目标分配到污染源，对污染源进行源头控制、削减排污量，实现增产不增污或增产减污，达标排放，实现“一控、双达标”。

5.4.2.5　油污染和氮磷污染的防治

石油类是海洋环境的主要污染物，对陆地和海上污染源采取措施进行防治，建立海上重大污染事故应急体系，制订多层次的应急计划。国家应急计划是由国家环保部门会同交通部、国家海洋局及海军部门制定的，主要负责运油船舶、输油港口、海上石油开采等发生的重大溢油事故的处理。部门应急计划是由海上石油开发企业或作业者、港口、码头船舶的主管部门制定，主要负责处理平台、港口、码头和船舶小规模的溢油事故，并对大的溢油事故采取一切可能的减轻或控制措施。地方应急计划是由地方人民政府的环保部门、港务监督部门、渔业部门、海洋管理部门和当地驻军等共同制定的，负责处理影响本行政区近岸海域较大的溢油事故。此外，还应建立预警系统和高效快速的应急组织。

海洋的氮磷污染使海水富营养化。入海无机氮、总磷来自粪肥、化肥、生活污水，少量来自工业污染源，通过雨水地表径流、农田排水、水土流失等进入海洋。必须采取有力措施控制氮磷污染物进入海洋，才能有效地防止赤潮的频繁发生。

5.4.2.6　海洋生态环境保护对策

海洋生态环境保护的主要内容是保护海洋生物多样性，强化海洋生物资源管理，防止海洋生态环境退化，改善生态环境，维护海洋生态平衡，保证海洋资源永续利用，实现海洋资源可持续发展。

(1) 海洋生物多样性保护。为了保护生物多样性，保护海洋生态环境，中国将近百种水生动植物列为重点保护对象，规定了禁渔区和禁渔期，划定了以保护海洋珍稀动物和珍稀水产品为对象的自然保护区。包括海湾保护区、海岛保护区、河口海岸保护区、珊瑚礁保护区、红树林保护区、海洋自然遗迹保护区、海草床保护区和湿地保护区，同时加强海洋自然保护区建设。

(2) 合理利用海洋生物资源。在海洋渔业资源开发与保护的过程中，大力开发海洋养殖资源。巩固和提高现有优质品种的养殖水平，并积极开发新的养殖品种和高产低耗养殖技术；国家加强宏观调控，运用经济和法律手段促进合理开发海洋捕捞资源，支持开发潜在资源；进一步完善各类渔业法规，促进渔民参与渔业资源的可持续利用和保护行动，使渔业资源的利用与保护法制化，并大力开发远洋渔业，养护与开发公海生物资源。

(3) 海洋生态环境可持续发展。研究制定海洋生态环境建设规划，开展生态设计及生态建设研究，建立渤海生态示范区和其他重要海湾的可持续综合开发实验区，在南鹿列岛自然保护区内开展保护与开发协调发展实验，建设人与生物圈保护区。

本章小结

一、基本概念

水体、水体污染、水体净化、物理处理法、化学处理法、物理化学处理法、生物处理法

二、基本知识

1. 水体净化理论

(1) 物理净化　(2) 化学净化　(3) 生物净化　(4) 杀菌净化

2. 物理处理法

(1) 调节　(2) 筛滤　(3) 除油　(4) 沉淀　(5) 过滤　(6) 分离

3. 化学处理法

(1) 混凝　(2) 中和　(3) 氧化还原　(4) 化学沉淀　(5) 消毒　(6) 电解

4. 物理化学处理法

(1) 气浮　(2) 吸附　(3) 离子交换　(4) 膜分离法　(5) 萃取　(6) 吹脱

5. 生物处理法

(1) 好氧处理　(2) 厌氧处理　(3) 生物处理法的新发展

6. 污泥的处理

(1) 污泥的浓缩　(2) 污泥的脱水与干化　(3) 污泥的稳定　(4) 污泥的干燥与焚烧

7. 海洋保护的基本原则

练 习 题

一、选择题

1. 以下属于水的物理性指标的有________。

A. pH　　B. 重金属

C. 各种阴阳离子　　D. 温度

2. 以下不属于污水处理技术物理法的是________。

A. 重力分离　　B. 过滤法

C. 离心分离法　　D. 混凝

3. 导致日本“水俣病”的主要物质是________。

A. 甲苯　　B. 甲醛

C. 甲基汞　　D. 苯并芘

4. 一般污水处理厂中采用的活性污泥法，主要是去除________。

A. 酸　　B. 氮

C. BOD　　D. SS

5. 下列属于生物膜对污水的净化作用的有________。

A. 初生　　B. 成熟

C. 再生　　D. 衰退

二、填空题

1. 水体污染类型包括________、________、________。
2. 水体的自净作用原理有________、________、________、________。
3. 水的循环分为________ 和________两种。
4. 物理处理法包括________、________、________、________、过滤、分离等方法。
5. 海洋生态环境保护对策有________、________、________。

三、判断题

1. 水体的自净作用应包括物理作用、化学和物理化学作用及生物和生物化学作用三种。（　　）

2. 溶解氧量越少，表明水体污染的程度越轻。（　　）

3. 造成水质性缺水的主要原因是由于水资源分布不均所造成的。（　　）

4. COD是指用适当的氧化剂处理水样，需氧污染物所需要消耗的氧气量。（　　）

5. 废水处理的目的是利用各种技术措施将各种形态的污染物从废水中分离出来，或将其分解、转化为无害和稳定的物质，从而使废水得到净化。（　　）

四、简答题

1. 水和水体有什么区别？水污染和水体污染有什么区别？
2. 什么是水体的自净作用？
3. 水体污染源是怎样分类的？

4. 气浮法处理污水的原理是什么?

5. 物理化学处理和化学处理相比，在原理上有何不同？处理对象有何不同?

6. 哪些废水可采用生物处理？简述生物处理法的机理及生物处理法对废水水质的要求。如何利用微生物的特性处理工业废水?

7. 活性污泥法的基本概念和基本流程是什么?

8. 你认为造成南方城市出现水质性缺水的主要原因有哪些?

9. 海洋保护的基本原则是什么?

10. 结合实例分析家庭如何节水。

6 土壤污染与保护

本章学习目标

了解：土壤、湿地的概念，土壤污染的特点，土壤污染的危害、湿地的破坏。

熟悉：土壤的组成、特性，土壤污染类型，土壤污染源，土壤污染物，土壤自净作用机理，湿地的类型，湿地的生态效益。

掌握：土壤污染物的转化，控制污染源，防治土壤污染方法，湿地的保护方法。

6.1 土壤污染

土地是人类赖以生存的基础，是宝贵的自然资源。随着世界人口的快速增长，土壤作为自然资源正承受着越来越大的压力。随着工业生产规模和乡镇城市化的快速发展，农用耕地的面积正在以惊人的速度锐减，同时为了提高农产品的产量，人们过多地施用化肥、农药和污泥、垃圾等物质，使土壤生态系统遭到破坏，农产品质量下降。此外，大气中气态和颗粒污染物以湿沉降或干沉降的方式污染土壤，用污水灌溉农田，地表径流都会导致土壤污染。

6.1.1 土壤

6.1.1.1 土壤

土壤是指地球陆地表面具有一定肥力且能生长作物的疏松表层，它是由岩石风化以及大气、水，特别是动植物和微生物对地壳表层长期作用而形成的。土壤介于大气圈、岩石圈、水圈和生物圈之间，是环境的独特组成部分。

6.1.1.2 土壤的组成

土壤是由固相、液相和气相物质组成的复杂体系。土壤固相物质包括矿物质和有机物两大部分。土壤矿物质是土壤物质组成的主体部分，主要包括原生矿物和次生矿物。原生矿物是指直接来源于岩石，在岩石的物理风化中形成的矿物部分；次生矿物则是岩石化学风化和成土过程中新形成的矿物质，如各种矿物盐类、铁、铝氧化物类和黏土矿物成分等。不同土壤类型或同一土壤类型的不同层次中，固相物质的组成种类、数量都不尽相同。有机物又可分为有机质和活性有机体两种。有机质主要是大分子有机物——腐殖质，集中分布在土壤表层，其数量比例虽不大，但它是土壤环境的重要物质成分。此外还有处于未分解或半分解状态的有机残体和可溶性简单有机化合物。活性有机体是指种类繁多、数量巨大的土壤微生物和土壤动物。土壤液相物质包括土壤溶液、水及其溶解物等；土壤气相物质包括 N_2、O_2、CO_2、水汽等，与大气成分相同。土壤溶液（液相）和土壤空气（气相）的状况通常取决于土壤团聚体结构和土壤质地。

6.1.2 土壤的特性

6.1.2.1 土壤的物理性质

土壤作为人类社会赖以生存和发展的重要自然资源，其最基本的特性之一就是具有肥力。所谓土壤肥力，是指土壤具有连续不断地供给植物生长发育所需要的水分、营养元素以及协调土壤空气和温度等环境条件的能力。按其产生的原因，可将土壤肥力分为自然肥力和人工肥力。自然肥力是在自然成土因素如生物、气候、母质、地形地貌、水文和时间等共同作用下形成的肥力；人工肥力则是在人为活动如种植、耕作、施肥、灌溉和土壤改良措施等影响下产生的肥力。土壤还具有同化和代谢外界输入物质的能力，亦即土壤的净化能力。它能消纳部分污染物质，减少对土壤环境的污染。

6.1.2.2 土壤的胶体性质

土壤胶体是土壤固体颗粒物中最细小的具有胶体性质的微粒。土壤中含有的无机胶体包括黏土矿物和铁、铝、硅等水合氧化物，有机胶体主要是腐殖质以及少量生物活动产生的有机物和有机—无机复合胶体。腐殖质作为土壤有机胶体，具有吸收性能、缓冲性能以及与土壤重金属的络合性能等。这些性能对土壤结构、土壤性质和土壤质量都有重大影响。

6.1.2.3 土壤的吸附与交换

土壤具有吸附并保持固态、液态和气态物质的能力，称为土壤的吸附性能。土壤的吸附性能与土壤中存在的胶体物质密切联系。土壤胶体以其特有的性质，使其具有吸附性。

（1）土壤胶体具有极大的比表面积和表面能。比表面积是单位质量物质的表面积，表面能是由于处于表面的分子受到的引力不平衡而具有的剩余能量。物质的比表面积越大，表面能也越大，因此常把某些分子态的物质吸附在其表面上。土壤无机胶体中，蒙脱石的比表面积最大（600～800 m^2/g），高岭石最小（7～30 m^2/g），有机胶体具有极大的比表面积（700 m^2/g），类似于蒙脱石。胶体表面分子与内部分子所处的状态不同，受到内外部两种不同的引力，因而具有多余的自由能即表面能，这是土壤胶体具有吸附作用的主要原因。

（2）土壤胶体的电性。土壤胶体微粒一般带负电荷，表面具有双电层，即负离子层（决定电位离子层）和正离子层（反离子层或扩散层）。

（3）土壤胶体的凝聚性和分散性。由于土壤胶体微粒带负电荷，胶体粒子相互排斥，具有分散性，负电荷越多，负的电动电位越高，分散性越强；另一方面土壤溶液中含有阳离子，可中和负电荷使胶体凝聚，同时由于胶体的表面能很大，为减小表面能，胶体也具有相互吸引、凝聚的趋势。

6.1.2.4 土壤的酸碱性

土壤的酸碱性是土壤的重要化学性质之一，是土壤在形成过程中受生物、气候、地质、水文等因素的综合作用所产生的重要性质。

（1）土壤酸度。根据土壤中 H^+ 存在的形式，土壤酸度可分为两类：活性酸度和潜性酸度。

活性酸度也称为有效酸度，是土壤溶液中氢离子浓度直接反映出来的酸度，通常用 pH 值表示；潜性酸度是由土壤胶体吸附的可代换性 H^+、Al^{3+} 造成的，H^+、Al^{3+} 致酸离子只有通过离子交换作用产生 H^+ 才显示酸性，因此称为潜性酸度。

活性酸度与潜性酸度是存在于同一平衡体系的两种酸度，二者可以相互转换，一定条件下可处于暂时平衡状态。活性酸度是土壤酸度的现实表现，土壤胶体是 H^+ 和 Al^{3+} 的储存库，因此常称潜性酸度是活性酸度的储备。一般情况下，潜性酸度远大于活性酸度。

（2）土壤碱度。土壤溶液中的 OH^-，主要来源于碱金属和碱土金属的碳酸盐类，碳酸盐碱度和重碳酸盐碱度的总量称为总碱度，可用滴定法测定。土壤中存在 CO_2 可生成 $NaHCO_3$ 或 Na_2CO_3，因此吸附 Na^+ 多的土壤大多呈碱性。土壤的酸碱性直接或间接影响污染物在土壤中的迁移转化。因此，pH 值是土壤的重要指标之一。

（3）土壤的缓冲作用。由于土壤复杂的特性，其不同成分具有对外界变化引起 pH 值变化的缓冲作用。土壤溶液的 pH 值为 6.2～7.8，土壤溶液的缓冲体系包括 HCO_3^-、CO_3^{2-}、蛋白质、氨基酸、胡敏酸等两性物质。

6.1.3 土壤污染

土壤污染是指由于人类活动所产生的物质（污染物）通过多种途径进入土壤，其数量和速度超过了土壤的容纳能力和净化速度，使土壤的性质、组成及性状等发生变化。由于污染物的积累过程逐渐占优势，破坏了土壤的自然动态平衡，从而导致土壤自然功能失调、土壤质量恶化、影响作物的生长发育、产品的产量和质量下降，并由此产生了一定的环境效应（水体或大气发生次生污染，并可通过食物链对生物和人类构成危害）。

污染物进入土壤后，通过土体对污染物质的物理吸附、过滤阻留、胶体的物理化学吸附、化学沉淀、生物吸收等过程，不断在土壤中积累，当其含量达到一定数量时，便发生土壤污染。

6.1.3.1 土壤污染类型

土壤污染的类型目前并无严格的划分，如从污染物的属性来考虑，一般可分为有机物污染、无机物污染、生物污染与放射性物质污染。

（1）有机物污染。可分为天然有机物污染与人工合成有机物污染，这里主要是指后者，它包括有机废弃物（工农业生产及生活废弃物中生物易降解与生物难降解有机毒物）、农药（包括杀虫剂、杀菌剂与除莠剂）等污染。目前，塑料地膜已成为一种新的有机污染物。

（2）无机物污染。无机污染物随地壳变迁、火山爆发、岩石风化等天然过程，或随人类的生产与消费活动而进入土壤。采矿、冶炼、机械制造、建筑材料、化工等生产部门，每天都排放大量的无机污染物，生活垃圾中的煤渣，也是土壤无机物的重要组成部分，一些城市郊区长期、直接堆埋的结果造成了土壤环境质量的下降。

（3）土壤生物污染。是指一个或多个有害生物种群从外界侵入土壤，大量繁殖后，破坏原来的动态平衡，对人类健康与土壤生态系统造成不良影响。造成土壤生物污染的主要来源是未经处理的粪便、垃圾、城市生活污水、饲养场与屠宰场的污物等。其中危害最大的是传染病医院未经消毒处理的污水与污物。土壤有害生物不仅可能危害人体健康，有些长期在土壤中存活的植物病原体还能严重地危害植物，造成农业减产。

（4）土壤放射性物质的污染。是指人类活动排放出的放射性污染物，使土壤的放射性水平高于天然本底值。放射性污染物是指各种放射性核素。放射性核素的放射性与其化学状态无关。

放射性核素可通过多种途径污染土壤。放射性废水排放到地面上，放射性固体废物埋藏处置在地下，核企业发生放射性排放事故等，都会造成局部地区土壤的严重污染。大气中的放射性物质沉降，施用含有铀、镭等放射性核素的磷肥与用被放射性物质污染的河水灌溉农田也会造成土壤放射性污染。这种污染虽然程度较轻，但范围较大。

土壤中的放射性污染物质，通过放射性衰变，产生α、β、γ射线。这些射线能穿透人体组织损害细胞，或造成外照射损伤。放射性物质通过呼吸系统或食物链进入人体，会造成内照射损伤。

6.1.3.2　土壤污染源

土壤污染源可分为天然污染源和人为污染源。天然污染源是指自然界自行向环境排放有害物质的场所，如活动的火山；人为污染源是指人类活动所形成的污染物排放源。其中，后者是土壤污染研究的主要对象。土壤污染源按照其来源不同可分为污水灌溉、固体废物的农业利用、农业污染、大气污染和生物污染。

6.1.3.3　土壤污染物

（1）化学物质。化学污染物是土壤中的主要污染物，且对环境的危害最大，可以分为无机污染物和有机污染物两大类。

无机污染物主要是硝酸盐、硫酸盐、氯化物、氟化物、可溶性碳酸盐等化合物，是常见而大量的土壤无机污染物。有机污染物主要指农药类，农药主要类型有：有机氯类农药、有机磷类农药、氨基甲酸酯类农药和除草剂。

（2）放射性物质。主要是指由于大气核爆炸降落的污染物，以及原子能和平利用中排出的液体和固体放射性废弃物，如Sr—90、Cs—137、U等人工或天然放射性核素。这些污染物通过自然沉降、雨水冲刷和废弃物堆放等途径进入土壤，使土壤放射性水平高于自然本底值。

（3）生物污染物。生物污染物主要是指土壤中的一些外源性有害生物种群，其中有些致病病原菌可在土壤中长期存活并危害植物和植物产品，有时也可能引发人类疾病甚至造成某些疾病的流行。当这些被污染的土壤经雨水冲刷进入水体后，也会造成水体污染。生物污染物的主要来源是未经处理的人畜粪便、垃圾、污泥以及用于灌溉的污水（未经处理的生活污水和医院污水）。

6.1.3.4　土壤污染的特点

（1）隐蔽性或潜伏性。水体和大气的污染比较直观，而土壤污染则不同。土壤污染往往要通过粮食、蔬菜、水果或牧草等农作物生长状况的改变以及摄食这些作物的人或动物的健康状况变化才能反映出来。特别是土壤重金属污染，往往要通过对土壤样品进行分析化验和对农作物重金属的残留检测，甚至通过研究对人畜健康状况的影响才能确定。

（2）不可逆性和长期性。土壤一旦遭到污染往往极难恢复，特别是重金属元素对土壤的污染几乎是一个不可逆过程，而许多有机化学物质的污染也需要比较长的降解时间。

（3）间接危害性。土壤污染的后果是进入土壤的污染物危害植物，也可以通过食物链危害动物和人体健康。土壤中的污染物随水分渗漏在土壤内发生移动，可对地下水造成污染，或通过地表径流进入江河、湖泊等对地表水造成污染。土壤遭风蚀后，其中的污染物可附着在土粒上被扬起。土壤中有些污染物也以气态的形式进入大气。因此，污染的土壤往往又是造成大气和水体污染的二次污染源。

(4) 土壤污染的难治理性。切断大气和水体的污染源后，通过稀释和自净化作用，大气和水体的污染状况有可能会不断逆转，而积累在污染土壤中的难降解污染物则很难靠稀释和自净化作用来消除。土壤污染一旦发生，仅仅依靠切断污染源的方法往往很难恢复，有时要靠换土、淋洗土壤等方法才能解决问题，其他治理技术则见效较慢。因此，治理污染的土壤通常成本较高、治理周期很长。

6.1.4 土壤污染的危害

6.1.4.1 土壤污染导致严重的直接经济损失

对于各种土壤污染造成的经济损失，目前尚缺乏系统的调查资料。仅以土壤重金属污染为例，全国每年因重金属污染而减产的粮食超过了 1×10^7 t，每年被重金属污染的粮食也多达 1.2×10^7 t，合计经济损失至少 200 亿元。农药和有机物污染、放射性污染、病原菌污染等其他类型的土壤污染所导致的经济损失，目前尚难以估计。但是，这些类型的污染问题在国内确实存在，甚至还很严重。

6.1.4.2 土壤污染导致食物品质不断下降

我国大多数城市近郊土壤都受到了不同程度的污染，许多地方粮食、蔬菜、水果等食物中的镉、铬、铅等重金属或砷等有害非金属元素含量超标或接近临界值。有些地区污灌已经使得蔬菜的味道变差、易烂，甚至出现难闻的异味；农产品的储藏品质和加工品质也不能满足深加工的要求。

6.1.4.3 土壤污染危害人体健康

土壤污染会使污染物在植（作）物体中积累，并通过食物链富集到人体和动物体中，危害人畜健康，引发癌症和其他疾病。

6.1.4.4 土壤污染导致其他环境问题

土壤受到污染后，含重金属浓度较高的污染表土容易在风力和水力的作用下分别进入到大气和水体中，导致大气污染、地表水污染、地下水污染和生态系统退化等其他次生生态环境问题。

北京市的大气扬尘中，有一半来源于地表。表土的污染物质在风的作用下，作为扬尘进入大气中，并进一步通过呼吸作用进入人体。这一过程对人体健康的影响有些类似于食用受污染的食物。由于城市人口密度大，城市的土壤污染问题比较普遍，例如，上海川沙污灌区的地下水检测出汞、镉等重金属和氟、砷等非金属；成都市郊的农村水井也因土壤污染而导致井水中汞、铬、酚、氰等污染物超标。

6.2 土壤自净

土壤的自净是指土壤所具有的自身更新的能力。它是指土壤被污染后，由于受到物理、化学和生物化学等作用，在一定时间后各种有机物、病原微生物、寄生虫卵和有毒物质等逐渐被分解、吸收、转化、积沉，最终达到无害化的水平。

6.2.1 土壤的自净作用

6.2.1.1 自净作用

土壤的自净作用是指土壤本身通过吸附、分解、迁移、转化而使土壤污染物浓度降低甚至消失的过程。只要污染物浓度不超过土壤的自净容量，就不会造成污染。一般来说，增加土壤有机质含量，增加或改善土壤胶体的种类和数量，改善土壤结构，可以增大土壤自净容量（或环境容量）。此外，发现、分离和培育新的微生物品种并引入土体，以增强土壤的生物降解作用，也是提高土壤自净能力的一种重要方法。

6.2.1.2 土壤自净作用机理

按土壤自净作用机理的不同，土壤自净可分为物理净化、物理化学净化、化学净化和生物净化等。

(1) 物理净化。由于土壤是一个多相的疏松多孔体系，犹如一个天然过滤器，固相中的各类胶态物质——土壤胶体又具有很强的表面吸附能力，土壤对物质的滞阻能力是很强的。因而，进入土壤中的难溶性固体污染物可被土壤机械阻留；可溶性污染物被土壤水分稀释，降低毒性，或被土壤固相表面吸附（指物理吸附），也可能随水迁移至地表水或地下水中。特别是那些易溶的污染物（如硝酸盐、亚硝酸盐等），以及呈中性分子和阴离子形态存在的某些农药等，随水迁移的可能性更大。某些污染物可挥发或转化成气态物质在土壤孔隙中迁移、扩散，以至进入大气。

(2) 物理化学净化。所谓土壤环境的物理化学净化，是指污染物的阴、阳离子与土壤胶体原来吸附的阴、阳离子之间的离子交换吸附作用。此种净化为可逆离子交换反应，服从质量作用定律，同时，此种净化也是土壤环境缓冲作用的重要机制。其净化能力的大小用土壤阳离子交换量或阴离子交换量来衡量。

污染物的阴、阳离子被交换吸附到土壤胶体上，降低了土壤溶液中这些离子的活度。这相对减轻了有害离子对植物生长的不利影响。由于一般土壤中带负电荷的胶体较多，因此，土壤对阳离子或带正电荷的污染物的净化能力较强。当污水中污染物离子浓度不大时，经过土壤的物理化学净化以后，就能得到较好的净化效果。增加土壤中胶体的含量，特别是有机胶体的含量，可以提高土壤的物理化学净化能力。此外，土壤 pH 值增大，有利于对污染阳离子进行净化；相反，则有利于对污染阴离子进行净化。

(3) 化学净化。污染物进入土壤后，可能发生一系列的化学反应。例如，凝聚与沉淀反应，氧化还原反应，配合—螯合反应，酸碱中和反应，同晶置换反应（次生矿物形成过程中），水解、分解和化合反应，或者发生由太阳辐射能引起的光化学降解作用等。通过这些化学反应，或者使污染物转化成难溶、难解离性物质，使危害程度和毒性减小，或者分解为无毒或营养物质。

(4) 生物净化。生物净化是指有机污染物在土壤微生物（如细菌、真菌、放线菌等）作用下，将复杂的有机物降解，逐步无机化或腐殖化而达到自净。有机物的无机化或腐殖化过程，是病原微生物和蠕虫卵死亡的主要条件。日光照射、土壤温度改变、土壤微生物的拮抗作用和噬菌作用、一些植物根系分泌的植物杀菌素对某些真菌具有杀灭作用等，都影响病原微生物和蠕虫卵的生存。

6.2.2 土壤污染物的转化

6.2.2.1 重金属

（1）土壤重金属污染。土壤重金属污染是指人类活动使重金属在土壤中的累积量明显高于土壤环境背景值，致使土壤环境质量下降和生态恶化的现象。重金属的采掘、冶炼、矿物燃烧、化肥的生产和施用，是土壤重金属污染的主要污染源，土壤污染元素的主要来源见表6—1。

表 6—1　土壤污染元素的主要来源

元　素	主　要　来　源
Hg	制碱、汞化物生产等工业废水和污泥；含汞农药；金属汞蒸气
Cd	冶炼、电镀、染料工业废水；污泥和废气；肥料杂质
Cu	冶炼、钢制品生产等工业废水；污泥和废渣；含铜农药
Zn	冶炼、镀锌、纺织等工业废水；污泥和废渣；含锌农药和磷肥
Cr	冶炼、镀锌、制革、印染等工业废水和污泥
Pb	颜料、冶炼等工业废水；防爆汽油燃烧废气；农药
Ni	冶炼、电镀、炼油、染料等工业废水和污泥
As	硫酸、化肥、农药、医药、玻璃等工业废水和废气；含砷农药
Se	电子、电器、油漆、墨水等工业排放物

重金属元素在土壤中一般不易随水移动，不能被微生物分解，而在土壤中累积，甚至有的可能转化成毒性更强的化合物（如甲基化合物），它可以通过植物吸收在植物体内富集转化，给人类带来潜在危害。重金属在土壤中的累积初期不易被人们觉察和关注，属于潜在危害，一旦毒害作用比较明显地表现出来，也就难以彻底消除。通过各种途径进入土壤中的重金属种类很多，其中影响较大、目前研究较多的重金属元素有 Hg、Cd、Pb、Cu、Zn 等。由于各元素本身具有不同的化学性质，因而造成的污染危害也不尽相同。

（2）土壤重金属污染的生物效应。植物对各种重金属的需求有很大差别，有些重金属是植物生长发育中并不需要的元素，而且对人体健康的直接危害十分明显，如 Hg、Cd、Pd 等；而有些元素则是植物正常生长发育所必需的微量元素，包括 Fe、Mn、Zn、Cu、Mo、Co 等，但如果在土壤中的含量过高，也会发生污染危害。不同类的重金属对作物生长产生的危害并不相同。例如 Cu、Zn 主要是妨碍植物正常生长发育；土壤受 Cu 污染，可使水稻生长不良，过量 Cu 被植物根系吸收后会形成稳定的络合物，破坏植物根系的正常代谢功能，引起水稻的减产；而受 Cd、Hg、Pb 等元素污染，一般不引起植物生长发育障碍，但在植物体内蓄积，如 Cd、Hg、Pb 可在水稻体内累积形成镉米、汞米、铅米（在我国局部地区已有发现）。

土壤重金属污染对植物的影响或对植物的生物效应，受到多种因素的控制。一般来说，植物吸收重金属的量随土壤溶液中可溶态重金属浓度的增高而增加；同时还受重金属从土壤固相形态向液相形态转移数量的影响。

除上述影响因素外，重金属污染的生物效应还与重金属之间及其他常量元素之间的交互作用有关。

6.2.2.2 化肥农药

农药能防治病、虫、草害，如果使用得当，可保证作物的增产，但它是一类危害性很大的土壤污染物，施用不当会引起土壤污染。喷施于作物体上的农药（如粉剂、水剂、乳液等），除部分被植物吸收或逸入大气外，约有一半左右散落于农田，这一部分农药与直接施用于田间的农药（如拌种消毒剂、地下害虫熏蒸剂和杀虫剂等）构成农田土壤中农药的基本来源。农作物从土壤中吸收农药，在根、茎、叶、果实和种子中积累，通过食物、饲料危害人体和牲畜的健康。此外，农药在杀虫、防病的同时，也使有益于农业的微生物、昆虫、鸟类遭到伤害，破坏了生态系统，使农作物遭受间接损失。所以，农药污染现已成为全球性的环境问题。农药进入土壤后，与土壤中的固、气、液体物质发生一系列化学、物理化学和生物化学反应。通过上述反应，土壤中的农药发生三方面的作用：第一，土壤的吸附作用使农药残留于土壤中；第二，农药在土壤中进行气、水迁移，并被植物吸收；第三，农药在土壤中发生化学、光化学和生物化学降解作用，残留量逐渐减少。

6.2.2.3 污染土壤的修复

土壤污染通过食物链、饮水、呼吸或直接接触等多种途径，危害动物和人类的身体健康。对于已经污染的土壤，针对不同土壤污染物的种类可采取下列改良手段。

(1) 增施有机肥，改良砂性土壤。土壤腐殖质可以促进土壤对有毒物质的吸附作用，增加土壤容量，提高土壤自净能力。因此，在保持耕地生产能力的前提下，应该适当压缩粮、棉、油等传统农产品的种植，发展蔬菜、花卉等农产品的种植。

(2) 改变耕作制。改变土壤环境条件，可消除某些污染物的毒害，采用水旱轮作、间作、套种、休耕等方法，做到用地与养地相结合，减轻或消除农药污染。

(3) 换土、深翻、刮土。对换出的污染土壤必须妥善处理，防止次生污染。将污染的土壤翻到下层，掩埋深度应根据不同作物根系发育特点，以不致污染作物为原则。这种方法适用于污染较轻的地区。

(4) 合理使用农药、化肥。对残留量高、本身毒性大的农药，应该控制使用范围、使用量和使用次数。大力试制和发展高效、低毒和低残留，并且对病虫害有防治效果而对非生物目标（如农作物）没有妨害的农药新品种。理想的农药药效应为足以杀死病虫害并能及时得到降解。

(5) 加改良剂减少重金属对土壤的污染。施加改良剂加速有机物的分解和重金属在土壤中的停留时间。加入石灰、磷肥、硅酸盐类的化肥，与重金属污染物经过反应转化为难溶性化合物，降低重金属在土壤和植物体内的停留时间。

(6) 生物防治。土壤污染物可以通过生物降解或吸收而净化土壤，研究分离和培育新的微生物品种，增强生物降解作用，也是提高土壤净化能力的重要措施之一。

(7) 对矿山（特别是有色金属矿）及其周围地域的农田，应通过土壤普查、农产品重金属含量测定，确定其是否适宜种植农作物。对土壤中重金属元素含量高的农田，应结合退耕还林，转而种植用材林、薪炭林，但不宜培育干鲜果林。

(8) 农业生态工程治理。农业生态工程治理是合理利用和改良严重污染农田的综合途径。一是在污染区种植非食用作物，收获后从茎秆中提取酒精，残渣压制纤维板。二是繁育建材、观赏苗木和绿化用草皮。这些措施既可以美化环境，又可以净化土壤。

6.3 土壤环境的保护

据《中国环境报》2009年4月14日报道：有关统计数字显示，截至20世纪末，我国受污染的耕地面积超过2×10^7 hm^2，约占耕地总面积的1/5，其中工业“三废”污染面积达1×10^7 hm^2，污水灌溉面积超过1.3×10^6 hm^2。每年因土壤污染的粮食减产就达1×10^7 t，还有1.2×10^7 t粮食受污染，二者的直接经济损失达200多亿元。

众所周知，土地是人类最后的“垃圾箱”，所有污染（包括水污染、大气污染）的90%最终要归于土壤。超过2×10^7 hm^2耕地被污染的现状，只是我国整体生态环境形势严峻的一个缩影。近10年来，现代工业的快速发展，在带来GDP不断增长的同时，也带来了触目惊心的土壤污染。这种污染，正在通过被渗透的土壤和生长于其上的蔬菜、农作物，侵害着人们的健康。综上所述，保护土壤刻不容缓。

6.3.1 控制污染源

6.3.1.1 大气污染的控制

大气污染会对人类和其他生物造成危害。大气污染的防治措施很多，但最根本的措施是减少污染源。一般采用工业合理布局、区域采暖和集中供热、减少交通废气的污染、改变燃料构成、绿化造林等方法，控制大气污染。

6.3.1.2 水污染的控制

（1）减少和消除污染物排放的废水量。第一，可采用改革工艺，减少甚至不排放废水，或者降低有毒废水的毒性；第二，重复利用废水；第三，控制废水中污染物的浓度，回收有用产品；第四，处理好城市垃圾与工业废渣，避免因降水或径流的冲刷、溶解而污染水体。

（2）全面规划，合理布局，进行区域性综合治理。

（3）加强监测管理，制定法律和控制标准。

6.3.1.3 固体废物的处理与处置

固体废物处理是指通过物理、化学、生物等不同方法，使固体废物适于运输、贮存、资源化利用，以及最终处置的一种过程。固体废物的物理处理包括破碎、分选、沉淀、过滤、离心分离等处理方式；化学处理包括焚烧、焙烧、热解、溶出、固化等处理方式；生物处理包括好氧分解与厌氧分解等处理方式。

固体废物处置是指最终处理，目的在于寻求固体废物的最终归宿。例如，焚烧、综合利用、卫生填埋、安全填埋等。

6.3.2 土壤环境的保护

6.3.2.1 水土流失控制

地球上人类赖以生存的基本条件就是土壤和水。在山区、丘陵区和风沙区，不利的自然因素和人类不合理的经济活动，造成地面的水和土离开原来的位置，流失到较低的地方，再经过坡面、沟壑，汇集到江河河道内，这种现象称为水土流失。

目前我们国家水土流失的治理措施主要有两种：一种是生物措施，通过植树造林，特别是种植抗旱保水的植被，利用其强大的根系锁住水。这方面的实例有在黄土高原地区开展的大规模的退耕还林。另一种是工程措施，把坡地推成梯田，利用鱼鳞坑、水窖等积水，结合小流域综合治理。

6.3.2.2　沙漠化控制

人们把因过度使用和管理不当导致耕地变成荒地的过程称为土地沙漠化或荒漠化。自然界中，如果地表失去具有保护作用的草皮或树木，土壤就很容易受到风水侵蚀，逐步出现沙漠化。在沙漠化初期，地表的细微尘土被风带走，造成降尘。之后，地面上粗糙的沙粒也会随风而起，形成沙尘暴。我国的沙漠及沙漠化土地面积约为 $1.607\times10^{6}\ \mathrm{km}^{2}$，占国土面积的16.7%。当前我国沙漠化土地面积正以每年 2 460 km^{2} 的速度扩展，而且还有加速扩大的趋势。大量研究结果表明，沙漠化产生的根本原因是人口对土地的压力过大。因此沙漠化的治理应该从提高沙漠化土地的承载力，减缓和消除过重的人口压力的角度入手。我国治理沙漠化土地的具体措施为：在农牧交错地区，可针对沙区中居民点、耕地、草场相对分散分布的特点，以生态户为基础，采取天然封育、调整以旱作农业为主的土地利用结构，扩大林草用地比重，集约经营水土条件较好的土地，并和营造防风沙林带、林网及沙丘表面栽植固沙植物、丘间地营造片林或封育相结合的措施；在草原牧区，除了合理确定草场载畜量、轮牧和建立人工草地及饲料基地外，还应与合理配置水井、确定放牧点密度、修建牧道等结合起来；在干旱地带，要以内陆河流域为生态单元进行全面规划，合理确定用水计划，以绿洲为中心，建立绿洲内部护田林网、绿洲边缘乔灌结合的防沙林带和绿洲外围沙丘固定等措施相结合，形成一个完整的防治体系。

6.3.2.3　盐渍化控制

灌溉渠系和田间灌水的渗漏，引起地下水位的上升。地下水通过蒸发自土壤表层而散失，地下水和土壤中的盐分却留在土壤中。地下水位上升和盐分积累到一定程度，将导致土壤的沼泽化和盐渍化。

通过修建完善的水平或竖井排水系统可以降低地下水位，避免根层土壤和灌溉土地面积上积盐（但需要有较大的投资）。大部分灌区由于排水中所带走的盐分小于自灌渠引进的盐分，灌区所控制范围仍将处于积盐状态。灌溉水所带来的盐分，一部分将随灌溉水的渗漏进入深层，导致土壤和地下水含水层矿化度的增加，一部分将被地下水输送至灌区内的洼地、非耕地和荒地，使盐分在这些地区聚积，给灌区土地的进一步开发利用造成困难。为将灌区的排水排至区外，需要一定的排水出路，在以河流、湖泊等水体为容泄区的情况下，高矿化度和含有一定有毒物质的排水，将导致水环境的恶化，给野生动物，甚至人类的健康造成不利的影响，也威胁着灌区的持续发展。应在整个灌区对进水盐分进行分析，确定应采取的控制盐渍化的工程、农业技术和管理措施。

6.3.2.4　控制土壤污染方法

控制和消除土壤污染源，即在控制进入土壤中的污染物的数量和速度的同时，利用土壤本身对污染物所具有的净化能力来达到消除污染物的目的。

（1）采用生物防治。所谓生物防治，就是利用捕食害虫或寄生于害虫体内外的生物，以抑制或控制害虫数量及其发展。这种方法消除了土壤污染源，减小了土壤中污染物的含量，既是自然保护生态平衡的好方法，又是防止土壤污染的有效措施。利用生物防治害虫，在我国有悠久的历史。我国古代有利用一种蚁防治柑橘害虫的事例。

生物防治包括：一是利用天敌防治有害生物；二是利用作物对病菌的抗性；三是改变农业耕作环境，以减少害虫的发生，利用放射线处理害虫，使它们成为不育性个体，而后释放出去与其他害虫交配，使其后代失去繁殖能力。通过改变有害昆虫的遗传基因，使其后代活力降低、生殖力减弱或出现遗传不育；利用激素或其他代谢产物，使某些昆虫失去繁殖能力等。

此外，利用植物吸收和生物降解，可减小土壤中污染物的含量。

（2）施加抑制剂。对重金属轻度污染的土壤，施加某些抑制剂，可改变重金属污染物质在土壤中的迁移转化方向，促进某些有毒物质转化为难溶物质，以减少作物吸收。常用的抑制剂有石灰、碱性磷酸盐、硅酸钙等。

（3）控制土壤的氧化—还原条件。水稻土壤的氧化还原状况，可控制水稻土中重金属的迁移转化。据研究，淹水状态下，土壤具有较强的还原性，即氧化还原电位很低。在这种条件下，土壤中的 SO_4^{2-} 可还原为 S^{2-}，而重金属大部分为亲 S 元素，此时 S^{2-} 就可与重金属离子形成硫化物沉淀，从而降低了土壤中重金属离子浓度。

（4）改变耕作制度。改变耕作制度，从而改变土壤环境条件，可能消除某些污染物的毒害。据我国苏北棉田旱改水试验，棉田中施加的 DDT 和六六六由于降解很慢，在田中积累的残留量较大，消除困难。而棉田改水田后，大大加速了 DDT 的降解，仅一年左右，残存在土壤中的 DDT 就基本消失。因此，实行水旱轮作，是减轻或消除农药污染的有效措施。

（5）深耕翻土。被重金属或难分解的化学农药严重污染的土壤，在面积不大的情况下，可采用深翻客土和换土的方法来去除污染物。但是对换出的土壤，必须妥善处理，防止再次污染。此外，也可将污染土壤深翻到下层，埋藏深度应根据不同作物根系发育的实际情况，以不致污染作物而定。

6.4 湿地的保护

湿地与森林、海洋一起并列为地球的三大生态系统。它是地球上水陆相互作用而形成的独特生态系统，是自然界最富生物多样性的生态系统和人类最重要的生存环境之一，具有巨大的资源潜力和环境、社会、经济功能。湿地不仅为人类的生产、生活提供多种资源，而且在抵御洪水、调节径流、控制污染、保护物种基因多样性、改善环境、美化环境和维护区域生态平衡等方面具有其他系统不可替代的作用，享有“地球之肾”和“生命摇篮”之美誉。

6.4.1 湿地的类型

6.4.1.1 湿地的概念

湿地和水域、陆地之间没有明显边界，加上不同学科对湿地的研究重点不同，以致湿地的定义一直存在分歧。

国际湿地公约采用广义的湿地定义，指天然或人工、长久或暂时性的沼泽地、湿原、泥炭地或水域地带，带有或静止或流动、或淡水、半咸水或咸水的水体，包括低潮时水深不超过 6 m 的水域。这一定义包含狭义湿地的区域，有利于将狭义湿地及附近的水体、陆地形成一个整体，便于保护和管理。

湿地的研究活动则往往采用狭义定义。美国鱼类和野生生物保护机构于 1979 年在“美国的湿地深水栖息地的分类”一文中，重新给湿地作定义为：“陆地和水域的交汇处，水位接近或处于地表面，或有浅层积水，至少有一至几个以下特征：至少周期性地以水生植物为植物优势种；底层土主要是湿土；在每年的生长季节，底层有时被水淹没。”定义还指湖泊与湿地以低水位时水深 2 m 处为界。按照这个湿地定义，世界湿地可以分成二十多个类型。这个定义目前被许多国家的湿地研究者所接受。

湿地的水文条件是湿地属性的决定性因素。水的来源（如降水、地下水、潮汐、河流、湖泊等）、水深、水流方式，以及淹水的持续期和频率决定了湿地的多样性。水对湿地土壤的发育有较大的影响，湿地土壤通常称为湿土或水成土。

6.4.1.2　湿地的类型

湿地分类是湿地科研、保护与管理的基础。但由于世界各地湿地类型复杂多样，不同研究者对湿地界定范围、分类目的和出发点的不同，要制定一个完整而科学的定量分类指标和分类系统是比较困难的。因而，至今国际上的湿地分类系统仍不统一。1999 年 7 月国家林业局在云南召开的全国湿地资源调查工作会议确定了全国湿地调查的分类体系，共分 5 大类 28 种，基本上与《湿地公约》分类一致，见表 6—2。

表 6—2　　中国湿地调查的分类体系

Ⅰ近海及海岸湿地	Ⅱ 河流湿地	Ⅲ 湖泊湿地	Ⅳ 沼泽及沼泽化湿地	Ⅴ库塘
Ⅰ1 浅海水域	Ⅱ1 永久性河流	Ⅲ1 永久性淡水湖	Ⅳ1 藓类沼泽	Ⅴ1 库塘
Ⅰ2 潮下水生层	Ⅱ2 季节性或间歇性河流	Ⅲ2 季节性淡水湖	Ⅳ2 草本沼泽	
Ⅰ3 珊瑚礁	Ⅱ1 河流泛滥平原湿地	Ⅲ3 永久性咸水湖	Ⅳ3 沼泽化草甸	
Ⅰ4 岩石性海岸		Ⅲ4 季节性咸水湖	Ⅳ4 灌丛沼泽	
Ⅰ5 潮间砂石海滩			Ⅳ5 森林沼泽	
Ⅰ6 潮间淤泥海滩			Ⅳ6 内陆盐沼	
Ⅰ7 潮间盐水沼泽			Ⅳ7 地热湿地	
Ⅰ8 红树林沼泽			Ⅳ8 淡水泉或绿洲湿地	
Ⅰ9 海岸性碱水湖				
Ⅰ10 海岸性淡水湖				
Ⅰ11 河口水域				
Ⅰ12 三角洲湿地				

注：国家林业局，2002。

我国是世界上湿地生物多样性最丰富的国家之一，也是亚洲湿地类型最齐全、数量最多、面积最大的国家。湿地的类型较多，包括沼泽地、泥炭地、湖泊、河流、河口湾、海岸滩涂、盐沼、水库、池塘、稻田等各种自然和人工湿地，除苔原湿地外，几乎拥有《湿地公约》中划分的所有湿地类型，并拥有独特的青藏高寒高原湿地。我国的湿地从寒温带到热带、从沿海到内陆、从平原到高原山区，全国各地都有分布，总面积初步估算为 6.3×10^{7} hm^2，占世界湿地面积的 11%以上。我国大约有沼泽 1.1×10^{7} hm^2，湖泊 1.2×10^{7} hm^2，滩涂和盐沼地 2.1×10^{6} hm^2，另外还有稻田 3.8×10^{7} hm^2。这些数字并不包括江河、水库、池塘以及低潮时不超过 6 m 的浅海水域等。我国有众多的河流，仅流域面积在 1×10^{4} hm^2 以上的河流就有 5 万条之多，我国还有 6 500 多个岛屿及 18 000 km 的大陆海岸线，水深不超过 6 m的浅海湿地大约 5×10^6 hm^2。

6.4.1.3 湿地的生态效益

湿地的生态效益主要体现在物质循环、生物多样性维护、调节河川径流和气候等方面。

(1) 保护生物和遗传多样性。湿地蕴藏着丰富的动植物资源，湿地植被具有种类多、生物多样性丰富的特点。许多的自然湿地为水生动物、水生植物、多种珍稀濒危野生动物特别是水禽提供了必需的栖息、迁徙、越冬和繁殖场所。湿地对物种保存和保护物种多样性发挥着重要作用，对维持野生物种种群的存续、筛选和改良具有商品价值的物种，均具有重要意义。如果没有保存完好的自然湿地，许多野生动物将无法完成其生命周期，湿地生物多样性将失去栖身之地。同时，自然湿地为许多物种保存了基因特性，使得许多野生生物能在不受干扰的情况下生存和繁衍。因此，湿地当之无愧地被称为生物超市和物种基因库。

(2) 调蓄径流洪水，补充地下水。湿地在控制洪水、调节河川径流、补给地下水和维持区域水平衡等方面的功能十分显著，是其他生态系统所不能替代的。湿地是陆地上的天然蓄水库，湿地还可以为地下蓄水层补充水源。

(3) 调节区域气候和固定二氧化碳。由于湿地环境中微生物活动弱，土壤吸收和释放二氧化碳十分缓慢，形成了富含有机质的湿地土壤和泥炭层，起到了固定碳的作用。湿地的水分蒸发和植被叶面的水分蒸腾，使得湿地和大气之间不断进行着能量和物质交换，对周边地区的气候调节具有明显的作用。

(4) 降解污染和净化水质。许多自然湿地生长的湿地植物、微生物通过物理过滤、生物吸收和化学合成与分解等把人类排入湖泊、河流等湿地的有毒有害物质降解和转化为无毒无害甚至有益的物质，湿地在降解污染和净化水质上的强大功能使其被誉为“地球之肾”。

(5) 防浪固岸的作用。湿地中生长着多种多样的植物，这些湿地植被可以抵御海浪、台风和风暴的冲击力，防止对海岸的侵蚀，同时它们的根系可以固定、稳定堤岸和海岸，保护沿海工农业生产。

6.4.2 湿地的保护

6.4.2.1 湿地的破坏

(1) 对湿地的盲目开垦和改造。盲目进行农用地开垦、改变天然湿地用途和由于城市开发占用天然湿地，直接造成了我国天然湿地面积削减、功能下降。围垦恶化了湖区的水情，直接减小了对江河供水调蓄的容积，使洪水出现频率升高；而广大圩区的涝渍水反而还要向河湖排放，又加大了江湖调蓄压力，更增加了洪涝灾害风险，已经成为制约湖区经济发展的心腹之患。

(2) 生物资源过度利用。在我国重要的经济海区和湖泊，酷渔滥捕的现象十分严重，不仅使重要的天然经济鱼类资源受到很大的破坏，而且也严重影响着这些湿地的生态平衡，威胁着其他水生物种的安全。中国许多海域的经济鱼类年捕获量明显下降，渔捕物的种类日趋单一，种群结构低龄化、小型化。在内陆湿地生态系统中，生物多样性受到严重威胁。如白鳍豚、中华鲟、达氏鲟、白鲟、江豚已成为濒危物种，长江鲟鱼、鲥鱼、银鱼等经济鱼种种群数量已变得十分稀少；湿地水禽由于过度猎捕、捡拾鸟蛋等导致种群数量大幅度下降，特别是在鸟类迁徙季节，一些人使用排铳、地枪、农药等方法，不择手段地进行猎取，严重破坏了水禽资源。此外，沼泽湿地中的泥炭资源、北方沿海的贝壳砂以及沙岸，也都因过度或不合理开采而受到破坏。

(3) 湿地污染加剧。污染是我国湿地面临的最严重威胁之一。湿地污染不仅使水质恶化，也对湿地的生物多样性造成严重危害。目前，许多天然湿地已成为工农业废水、生活污水的承泄区。我国五大淡水湖之一的巢湖，每年接纳工业废水 1.4×10^{8} t以上。中国湖泊普遍受到氮、磷等营养物质的污染，富营养化程度严重。部分湖泊汞污染也很严重。已有2/3的湖泊受到不同程度的富营养化污染危害，其中有约10%的湖泊达到严重富营养化程度。长期以来，一些大江、大河上游水源涵养区的森林资源遭到过度砍伐，导致水土流失加剧，影响了江河流域的生态平衡，河流的泥沙含量增大，造成河床、湖底淤积，湿地面积不断缩小，功能衰退。近年来，长江中下游及东北地区洪涝灾害频繁，与这些地区湿地水文发生的变化、湖泊拦蓄洪水功能下降有直接关系。

6.4.2.2 湿地的保护

保护湿地资源，维持湿地的基本生态过程，对改善我国生态环境和保障经济社会持续发展具有重大意义。湿地保护生态建设措施主要有以下几点。

(1) 加强水源涵养林和防护林工程建设。

(2) 加强湿地周围自然保护区建设。

(3) 开展湿地恢复、建设工程。

(4) 注重湿地生物多样性保护，有计划地建立森林生态系统和湿地生态系统，保护野生动植物，建立湿地监测站。

(5) 水生植被恢复和重建工程。

(6) 实施河道综合整治。

(7) 建立比较完善的湿地监测体系，以及湿地协调管理机构，拟订湿地保护法规体系，加强监督管理。

(8) 加强湿地科普教育宣传工作。利用每年2月3日的世界湿地日，开展多种形式的宣传教育活动，大力宣传湿地的功能效益和湿地保护意义，促进全民湿地保护意识的提高。

本章小结

一、基本概念

土壤、土壤污染、土壤污染源、土壤污染物、土壤的自净作用、土壤的修复、湿地

二、基本知识

1. 土壤的特性

(1) 土壤的物理性质 (2) 土壤的胶体性质 (3) 土壤的吸附与交换

(4) 土壤的酸碱性

2. 土壤污染类型

(1) 有机物污染 (2) 无机物污染 (3) 土壤生物污染

(4) 土壤放射性物质的污染

3. 土壤污染的特点

(1) 隐蔽性或潜伏性 (2) 不可逆性和长期性 (3) 间接危害性

(4) 土壤污染难治理性

4. 土壤自净作用机理

(1) 物理净化 (2) 物理化学净化作用 (3) 化学净化 (4) 生物净化

5. 污染土壤的修复

(1) 增施有机肥，改良砂性土壤 (2) 改变耕作制 (3) 换土、深翻、刮土

(4) 合理使用农药、化肥 (5) 加改良剂 (6) 生物防治

(7) 农业生态工程治理

6. 湿地的生态效益

(1) 保护生物和遗传多样性 (2) 调蓄径流洪水，补充地下水

(3) 调节区域气候和固定二氧化碳

7. 湿地的保护

练 习 题

一、选择题

1. 土壤污染源主要分为________。

A. 工业污染源　　B. 农业污染源

C. 生活污染源　　D. 矿业污染源

2. 土壤胶体按成分及来源分为________。

A. 有机胶体　　B. 无机胶体

C. 有机无机复合胶体　　D. 阴离子胶体

3. 土壤溶液中的________所引起的酸度称为活性酸度。

A. H^+　　B. OH^-

C. CO_3^{2-}　　D. SO_4^{2-}

4. 土壤是环境中特有的组成部分，是一个复杂的物质体系，它的组成包括________。

A. 固相　　B. 液相

C. 固一液混合相　　D. 气相

5. 在土壤中，下列离子中________的交换吸附能力最强。

A. Ca^{2+}　　B. Na^+

C. Fe^{3+}　　D. H^+

二、填空题

1. 土壤是由________、________、________和________等物质组成的非常复杂的系统。

2. 污染物在土壤环境中的迁移转化过程可分为________、________和________。

3. 从治理角度看，防治土壤污染的措施主要有：化学措施、________、________和农业措施等。

4. 一般认为，当土壤中重金属离子浓度高时，以________作用为主，而土壤溶液中重金属浓度低时，则以________作用为主。

5. 农药在土壤中的降解作用包括________、________和________作用等。

三、简答题

1. 简述土壤的主要组成。
2. 土壤污染的主要来源和特点分别是什么？
3. 按污染物属性，土壤污染可分为哪些类型？
4. 土壤中重金属形态有哪些？如何消除或减少土壤的重金属污染？
5. 简述土壤酸度及其主要种类。
6. 简述化学农药进入环境和生态系统的主要危害。
7. 如何防止土壤沙漠化？
8. 防治土壤污染的主要措施有哪些？从治理角度看，主要有哪几种措施？
9. 常见的土壤修复技术有哪些？
10. 简述湿地保护措施。

7 固体废物污染与保护

本章学习目标

了解：固体废物的概念，固体废物的危害，城市垃圾组成，危险固体，危险固体的鉴别。

熟悉：固体废物的分类、特点，固体废物的污染途径，中国固体废物情况，城市垃圾分类、性质，城市垃圾预处理、收集、运输，危险固体的管理。

掌握：固体废物的处理原则，固体废物的处理方式，控制固体废物污染途径，物理法、化学法、生物法、固化法、热处理法处理固体废物，城市垃圾的处理方法，城市垃圾的资源化，白色污染的处理，危险固体废物的处理，工矿企业固体废物处理。

7.1 固体废物及危害

7.1.1 固体废物

7.1.1.1 固体废物的概念

根据《中华人民共和国固体废物污染环境防治法》的规定，固体废物是指在生产、生活和其他活动中产生的丧失原有利用价值或者虽未丧失利用价值但被抛弃或者放弃的固态、半固态和置于容器中的气态的物品、物质以及法律、行政法规规定纳入固体废物管理的物品、物质。容器盛装的不能排入水体的液态废物和不能排放到大气的气态废物，如装在容器中的废酸、废碱或废气，由于多具有较大的危害性，为了便于环境管理，国际上一般也将其划入固体废物管理范畴。

实际上废物是个相对的概念，具有一定的时间性和空间性。一个企业或部门丢弃不用的东西，在另一个企业或部门则可能变成宝贵的资源。随着人类认识的逐步提高和科学技术的不断发展，被认识和利用的物质越来越多，当前的废物可能成为今后的资源。因此，废物常常被称为放在错误地点的原料。

7.1.1.2 固体废物的分类

固体废物来源广泛，种类繁多，组成复杂。从不同的角度出发，可进行不同的分类。按其化学成分可分为有机废物和无机废物；按其形态可分为固态废物（块状、粒状、粉状）、半固态废物（泥状、浆状、糊状）和液态（气态）废物；按其危害程度可分为危险废物和一般废物；按其来源可分为工业废物、农业废物、城市垃圾和放射性废物等。目前，一般按来源对固体废物进行分类。

（1）工业废物。工业废物是指在各工业部门的生产、加工及流通过程中产生的固体废物，又称工业废渣或工业垃圾。工业固体废物主要包括冶金工业固体废物、能源工业固体废物、化学工业固体废物和其他工业固体废物等。

（2）城市垃圾。城市垃圾是指居民生活、商业活动、市政建设与维护、机关办公等过程中产生的固体废物。主要包括生活垃圾、城建渣土、商业固体废物、粪便等。

（3）农业废物。农业废物也称为农业垃圾，主要来自农业生产和禽畜饲养过程产生的固体废物。

（4）放射性废物。放射性废物主要是指来自核工业和核电站的生产、核燃料循环、放射性医疗和核能应用及有关科学研究过程中产生的固体废物。

7.1.2 固体废物的危害

7.1.2.1 固体废物的特点

固体废物有如下几个主要特点。

（1）成分的多样性和复杂性。固体废物成分复杂，种类繁多，大小各异，既有无机物又有有机物，既有非金属又有金属，既有单质又有化合物，既有有味的又有无味的，既有无毒物又有有毒物，既有边角料又有设备配件。

（2）危害的潜在性、长期性和灾难性。固体废物对环境的污染不同于废水、废气和噪声。固体废物呆滞性大、扩散性小，它对环境的影响主要是通过水、气和土壤产生的。其中污染成分的迁移转化，如浸出液在土壤中的迁移，是一个比较缓慢的过程，其危害可能在数年甚至数十年后才被发现。从某种意义上讲，固体废物，特别是有害废物对环境造成的危害可能要比水、气造成的危害严重得多。但在固、液、气三种形态的污染（固体污染、水污染、大气污染）中，固体废物的污染问题较之大气、水污染是最后引起人们注意的，也是最少得到人们重视的污染问题。

（3）污染“源头”和富集“终态”的双重性。固体废物既是大气、水体和土壤污染的终极状态，又是这些环境污染的源头。例如一些有害气体或飘尘，通过治理，最终富集成废渣；一些有害溶质和悬浮物，通过治理最终被分离出来成为污泥或残渣；一些含重金属的可燃固体废物，通过焚烧处理，有害金属浓集于灰烬中。但是，这些“终态”物质中的有害成分，在长期的自然因素作用下，又会转入大气、水体和土壤，又成为大气、水体和土壤环境污染的“源头”。

（4）资源和废物的相对性。固体废物是在错误的时间放在错误的地点的资源，其具有鲜明的时间性和空间性。从时间上讲，固体废物只是受到技术和经济条件的限制，暂时无法加以利用，但随着今后科学技术的发展以及人们的需求变化，今天的废物可能成为明天的资源。从空间角度看，废物只是相对于某一过程或某一方面没有使用价值，并非在一切过程或一切方面都没有使用价值。因此，固体废物只能认为是在某种条件下的一种习惯性称谓，是可以依据情况的变化而改变的。

7.1.2.2 固体废物的污染途径

固体废物在一定的条件下会发生化学的、物理的或生物的转化，对周围环境造成一定的影响，如处理、处置、管理不当，污染成分可以通过多种不同的形式和不同的途径危害环境，危害人体健康。例如，工业、矿业等废物所含的化学成分会形成化学型环境污染，人畜粪便和有机垃圾是各种病原微生物的孳生地和繁殖场，可形成病原体型污染。

7.1.2.3 固体废物的危害

（1）侵占土地资源。固体废物的堆放和填埋处置，需占用大量土地资源。固体废物产生越多，累积的堆积量越大，占地量也越多。据估算，每堆放 1×10^4 t废物，约占地1亩，受污染的土地面积往往大于占地的1～2倍。目前，中国固体废物的堆放已侵占了大量土地，严重破坏了地貌、植被和自然风景，给国家造成极大的经济损失。

（2）污染土壤。废物随意堆放或没有适当防渗措施的垃圾填埋，经过风化、雨淋、地表径流的侵蚀，其中的有害成分不断渗入地下并向四周扩散，杀害土壤中的微生物，改变土壤的成分和结构，破坏微生物与周围环境构成的生态平衡。有些有害成分，还会在植物体内积累，通过食物链危及人体健康。

（3）污染水体。固体废物随天然降水和地表径流进入河流、湖泊，或随风飘逸落入水体使地面水污染；废渣直接排入河流、湖泊、海洋，能造成更大的水体污染；垃圾渗滤液进入土壤使地下水污染。据测量，我国个别城市垃圾填埋场周围地下水的浓度、色度、总细菌数、重金属含量等严重超标。

（4）污染大气。固体废物一般通过下列途径污染大气：废物中的细粒、粉尘随风飘逸，加重大气的粉尘污染；一些有机固体废物在适宜的温度和湿度下被微生物分解，能释放出有害气体，以及其在处理过程中散发有毒气体和臭味等，造成地区性空气污染；固体废物运输、处理、处置和利用过程中产生有害的气体和粉尘。例如，我国部分企业采用焚烧法处理塑料排出的 Cl_2、HCl 和大量粉尘，造成了严重的大气污染。

（5）影响环境卫生和市容。固体废物在城市里大量堆放而又处理不妥，严重影响了环境卫生，对市容和景观产生“视觉污染”，有损城市形象。城市生活垃圾非常容易发酵腐化，产生恶臭，招引蚊蝇、老鼠等孳生繁衍，容易引起疾病传播；在城市下水道的污泥中，还含有几百种病菌和病毒。

城市的清洁卫生状况同固体废物的收集、处理有关，尤其是国家卫生城市和风景旅游城市，若不对固体废物进行善处理，将会造成不良的影响。

7.1.2.4 我国的固体废物状况

随着我国工业化和城市化进程的加快，经济的不断增长，生产规模的不断扩大，以及人们需求的不断提高，固体废物产生量也在不断增加。

（1）工业固体废物。20世纪80年代以来，我国工业固体废物产生量增长速度相当迅速。1985年全国工业固体废物产生量为 4.615×10^8 t，1995年增至 6.45×10^8 t，2007年则高达约 1.76×10^9 t。

2007年全国工业固体废物产生量约 1.76×10^9 t，比2006年增加16.0%；排放量为

1.197×10^7 t，比上年减少 8.1%；综合利用量（含利用往年储存量）、储存量、处置量分别约为1.1×10^9 t、2.4×10^8 t、4.1×10^8 t，分别占产生量的 62.8%、13.7%、23.5%。危险废物产生量约为 1.08×10^7 t，排放量为 736 t，综合利用量、储存量、处置量分别为 6.5×10^6 t、1.54×10^6 t、3.46×10^6 t。

(2) 城市生活垃圾。随着城市数量的增多、规模的扩大和生活水平的提高，我国城市垃圾的产生量迅速增长。自 1979 年以来，我国城市垃圾产生量平均每年以 8.98%的速度增长，由 1980 年的 3.132×10^7 t 猛增至 1995 年的约 1.07×10^8 t，增加了 243.2%。1996 年我国生活垃圾的年清运总量为 1.083×10^8 t，到 2000 年已达 1.4×10^8 t，2005 年已增至 1.95×10^8 t，综合利用率仅在 51%左右。预计到 2010 年，全国县城以上城市生活垃圾年总产量约为 2.5×10^8 t，其中城市的生活垃圾年产量约为 1.8×10^8 t（日均约为 4.93 ×10^5 t）；县城生活垃圾年产量约为 7×10^7 t（日均约为 1.94×10^5 t）。

大量和快速增长的城市垃圾，需要及时清运和妥善处理与处置，不仅给管理和处理带来了巨大的压力，也加重了城市环境污染。目前，如何妥善解决城市垃圾问题，已成为我国城市发展进程中亟待解决的问题。

7.2 固体废物的处理

7.2.1 固体废物的处理原则

7.2.1.1 固体废物的处理原则

我国 1995 年 10 月 30 日公布《中华人民共和国固体废物污染环境防治法》，其指导思想和基本战略是以减量化、无害化和资源化（即“三化”）作为防治固体废物污染的首要原则。

(1)“减量化”原则。减量化是防治固体废物污染环境的首项任务，同时也是进行固体废物环境管理的一项重要措施。其基本任务是通过适宜的手段，减少固体废物的数量和容积。减量化的实现可从两方面着手：一是对已产生的固体废物进行处理和利用；二是减少固体废物的产生。例如，通过压实、破碎等方式，可以减少固体废物的体积，达到减量并便于运输、处理等目的。可通过改革生产工艺、产品设计、综合利用、改变社会消费习惯等途径来减少固体产生量。

(2)“无害化”原则。其基本任务是将固体废物通过物理、化学或生物方法进行处置，达到不损害人体健康、不污染周围自然环境的目的。固体废物“无害化”处理已发展成为一门工程技术，如垃圾焚烧、卫生填埋、堆肥、厌氧发酵和有害物质的解毒处理等。

(3)“资源化”原则。固体废物的“资源化”是指对固体废物进行综合利用，使之成为可利用的“二次资源”。其基本任务是采取工艺措施从固体废物中回收有用的物质和能量。“资源化”是固体废物的主要归宿，“资源化”应遵循的原则是技术上可行，经济效益较好，有较强的生命力。废物应尽可能在产生地就近利用，以节省废物在储藏、运输等过程的投资。“资源化”的产品应符合国家相应产品的质量标准。

7.2.1.2 固体废物的处理方式

固体废物处理与处置是利用不同的方法，使固体废物的形式转换、资源化利用以及最终处置的过程。

（1）按固体废物所采用的处理方式不同，可分为物理处理法、化学处理法和生物处理法等。物理处理法包括压实、破碎、分选、沉淀和过滤等；化学处理法包括焚烧、焙烧热解及溶出等；生物处理法包括好氧分解和厌氧分解等。

（2）按其处理目的不同，又可分为预处理、资源化处理和最终处置等。预处理是指采用物理、化学或生物方法，将固体废物转变成便于运输、储存、回收利用和进一步处置的形态；固体废物最终处置途径可归纳为陆地处置与海洋处置两种。其中陆地处置主要包括土地耕作、深井灌注以及土地填埋等，海洋处置主要分为海洋倾倒与远洋焚烧两种方法。

7.2.1.3　控制固体废物污染途径

固体废物污染控制的关键是控制“源头”和处理好“终态物”，具体可从防治固体废物污染和综合利用废物资源两个方面着手。主要控制途径如下。

（1）强化管理，实行严格的法规控制。法律、法规是强化管理的标准和依据，也是强化管理必须依靠的有力手段。目前，我国面临着较为严峻的资源形式和固体废物污染形式，因此，当务之急就是要加大执法力度，认真贯彻执行固体废物法，运用法律手段加强固体废物管理，同时，进一步完善固体废物管理方面的法律、法规。

（2）实行减量化，采用无废和低废工艺。第一，应当结合技术改造，从工艺入手，采用无废或少废技术，从发生源消除或减少污染物的产生；第二，应当稳定矿源，进行原料精选，采用精料，以减少固体废物的产量；第三，提高产品质量和使用寿命，不使其过快地变成废物。

（3）实行资源化，开展综合利用。发展物质循环利用工艺，确定废物资源化的方针，寻求固体废物综合利用的途径，使之充分发挥其经济效益，达到化害为利、变废为宝的目的，以取得经济的、环境的和社会的综合效益。

（4）实行无害化处理与处置。由于科学技术水平的限制，当前总会有些固体废物是无法综合利用的。对于此类固体废物，尤其是有害固体废物，必须予以妥善处理、处置，使之转化为无害物质或有害物质含量达到国家规定的排放标准。

7.2.2　固体废物处理技术

7.2.2.1　物理法

（1）收集。收集是指将产生的各类固体废物收取、集中、搬运并且运输到合适地点的作业，不包括专以转移废物为目的的运输。由于固体废物的种类多，产生源较分散，同时后期的处理方法工艺也不相同，因此各类固体废物的具体收集方法、途径也各有特点。固体废物收集的原则是收集方法应有利于固体废物的后期处理，同时兼顾收集方法的可行性。其主要内容是提倡固体废物的分类收集，另外，还要根据处理、处置或利用的要求，采取相应的措施。对收集的容器和包装以及标记和档案等，应有明确的规定和要求。

按收集物的存放形式来分，收集方法可分为混合收集和分类收集。前者只适合于某些种类单一、性质明确的废物的收集，如某些行业工业废物、矿业废物、某些农业废物。后者是根据废物的性质、后期处理方法的不同，将不同的废物分开收集存放。该法不仅可以方便地从废物中回收资源，而且还可减少固体废物的工作量和处理、处置费用，降低对环境的潜在危害，一般常对固体废物采取分类收集。另外，按收集时间来分，收集方法可分为定期收集和随时收集。定期收集是指按固定的时间周期收集废物，优点是可将不合理的暂存减少到最小，并合理经济地安排收运计划；随时收集是指根据废物产生者的要求去收集废物，适于废物的无规律产生者。一般情况下，定期收集适宜产生固体废物量较大的大中型厂矿企业，随时收集适宜小型的企业。

如果固体废物处置设施太小，固体废物产生地点距处置设施较远或本身没有处置设施的地区，为了便于收集管理，可设立中间储存站。

（2）压实技术。压实是利用机械的方法对固体废物施加压力，使废物颗粒变形或破碎，排除颗粒间隙，减小固体废物的空隙率，从而减少其表观体积的处理方法。压实技术适用于处理可压缩性能大而复原性小的物质，如城市垃圾中的纸箱、纸袋，加工业排出的碎小下脚料，废弃的家具和电器等。压实后最明显、最直接的效果是便于存放和运输。是否选择压实处理以及压实的程度，要根据具体情况而定，要有利于固体废物的后续处理。

压实技术在国外较普遍采用，我国现仅在有限的领域内使用。通过压实机械来完成操作过程，常用的有固定型与移动型两种。前者只能定点使用，多用于收集或转运站；后者可用于废物处置所。

（3）破碎技术。破碎是指利用外力克服固体废物质点间的内聚力而使大块固体废物分裂成小块的过程。固体废物破碎的目的有以下几点。

1）处理后可使其容积减小，便于压缩、运输和储存。

2）为固体废物分选提供所要求的入选粒度，以便回收废物的有用成分。

3）使固体废物均匀一致、比表面积增加，提高焚烧、热分解、熔融等作业的稳定性和热效率。

4）防止粗大、锋利的固体废物损坏分选、焚烧和热解等处理设备。

5）为固体废物的下一步加工作准备。例如，煤矸石的制砖、制水泥等，都要求把煤矸石破碎到一定粒度以下。

根据破碎固体废物所用的外力，即消耗能量的形式来分，可分为机械能破碎和非机械能破碎两种。机械能破碎是借助破碎工具对固体废物施力而将其破碎，常用的方法主要有挤压、劈裂、冲击和磨碎等；非机械能破碎是利用电能、热能等对固体废物进行破碎的新技术，如低温破碎、热力破碎、减压破碎及超声波破碎等。

破碎固体废物的常用设备有锤式破碎机、剪切破碎机、腭式破碎机和球磨机等。用于城市垃圾的破碎机械主要有三种类型：冲击磨切型、剪切粉碎型和挤压破碎型。每种类型包含多种不同的结构形式，且应用范围也不尽相同。

（4）分选技术。分选是采用人工或机械的方法将固体废物分门别类地分离开来，回收利用有用物质，或分离出不利于后续处理、处置工艺要求的成分的一种废物处理技术。一般是根据物质的粒度、密度、电性、光电性、摩擦性、弹性以及表面润湿性等特性差异，采用相应的手段进行分选。

分选方法很多，其中手工拣选法是在各国最早采用的方法，适用于废物产源地、收集站、处理中心、转运站或处置场。机械分选方式则大多需在废物分选前进行预处理，一般至少需要经过破碎处理。机械设备的选择视分选废物的种类和性质而定。机械分选技术与设备种类较多，应用范围较广。其中，工业上常用的分选技术包括风力分选技术、磁选技术和筛分技术，分别介绍如下。

1）风力分选。系重力分选最常用的一种方法。重力分选是利用不同物质的密度差异达到轻、重颗粒分离的目的。风力分选利用空气流作为携带介质实现上述目的。根据气流在分选设备内的流动方向不同，风选设备可分为水平气流风选机和上升气流风选机。

2）磁选。是利用磁选设备产生的不均匀磁场，根据固体废物中各种物质的磁性差异进行分选的一种分选技术。主要用于回收、富集黑色金属，或者是在某些工艺中用以排出物料中的铁质物质。磁选技术比较成熟，设备的种类也很多，目前最常用的磁选设备是悬挂带式磁选机和滚筒式磁选机。

3）筛分。是根据固体废物颗粒尺寸大小进行分选的一种方法。在筛分时，通过物料与筛面的相对运动，使筛面上的物料松散开，并按颗粒大小分层，粗颗粒位于上层，细颗粒位于下层，小于筛孔的细粒到达筛面并透过筛孔，大于筛孔的粗粒留在筛面上，从而使粗、细物料分离开。筛分有湿筛和干筛两种操作，化工废渣多采用干筛，如炉渣的处理。在固体废物处理方面，最常用的筛分设备有固定筛、滚筒筛、惯性振动筛以及共振筛。

7.2.2.2　化学法

固体废物的化学法是指通过化学反应使固体废物变成另外的安全和稳定的物质，尽可能降低废物的危害性。此法主要用于有毒、有害的固体废物处理，是一种无害化处理技术。通常为了达到固体废物的最终处理目的，化学法常与浓缩、脱水、干燥等操作连用。共包括以下几种方法。

（1）中和法。呈酸性或强碱性的废弃物，除本身造成土壤酸、碱化外，往往会与其他废弃物反应，产生有害物质，造成进一步污染。因此，在处理前，pH 值宜事先中和到应用范围内。许多化学药剂可用于中和反应。中和酸性废物可采用氢氧化钠、熟石灰、生石灰等；中和碱性废物则通常采用硫酸。

该方法主要用于化工、冶金、电镀与金属表面处理等工业中产生的酸、碱性泥渣。中和反应设备可以采用罐式机械搅拌或池式人工搅拌两种。前者多用于大规模中和处理，后者则多用于间断的小规模处理。

（2）氧化还原法。通过氧化或还原化学反应，将固体废弃物中可以发生价态变化的某些有毒、有害成分转化成为无毒或低毒且具有化学稳定性的成分，以便进行无害化处置或资源回收。例如，含氰化物的固体废物可以通过加入次氯酸钠、漂白粉等药剂，将氰化物转化为毒性小几百倍的氰酸盐，从而达到无害化目的。而利用还原法可以将铬渣中的六价铬还原为毒性较小的三价铬而达到无害化处理。

（3）化学浸出法。该法是选择合适的化学溶剂作浸出剂与固体废物发生作用，使其中有用组分发生选择性溶解后进一步回收的处理方法。按浸出剂的不同，该法可分为水浸、酸浸、碱浸、盐浸和氰化浸等。化学浸出法在固体废物回收利用有用元素中应用很广泛，如用盐酸浸出废物中的镉、铜、镍、锰等金属；从煤矸石中浸出结晶三氯化铝、二氧化钛等。

7.2.2.3　生物法

生物法是利用微生物的生物化学作用，分解固体废物中可降解的有机物，使其达到无害化或实现综合利用的处理技术。这种技术可使有机固体废物转变为能源、饲料和肥料，还可以用来从废品和废渣中提取金属，是固体废物资源化的有效技术方法。具体方法主要有活性污泥法、堆肥法、沼气化法和氧化塘法等。

(1) 活性污泥法。作为传统的生物处理方法，活性污泥法在固体废物渗滤液的处理中应用很广泛。大量的研究已经表明，用好氧生物处理工艺可使垃圾渗滤液处理到相当高的水平。

(2) 堆肥法。堆肥法是指使固体废物中的有机物在微生物的作用下，进行生物化学反应，最终形成一种类似腐殖质土壤的物质的固体废物无害化方法。堆肥的实质是一种发酵过程，根据发酵过程中微生物对氧的需求关系，可以分为好氧堆肥和厌氧堆肥。现代化堆肥工艺基本上采用好氧堆肥法，这是因为好氧堆肥温度高，基质分解比较彻底，堆制周期短，异味小，可以大规模采用机械处理等。

固体废物堆肥有间歇堆积法和连续堆制法。间歇堆积法又叫露天堆积法，是我国长期以来沿用的一种方法。其做法是把新收集的垃圾粪便、污泥等废物混合分批堆积，全部过程需要 30 天至 90 天。这种方法需有一个坚实的不渗水的场地，且面积能满足处理所在城市垃圾排放量的需要。连续堆制法是使原料在一个专门设计的发酵器（或称生物稳定器）内完成动态发酵过程，之后将物料运往发酵室堆成堆体，再静态发酵。机械连续堆制法具有发酵快、堆肥质量高、能防臭、能杀死全部细菌、堆肥粒度整齐、不破坏土壤、有利于作物吸收、成本较低等特点，是目前常用的现代化堆肥技术。

(3) 沼气化法。沼气化法（又称厌氧消化）是在完全隔绝氧气的条件下，利用厌氧微生物的生物转化作用，将废物中大部分可生物降解的有机物分解为稳定的无毒物质，同时获得以甲烷为主的沼气。沼气是一种比较清洁的能源，可以回收利用，使得该法成为废物资源化的又一种途径。该技术已在城市有机垃圾、污水处理厂的污泥、农业固体废物、粪便处理中得到广泛应用。为了使沼气发酵持续进行，必须提供和保持沼气发酵中各种微生物所需的条件。沼气化法一般在隔绝氧的密闭沼气池中进行。

(4) 氧化塘法。氧化塘又称生物塘或稳定塘，是一种利用天然或人工修整的池塘进行废水处理的构筑物。按氧化塘内的微生物类型和供氧方式可分为好氧塘、兼性塘、厌氧塘和曝气塘。

7.2.2.4 固化法

固化处理是利用物理或化学方法将有害固体废物固定或包容在惰性固体基材内，使之呈现化学稳定性或密封性的一种无害化处理方法。固化后的产物应具有良好的机械性能、抗渗透、抗浸出、抗干、抗湿与抗冻融等特性。

当前较成熟的固化方法主要有 6 类：水泥固化、石灰固化、热塑性材料固化、有机聚合物固化、自胶结固化、玻璃固化。

(1) 水泥固化。水泥固化是以水泥为固化基质，利用水泥与水反应后形成坚固块体，将有害废物包容其中，从而减小表面积，减低渗透压，使之能在较为安全的条件下运输和处置。

水泥固化法具有工艺设备简单、操作方便、材料来源广泛、费用相对较低、产品机械强度较高等特点。该法在原子能工业固体废物与液体废物处理以及有毒有害废物处理中得到了广泛应用。缺点是产品体积增大，最终处置费用增大。

(2) 石灰固化。以石灰为固化基质，以活性硅酸盐类为添加剂的一种固体废物的方法，工艺与设备大体与水泥固化相似。

石灰固化法适用于固化钢铁、机械的酸洗废水和废渣、电镀污泥、烟道脱硫废渣和石油冶炼污泥等。固化体可以作为路基材料或沙坑填充物。该法有使用的材料来源丰富、价廉易得、操作简单、不需要特殊的设备、处理费用低等优点。其主要缺点是石灰固化体的增容比大，易受酸性介质侵蚀，需要对固化体表面进行涂覆。

(3) 沥青固化。沥青固化属于热塑性材料固化。热塑性材料除沥青之外，还有聚乙烯、石蜡、聚氯乙烯等。在工程上沥青固化应用较为普遍。目前使用的沥青主要来源于原油蒸馏余渣，即石油沥青。主要成分为脂肪烃与芳香烃混合物。

利用沥青固化固体废物的种类大体与水泥固化相同，但由于这种固化法是在较高温度下操作，因此，含水率较高的废物需预先脱水。此外，尚须考虑被固化的废物中尽量少含氧化性与导致沥青黏度增大的物质。

(4) 玻璃固化。这种固化以玻璃原料为固化基质。将待固化的废物首先在高温下煅烧，使之形成氧化物，然后再与熔融的玻璃料混合，在1 000～1 200℃温度下烧结，冷却后形成十分坚固而稳定的玻璃体。操作方式可以采用间歇性平罐式，也可以采用连续性操作的设备，将熔融与煅烧分别在两个设备中进行，并设计成连续出料方式。

目前，玻璃固化较普遍采用的是磷酸盐和硼硅酸盐玻璃。硼硅酸盐玻璃对设备材质要求较低，产品浸出率低，晶析倾向性小，是比较好的固化基质材料。玻璃固化主要适应于处理含高放射性的固体废物，不适宜大型工业化有害固体废物的固化处理。

固化法一般成本较高，工程费时，常用于处理有害有毒废物，如重金属沉淀污泥、放射性废物等。

7.2.2.5 热处理法

(1) 焚烧法。焚烧法是利用燃烧反应，使固体废物中可燃性物质发生氧化反应，生成二氧化碳和水等可向环境排放的产物和热能的过程。固体废物经过焚烧，体积一般可减少80%～90%；一些有害固体废物通过焚烧，可破坏其组织结构或杀死病原菌，达到解毒、除害的目的。但是，由于有机废物可能还含有硫、卤素、磷、无机盐等，在焚烧过程中将生成有毒气体和灰尘等，造成二次污染，而且投资和运行管理费用也较高。因此，焚烧炉处理固体废物时，应增设除尘设备，防止灰尘、烟气造成二次污染。

(2) 热解。在无氧或缺氧的状态下加热有机物，使之分解的过程称为热解。即热解是利用有机物的热不稳定性，在无氧或缺氧条件下，利用热能使化合物的化合键断裂，由大分子有机物转化成小分了可燃气体、液体燃料和焦炭等的过程。

燃料热解是一个复杂的、同时的、连续的化学反应过程。在反应中包含着复杂的有机物断键、异构化等反应。其热解的中间产物一方面进行大分子裂解成小分子直至气体的过程，另一方面又有使小分子聚合成较大分子的过程。

将可燃性废物在无氧气氛下加热，约在500～550℃转化为油状，如进一步加热到900℃，几乎全部汽化。把热解温度控制在油化阶段，由废物得到油、焦油等，精制后得到燃料油，这是热解的油化过程。在800～900℃下进行热分解是热解的燃气化过程。

热解法的主要优点是能够将废物中的有机物转化为便于储存和运输的燃料，而且尾气排放量和残渣量较少，是一种污染的固体废物处理与资源化技术。适于采用热解法的有城市垃圾、污泥、工业废料，如塑料、树脂、橡胶以及农林废料、人畜粪便等含有机物较多的固体废物。

(3) 焙烧。焙烧是在适宜条件下将物料加热到一定的温度（低于熔点），使其发生物理化学变化的过程。焙烧过程有加添加剂和不加添加剂（也称煅烧）两种类型。加添加剂的焙烧，添加剂可以是气体或固体，固体添加剂兼有助熔剂的作用，使物料熔点降低，以加快反应速度。按添加剂的不同，可分为氧化焙烧、还原焙烧、氯化焙烧、硫酸化焙烧、碱性焙烧、钠化焙烧等。

影响固体物料焙烧的转化率与反应速度的主要因素是焙烧温度、固体物料的粒度、固体颗粒外表面性质、物料配比以及气相中各反应组分的分压等。

焙烧过程所用设备，按固体物料运动特性，可分为固定床、移动床和流动床几类。按其所用加热炉的形式可分为反射炉、多膛炉、竖窑、回转窑、沸腾炉、施风炉等。

7.3 城市垃圾处理

随着人类物质文明程度的提高和城市化进程的发展，城市生活垃圾越来越多。据统计，世界城市垃圾以快于经济增长速度 3 倍的速度在增加，城市垃圾年平均增长速度约为 8.2%，经济发达国家如美国、日本、德国、荷兰及奥地利等国家每年投入的资源有 50%～75%将在 1 年内以废物的形式重返到大自然。我国经济高速发展，GDP 的增长率为 8%左右，城市垃圾的增长速度超过 10%。目前，由社会发展产生的城市垃圾所造成的环境污染和资源浪费已经成为危害生态环境、制约经济发展和社会进步的主要因素。

7.3.1 城市垃圾

7.3.1.1 城市垃圾的组成

城市垃圾是指在城市居民日常生活中或者为城市日常生活提供服务的活动中产生的固体废物，以及法律、行政法规规定的视为城市垃圾的固体废弃物，不包括工厂排出的固体废物。城市垃圾一般包括生活垃圾、公共厕所和道路清扫物及建筑垃圾等。城市垃圾的主要组分有重金属（Cu、Fe、Pb、Hg、Cr、Cd 等）及其化合物、非金属无机化合物（硫化物、硝氮、氨氮、氧化氮、卤化物和磷化物等）、有机化合物三类。垃圾中各组分的含量与居民所处的阶层、生活水平和习惯等因素有关，表 7—1 为我国部分城市的垃圾组成。

表 7—1　我国部分城市的垃圾组成　　%

成分＼城市	北京	天津	无锡	湘潭	厦门	杭州	武汉
无机物	60	67	78	80	75	72	66.4
有机物	35	26	17	17	22	23	30.8
可回收废品	5	7	5	3	3	5	2.8

7.3.1.2 城市垃圾分类

尽管城市垃圾按不同的分类原则有不同的分类方法，但是垃圾的分类一定要有利于垃圾的回收和再利用。例如，为解决好垃圾回收再利用的问题，德国政府将垃圾分为 10 类，要求市民将垃圾装在不同颜色的垃圾桶里。城市垃圾分类如下。

(1) 按城市垃圾构成成分分为有机垃圾、无机垃圾和大件有机、无机综合类垃圾，其中属于有机垃圾的主要为厨房类垃圾、废塑料、废化纤织物、废布、废纸等；属于无机垃圾的主要为废金属、废玻璃、建筑渣石等；属于大件有机、无机综合类垃圾的主要为即将大量产生的废旧电视机、废旧计算机、大件废旧家用电器、废旧家具，以及今后会出现的废旧汽车等。

(2) 按垃圾是否会对环境构成危险分为普通垃圾（如食品类垃圾、废塑料、废金属、废纸、杂草、树枝、落叶等）和危险垃圾（如废电池、废荧光灯管、油漆涂料等）。

(3) 按是否能再利用分为可再生垃圾（如废纸、废塑料、废金属、废玻璃制品、废旧家具等）和不可再生垃圾（如厨房类垃圾、果皮等）。

随着城市现代化程度的提高，居民的物质生活水平、生活习惯、价值观念也发生了改变，垃圾的构成也相应地发生了很大变化，如有机物增加、可燃物增多、可回收利用物增多。

7.3.1.3 城市垃圾的性质

城市垃圾的性质主要包括物理性质、化学性质、生物特性和感觉特性等。其中对垃圾处理、处置和利用技术影响较大的因素，主要是垃圾的组分、含水率、容重、热值及挥发分，其中组分已在本节第一部分作了介绍。

(1) 垃圾含水率。垃圾含水率是水在垃圾中所占的质量分数，用公式表示如下：

$$W = \frac{A-B}{A} \times 100\% \tag{7—1}$$

式中 W——垃圾含水率,%；

A——垃圾试样的质量，kg；

B——垃圾试样烘干后的质量，kg。

垃圾含水率也可以用垃圾各组分的含水率进行计算：

$$W = \sum_{i=1}^{n} w_i = \sum_{i=1}^{n} (m_i c_i) \tag{7—2}$$

式中 w_i——垃圾中第 i 种组分的含水率,%；

m_i——垃圾中第 i 种组分的组分分数,%。

(2) 容重。容重是指单位体积的垃圾的质量，以 kg/L、kg/m^3 或 t/m^3 表示。垃圾的容重是选择和设计储存容器、收运机械与设备、处理设备和填埋构筑物的重要依据。容重值与垃圾组成和压缩程度有关。表 7—2 给出了常见城市垃圾不同压缩情况下的容重。

表 7—2　常见城市垃圾不同压缩情况下的容重　kg/m^3

垃 圾	范 围	典型值
未压缩的普通垃圾	90～180	130
经运输车压缩的垃圾	180～440	300
加工后压缩成型的垃圾	600～1 070	710
填埋场中正常压缩的垃圾	360～500	440
填埋场中良好压缩的垃圾	600～740	600
粉碎后未压缩的垃圾	120～270	210
粉碎且已压缩的垃圾	650～1 070	770

（3）热值。单位质量的垃圾完全燃烧时所放出的热量，称为垃圾的发热量或热值。热值是衡量垃圾可燃性的重要参数。从理论上讲，只要垃圾的热值大于 3 700 kJ/kg，无须加助燃剂，也可实现垃圾的自燃烧。

（4）挥发分。挥发分又称挥发性固体，是反映垃圾中有机物含量近似值的指标参数，用 VS 表示。它是以垃圾在 600℃温度下的灼烧减量作为指标，对选择处理方法非常重要。

7.3.2 城市垃圾处理

7.3.2.1 城市垃圾预处理、收集、运输

《中华人民共和国固体废物污染环境防治法》第四十二条规定："对城市生活垃圾应当及时清运，城市垃圾应当逐步做到分类收集和运输，并积极开展合理利用和实施无害化处理"。

城市垃圾从收集、中转、运输至最终处理，组成了一个完整的城市垃圾的处理系统。该系统中的前三个环节即收集、中转和运输被称为城市垃圾的收运系统，所涉及的具体内容有：垃圾收集技术、分类收集技术、收集站、转运站、收集车辆等。鉴于城市垃圾处理工艺的差异，有时需对城市垃圾进行最终处理前的预处理，主要措施有分类、破碎、风力、分选、磁选、静电分选及加压等。

目前，各国用于收集城市垃圾的容器主要是金属或塑料制成的垃圾桶、垃圾箱和塑料袋、纸袋等。运输垃圾应使用车厢密闭的垃圾专用运输车。有些垃圾专用运输车带有压缩和破碎垃圾的装置。此外，垃圾运输还包括管道输送、真空或正压输送、水力输送等。

7.3.2.2 城市垃圾的处理

世界上垃圾处理的方法很多，且因各国的具体情况不同而差异很大。目前，已有不少的方法在世界各国研究成功并已应用，如填埋法、堆肥法、焚烧法、蚯蚓床法、热解法等。其中填埋法、堆肥法、焚烧法是最基本的方法。

（1）填埋。土地填埋处置在大多数国家已成为固体废物最终处置的一种主要方法。按照处置对象和技术要求上的差异，土地填埋主要分为卫生土地填埋和安全土地填埋两类。前者适于处置生活垃圾，后者适于处置工业固体废物特别是有害废物。

卫生土地填埋始于 20 世纪 60 年代，它是在传统的堆放、填埋的基础上，从保护环境角度出发，在科学上取得的一种进步。它区别于传统的垃圾堆放和填埋处置。

卫生土地填埋是一种经过科学的选址、必要的场地防护处理和具有严格的管理制度的科学工程操作方法。卫生土地填埋通常是把运到土地填埋场地的废物在限定的区域内铺散成 40～75 cm 的薄层，压实以减少废物的体积，并在每层操作之后用一层厚 15～30 cm 的土壤、沙或粉煤灰等覆盖、压实。废物层和土壤覆盖层共同构成一个填筑单元。当填埋至最终的设定高度之后，再在该填埋层上覆盖一层 90～120 cm 的土壤，压实后即成为一个完整的卫生填埋场。

卫生填埋主要分为好氧、半好氧和厌氧三种类型。目前，广泛采用的是厌氧式填埋，因为其操作简单，施工费用低，同时还可回收甲烷气体。好氧和半好氧式填埋虽然温度高，降解的速度快，但由于工艺较复杂，费用较高，尚处于研究阶段。

（2）堆肥。堆肥在我国有着悠久的历史，它是将城市中的粪便和垃圾中的可降解有机物在微生物发酵作用下，使废物转化为肥料的方法。在堆肥过程中，微生物在分解有机物的同时放出热量，其温度可达 50～55℃，并可维持一定的时间，从而将堆料中的寄生虫卵、病

原菌、蝇蛆、病害虫等杀死。有机物分解后形成腐殖质，实现了城市垃圾的无害化处理。

处理城市生活垃圾主要采用好氧堆肥法。在操作过程中只要控制好影响堆肥中的因素即可提高堆肥的效率，取得较好的卫生效果。近年来我国的垃圾堆肥技术发展很快，堆肥生产趋向专业化。北京、上海、武汉、无锡、常州、天津、沈阳等城市已自行设计了适合我国的机械化垃圾堆肥处理生产线。但是，我国城市垃圾堆肥仍存在产品肥效较低、质量较差、销路不好等问题，使企业难以维持运转。

（3）制取沼气。利用城市垃圾制取沼气有两种方法。一种方法是垃圾的卫生填埋，自然发酵产生沼气。此法产生的气体含甲烷 45%～60%，二氧化碳 35%～50%以及少量的其他碳氢化合物和硫化氢，可将所产生气体加以收集、净化。另一种方法是垃圾沼气化，即利用有机垃圾、植物秸秆、人畜粪便、活性污泥等制取沼气。该法工艺简单、质优价廉，是替代不可再生资源的一种有效途径。

（4）生物处理。生物处理是指通过生物转化，将城市垃圾中易于生物降解的有机组分转化为腐殖质肥料、沼气或其他转化产品（如饲料蛋白、乙醇或糖类），从而达到城市垃圾无害化和资源化的一种处理方法。生物处理大体可分为好氧生物、厌氧生物和混合生物处理三种类型。目前，对于可生物降解的城市垃圾的处理，世界各国主要采用堆肥、卫生填埋、厌氧发酵和环节动物转化。

环节动物转化中应用最广泛的是蚯蚓床，是利用蚯蚓处理城市有机垃圾和粪便的一种方法。蚯蚓能将这些城市垃圾转变为肥效高、无臭味的蚯蚓粪土，还能获得大量蚯蚓体作为医药原料，同时蚯蚓体内蛋白质含量与鱼肉相当，是家畜和水产养殖的优良饲料。蚯蚓处理有机垃圾的机理是：首先，蚯蚓体内分泌能分解蛋白质、脂肪、纤维素和碳水化合物的各种酶类。其次，蚯蚓消化道中有大量细菌、霉菌和放线菌等微生物，分解消化有机垃圾的能力很强。

（5）焚烧。采用焚烧法处理城市垃圾，可以使垃圾减容、减重、回收能源，还可使某些有害成分分解和去除，是较理想的处理方法。但因该法对垃圾热值要求较高，设备投资大，运行成本高，焚烧中会产生二次污染等原因，目前除少数发达国家外，还未在世界各国普遍使用。

焚烧对于那些不能回收有价物、只能回收热能的垃圾，才是科学、合理的。

在我国，虽多数城市垃圾仍然采用填埋法处理，但考虑到土地资源有限、城市人口膨胀的现实情况，采用焚烧法处理城市垃圾的比例将会逐年增长。

该法处理垃圾与填埋法相比，具有占地小、场地易选择、处理时间短、减量化显著、无害化程度较彻底以及可回收余热等优点。垃圾焚烧发电是实现垃圾资源化、减量化、无害化的有效途径之一，既可减轻垃圾污染，又能产生电能，一举两得，是许多发达国家普遍采用的垃圾处理方法，也是垃圾处理的发展趋势。在日本、荷兰、瑞士、丹麦、瑞典等国已成为垃圾处理的主要手段，瑞士垃圾 80%为焚烧，日本、丹麦垃圾 70%以上为焚烧。

我国第一座工业化垃圾焚烧发电厂，1987 年建于深圳市，日处理城市生活垃圾 300 t，为 2 台 150 t/d 焚烧炉，发电机装机容量 3 000 kW，其技术和设备引自日本三菱重工。“十五”期间，国家已经在上海、天津、杭州、哈尔滨等大城市建成垃圾焚烧发电厂近 30 座，而按照国家“十一五”规划要求，拟建和在建的垃圾焚烧发电厂还将有近 60 座。各省垃圾焚烧发电厂的建设步伐也在加快，仅在福建一省，将在未来 3 年中再建设 20 座垃圾焚烧发电厂，垃圾焚烧发电无害化处理率将达到 70%的世界发达国家水平。

7.3.2.3　城市垃圾的资源化

城市垃圾是丰富的再生资源的源泉，其所含有机物包括天然的和人工合成的，如天然的橡胶、木材、纸张、蛋白质、淀粉、纤维素、油脂等以及人工合成的塑料、橡胶、纤维素等。这些有机物都具有可燃性，能通过热分解和焚烧回收能源和能量。前者通过热分解获得燃料，后者通过焚烧可获得发电和供热的能量。

(1) 资源回收。目前，随着科技进步和社会发展，采用现代化收集、分选和利用城市垃圾中的有用部分已成为可能，这不仅保护了环境，节约了自然资源，还为社会开发出新的资源和财富。例如，废纸是造纸的再生原料，每处理利用 1×10^6 t 废纸，可避免砍伐 600 km^2 的森林。处理加工 20～30 t 罐头盒，可回收 1 t 锡，相当于少开采冶炼 400 t 矿石。处理回收垃圾中的黑色金属，除可回收这类金属外，还可节约用铁矿石炼钢所需电能的 75%，节省水 40%，而且还显著减少对大气的污染，降低矿山和冶炼厂周围堆积废石的数量。利用城市垃圾中可食用的有机物加工饲料，不仅可减少其对环境的污染，还可获得补充饲料的来源，明显提高农业效益。若用 1×10^6 t 食品废弃物加工成饲料，相当于节省 3.6×10^5 t 饲料加工用的谷物。

近年来，世界上许多工业发达国家都大力开展了从垃圾中回收有用成分的工作，如美国在处理电器废旧物料中，回收了大量贵金属，仅 AMAX 公司一年就可从中回收白金 5 万磅、黄金 100 万盎司、白银 20～25 万磅。比利时把废旧塑料通过注塑机制成塑料小颗粒，再把这些五颜六色的小塑料颗粒制成有使用价值的人造大理石、人造地板、墙面等产品，既美观又实用。

我国从城市垃圾中回收利用有用成分目前尚多依赖于人工废品回收系统。废纸、废金属、玻璃等，大多数通过这个系统回收，作为资源重复利用。我国每年城市废旧物资回收金额达 48 亿元。北京市每年从居民中收购的废物达十几万吨，相当于该城市垃圾总量的 10%。

(2) 能源回收。从总的趋势看，城市垃圾中的有机成分比例逐渐上升，不少国家的城市垃圾中有机成分占 60%以上。其中如废纸、塑料、旧衣物等热值较大，可作为煤的辅助燃料，用于发电，也可生产蒸汽，或干馏成煤气作为能源，用于供暖或生产的需要。欧洲各国及日本等现代化的垃圾焚烧厂，一般附有发电厂或供热动力站。我国 1999 年在上海江桥兴建的垃圾焚烧厂采用西欧先进技术，环保标准较高，可日处理垃圾 5 000 t，日发电 4.6×10^5 kW·h。住房和城乡建设部最新统计资料介绍：截至 2006 年年底，焚烧处理量占全部垃圾处理总量的比例约为 13%，与 2005 年相比上升了 3 个百分点。我国垃圾通过焚烧发电进行处理的比重，已接近国际水平。

另外，用城市垃圾生产沼气，制造堆肥，已在我国城镇普遍采用。

7.3.2.4　白色污染的处理

(1)“白色污染”的危害。“白色污染”是对塑料制品、包装品使用后被遗弃于环境中对环境所造成的污染的一种形象称谓。“白色污染”给环境带来的主要危害在于“视觉污染”和“潜在危害”。视觉污染是指散落在环境中的废塑料制品对市容、景观的破坏。在城市、旅游区、水体、铁道旁散落的废塑料给人们的视觉带来不良刺激，影响城市、风景点的整体美感。我们将这种情况称为“视觉污染”。

潜在危害是指废旧塑料制品进入环境后，由于很难降解，造成长期的、深层次的生态环境问题。首先，废旧塑料制品混在土壤中，影响农作物吸收养分和水分，将导致农作物减产；其次，抛弃在陆地或水体中的废旧塑料制品，被动物误食，会造成生病甚至死亡；最后，混入生活垃圾中的废旧塑料制品很难处理：填埋处理将会长期占用土地，混有塑料的生活垃圾不适用于堆肥处理，分拣出来的废塑料也因无法保证质量而很难回收利用。

目前，人们强烈关切的主要是“视觉污染”问题，而对于废旧塑料制品长期的、深层次的“潜在危害”，大多数人尚未充分认识。

(2) 防治“白色污染”的对策。解决“白色污染”的最好方法是标本兼治，一方面应及时有效地处理既生垃圾，另一方面用能降解、易降解的制品代替塑料。目前具有实用意义的纸餐具、可降解塑料餐具等相继推出，有的已投入市场使用，这些都将加快根治“白色污染”的进程。

加强环保宣传，提高公民的环保意识，在社会上形成良好的环保氛围，也是解决白色污染及其他各种形式污染的必不可少的措施。例如，在日常生活中，应拒绝使用超薄塑料袋买菜或盛装食物，买菜可用菜篮子或较厚塑料袋，避免使用上的一次性，从而减少塑料袋对环境的污染。

(3)“白色污染”的处理方法

1) 直接再生利用。直接再生利用是将废旧塑料直接塑化、破碎后塑化，再成型加工制得再生塑料制品。包含加入如稳定剂、防老化剂和着色剂等适当助剂组分，改善加工性能、外观及抗老化。直接再生利用的废旧塑料依据来源、清洁程度、混杂程度和使用目的不同可分为三类。一是将单一品种的干净废塑料直接回用或经破碎后利用。如工厂的边角料等不合格品、商业部门回收的包装料和防震料等不需要分拣、清洗，经破碎后可掺入新料使用，制作包装、建筑、农用及工业器具的塑料原料；二是必须经过鉴定、清洗、干燥、破碎后造粒或直接塑化成型。如废农膜、使用后的一次性塑料制品、家电配件和外壳、汽车配件等。三是经过特别预处理后再利用，如各类发泡塑料，进行消泡后再利用。

废塑料直接再生利用是简单再利用，有的可直接回用，有的经过粉碎、切碎等简单加工后制成填充物、隔音隔热板、防震包装材料、加塑混凝土和土地改良剂等，有的还可熔融切片造粒作为半成品出售。废塑料直接加工成的制品多为厚壁制品，如板材或棒材等，有的在加工时装入一定比例的木屑和其他无机物包裹木棒、铁心等制成特殊用途制品。

2) 改性利用。改性利用是废旧塑料的发展方向，废旧塑料的改性能改善再生料的力学性能，满足专用制品要求。改性包括用活化无机填料进行填充改性、用纤维进行增强改性、用弹性体进行增韧改性、用树脂制备高分子合金改性、改变废塑料的高分子链结构的化学改性等。

所有热塑性废旧塑料都可以改性利用，生产再生塑料板材、管材、片材、零部件、容器等。例如，以废旧聚氯乙烯塑料混入煤焦油加入塑化剂、催化剂、热稳定剂等，可加工制成耐低温油毡，这是一种新型防水材料。聚氯乙烯用邻苯二甲酸二丁酯（DOP）改性，制得的防腐涂料有较好的物理机械性能、耐化学腐蚀性和光泽度。

3）热裂解转化。热裂解又称干馏，是将有机物在无氧或缺氧状态下加热，使大分子的塑料聚合物在高温下发生分子链断裂，生成分子较小的混合烃，经蒸馏分离成石油类产品。裂解产物包括以 H_2、CO、CH_4 等低分子碳氢化合物为主的可燃性气体，乙酸、丙酮、甲醇等化合物的燃料油，纯碳与玻璃、金属、土砂等混合形成的炭黑。此法主要适用于热塑性的聚烯烃废塑料。一般温度越高，气态的碳氢化合物比例越高。温度超过 600℃的高温热裂解主要产物是混合燃料气，如 H_2、CH_4、轻烃，温度在 400～600℃热裂解主要产物为混合烃、石脑油、重油、煤油混合燃料油等液态产物和蜡。聚烯烃等热塑性塑料热裂解主要产物是燃料气和燃料油。废聚苯乙烯塑料热裂解产生物主要是苯乙烯单体，PVC 塑料热分解产生 HCl 酸性气体。

热分解回收系统是全封闭的。从塑料废弃物高温回收塑料，能储存大量有价值的石油化学产品。用此法处理塑料废弃物比焚化或用做燃料获益更大。

热分解塑料废物的主要困难是塑料导热性差，使大规模的高分子热裂解不容易进行。采用管式和鼓式炉及流化床加热炉等外部加热方法，难以生产出高质量的热解油。用经夹套喷射管加热的流化床做热解反应器可提高热解效率，使 50%的废塑料及含有 95%的芳烃以液态形式得到回收。该法可回收肮脏的或混合的塑料废物。

4）焚烧。将城市垃圾中的废塑料分选出来进行燃烧可用于产生蒸汽或发电。废塑料焚烧回收热能和电能必须达到一定的规模，日处理量至少要在 100 t 以上，才能取得经济效益。废塑料是理想的燃料，含氯量控制在 0.4%以下可制成固体燃料。方法是将废塑料粉碎成细粉，调成浆液制成燃料。

7.4 危险固体废物的处理

危险固体废物是固体废物的一种，亦称有毒有害废物。在无毒无害固体废物、城市固体废物和危险固体废物三大类中，危险固体废物是最难处理的一类。危险固体废物影响环境的途径很多，其生产、运输、储存、处理到处置的各个过程，都可能对环境造成重大的影响。目前，我国危险固体废物的处理仍然处于初级阶段，收集与处理设施较少，规范和标准还未建立起来。

7.4.1 危险固体废物

7.4.1.1 危险固体的定义

危险固体废物简称危险废物，又称有害废物、有毒有害废物。根据《中华人民共和国固体废物污染环境防治法》规定，危险废物是指列入国家危险废物名录或者国家规定的废物鉴别标准和鉴别方法认定的具有危险特性的废物。危险固体废物的通常特性主要包括有毒性、浸出毒性、易燃易爆性、腐蚀性、反应性、传染性、放射性等。

7.4.1.2 危险固体废物的鉴别

危险固体废物鉴别非常重要，鉴别方法主要有两种。

（1）危险固体废物。目前，国际上许多国家采用名录加鉴别标准的方法对危险废物进行鉴别。一些危险废物不需要进行分析鉴别即能确定其是否属于危险废物，如医疗废物、电镀母液等，只根据废物产生来源即可确定其是否属于危险废物。

我国规定，凡是列入《国家危险废物名录》中的废物均为危险废物，必须纳入危险废物管理体系进行统一管理。

(2) 危害特性鉴别法。危害特性鉴别法就是按照一定的标准通过测试废物的性质来判别固体废物是否属于危险废物。由于危险特性种类较多，从实用的角度通常主要鉴别废物的腐蚀性、可燃性、反应性、毒性这四种性质。

我国的《危险废物鉴别标准》(GB 5085.1～7—2007) 规定了腐蚀性鉴别、急性毒性初筛、浸出毒性鉴别、易燃性鉴别、反应性鉴别、毒性物质含量鉴别六大类的标准、方法和要求，其中浸出毒性鉴别以无机重金属为主。

7.4.1.3 危险固体的管理

基于危险固体废物的特殊危险性和潜在的危害性，必须做好其管理工作。固体废物管理的主要方法是建立和完善相关的法律法规，运用法律手段加强危险固体废物的管理。目前我国与危险固体废物有关的法律法规和标准有《医疗卫生专用包装物、容器标准和警示标识规定》(2003)、《中国禁止或严格限制的有毒化学品名录》《危险废物污染防治技术政策》《危险物转移联单管理办法》《医疗卫生机构医疗废物管理办法》《危险废物集中焚烧处理工程建设技术要求（试行）》《医疗废物集中处理技术规范》《危险废物焚烧污染控制标准》等。

危险固体废物的管理应遵循以下原则：

(1)“减量化、资源化、无害化”原则。

(2) 3R (Reduce、Reuse、Recycle) 原则。即减量、再利用、再循环，这也是循环经济最重要的三个实际操作原则。

(3) 全过程管理原则。即从危险固体废物的产生、流通、处理处置各环节进行管理，包括废物产生、鉴别、标识、分类、收集、交换、运输、储存、再循环、再利用、处理与处置等过程。

(4) 集中处置原则。目前危险固体废物收集量少，从实现规模效益、降低社会管理成本的角度，特别是从减少危险废物处置过程环境影响的角度考虑实行集中处置是合理的也是必需的。

7.4.2 危险固体废物的处理

危险废物种类繁多，处理方法各异，如填埋法、焚烧法、固化法、化学法、生物法等。不同的危险固体废物有不同的处理方法。在选择危险固体废物处理方法时，应根据处理对象的化学组成、物理性质、可生物降解特性确定具体处理方法。

7.4.2.1 填埋法

危险固体废物的土地填埋是一种最终的经济和技术管理手段，主要是采用工程措施来控制、减少和消除危险废物的危害，是在采取各种处理之后的最后一种处置措施。

处置危险固体废物须采用安全填埋场。安全填埋场实际上是土地卫生填埋方法的进一步改进，对填埋地的构造和安全措施要求更为严格。危险固体废物填埋工艺必须根据安全填埋场的地质、地貌特点，充分考虑填埋危险固体废物特性、日填埋量和填埋年限，最大限度地减少渗滤液等污染源的产生、利用填埋区域的有效容积并满足危险废物填埋污染控制标准。

7.4.2.2 焚烧法

焚烧法主要适用于那些不宜回收利用但可焚烧的危险废物，而有利用价值的危险固体废物应优先考虑回收利用，使其资源化。对常规的危险废物焚烧处理而言，焚烧只是一种实现无害化和减量化的方法，通过回收能源实现资源化则较困难。因此与生活垃圾焚烧不同，危险废物焚烧的主要目的是危险废物的无害化与减量化，而不是资源化。通过燃烧反应，绝大多数有机危险物可经过高温氧化分解而去除，病菌和病毒可在高温条件下杀死，废物体积或质量亦可大大减小。

焚烧法是一种适应范围较广的危险废物处理方法，不仅可以处理固体废物，也可处理液体废物和气体废物；尤其适用于有机组分较多、热值高的危险废物，处理热值低的废物时，需要大量辅助燃料，因此运行费用较高。通常，用于城市生活垃圾和一般工业废物焚烧处理的各种焚烧炉，如多段炉、旋转窑焚烧炉、流动床焚烧炉等，都可以用来焚烧处理危险废物。其中，旋转窑焚烧炉是最常用的炉型。在美国旋转窑焚烧炉的数量占危险废物焚烧炉的75%以上，两室、固定床焚烧炉约占15%，其余10%为多室和流化床焚烧炉。

7.4.2.3 固化法

危险固体废物固化的目的，是使其有害组分呈现化学惰性或被包容起来，以便运输、利用和处置。固化工艺对有害的液态或半液态废物，或易于浸出有害成分的固体较为适应。目前常用的固化工艺在前面已作介绍，在实际操作中应结合待处理危险固体废物的特性选择合适的固化方法。如水泥固化和石灰主要用于有毒的无机物固化，但不适应于有机物和有毒阴离子；塑料固化主要用于电镀污泥和放射性废物的固化；沥青固化主要用于中、低放射水平的蒸发残渣、焚烧灰、塑料废物、毒性较大的污泥及砷渣等废物的固化；玻璃固化主要用于高放射性废物的固化处理，如普雷克斯废液。

危险废物固化处理的基本要求如下：

（1）经固化处理后形成的固化体应具有良好的抗渗透性、抗浸出性、抗干旱性、抗冻融性及足够的机械强度等，最好能作为资源加以利用，如用做建筑基础和路基材料等。

（2）固化过程中材料和能量消耗要低，增容比（即所形成的固化体体积与被固化废物的体积之比）要低。

（3）固化工艺过程简单、便于操作，应采取有效措施减少有害物质的逸出。

（4）固化剂来源丰富、价廉易得。

（5）处理费用低。

7.4.2.4 化学法

化学法是指通过化学反应，将危险废物有害成分转变为无害的最终产物或更适合于下一步处理或处置的形态。主要的化学处理技术有中和、氧化还原、沉淀及水解等。

7.4.2.5 生物法

许多危险废物或其渗滤液经过微生物的生物化学作用，能将复杂有机物分解为简单物质，有毒物质转化为无毒物质。解除毒性后的废物可以被土壤和水体所接收。目前，生物法有堆肥法、沼气化法及氧化塘法等。

7.4.3 工矿企业固体废物处理

工矿企业的生产过程中会产生大量的固体废物，主要有冶炼渣、粉煤灰、炉渣和煤矸石等。有些工矿企业固体废物经适当处理后可作为资源进行回收利用，如高炉渣、钢渣、赤泥、煤矸石及粉煤灰等（过去多采用露天堆存法、建坝堆存法、海洋投弃法等），它们在建筑材料、冶金原料、农用和回收能源方面有广泛的用途；有些工矿企业固体废物如有毒废渣，需经过严格资源化处理后方能加以回收和利用。

7.4.3.1　含汞废渣

含汞固体废物主要包括汞矿和冶炼厂排出的含汞矿石烧渣以及化学工业中的聚乙烯生产产生的汞渣碳、水银法制氯碱、电解法生产烧碱、定期更换下的含汞催化剂等。由于汞的沸点低于废物中其他物质，目前，国内外多采用焙烧法处理并回收废物中的汞。此外，还有氧化法和固定法。

对于含汞污泥和固态含汞废物，一般先加入碱系药剂处理再送去焙烧；对于含汞金属或玻璃类废物，需先将其加工破碎，并用药剂处理后再去焙烧。焙烧所产生的气体含汞蒸气，经除尘器除去大部分灰尘后，进入冷凝器回收其中的大部分汞。尾气再依次进入吸收塔和吸附器，吸收剩余汞蒸气。另外，尾气由鼓风机经烟囱排出。因此，含汞废物焙烧系统需有尾气和废水处理装置，以免环境受到污染，另外残渣需作安全填埋处理。

7.4.3.2　含铬废渣

铬渣是冶金和化工部门在生产金属铬或铬盐时排出的废渣，其中所含的六价铬的毒性较大。处理方法是：将毒性大的六价铬还原为毒性小的三价铬，并生成不溶性化合物，在此基础上再加以利用。其综合利用的方法有：代替白云石、石灰石炼铁，此法可完全还原六价铬；代替铬铁矿粉作玻璃着色剂；代替蛇纹石制钙镁磷肥等。

7.4.3.3　电镀污泥

电镀污泥是电镀废水处理过程中产生的排放物，含有大量的铬、镉、镍等有毒重金属，是一种典型的危险废物。传统的处理方法是水泥固化和以回收有价金属为目的的浸取法，但均存在对环境二次污染的风险，要解决这些问题必须采取新的研究途径。近年来，利用热化学处理技术实现对电镀污泥的预处理或安全处置为未来电镀污泥的处理提供了更广阔的发展空间和前景。最新的研究显示，热化学处理技术在电镀污泥的减量化、资源化及无害化方面都有明显的优势，必将成为未来电镀污泥处理领域的一个重要研究方向。

7.4.3.4　氰渣

金矿或银矿冶炼或氰盐生产中排出的废渣含有剧毒的氰化物，此类废渣一般难以二次利用。一般可以采用高温水解－气化法处理，在高温下，废渣中的氰化物经氧化作用，生成 CO_2 和 N_2。经处理后，氰含量可以降低至 0.05×10^{-6} 以下。

7.4.3.5　砷渣

砷矿一般与铜、铅和锌等有色金属矿共生，随着矿产资源的开采和冶炼而转变成含砷废物，如黄渣、铅渣、铜浮渣和含砷废催化剂等。目前砷渣主要可用来提取白砷（三氧化二砷）和回收有色金属。

7.4.3.6　可燃性危险废物

可燃性危险废物主要包括受铅污染的废油、多氯联苯、甲苯、氯化氢、含重金属的润滑油、氟里昂醇类和废可燃溶剂等。它们的毒性组分在 1 450℃高温和碱性环境中能够得到分解，有机有害物去除率达 99.99％以上，烟气的各项指标均可达到排放标准。因此，国外的许多水泥厂利用可燃废物替代25%～65%的燃料，既节约了能源，又降低了水泥成本。

本章小结

一、基本概念

固体废物、工业固体废物、城市生活垃圾、危险固体

二、基本知识

1. 固体废物的分类

(1) 工业固体废物 (2) 城市固体废物 (3) 农业废物 (4) 放射性废物

2. 固体废物的特点

(1) 成分的多样性和复杂性 (2) 危害的潜在性、长期性和灾难性

(3) 污染“源头”和富集“终态”的双重性 (4) 资源和废物的相对性

3. 固体废物的危害

(1) 侵占土地资源 (2) 污染土壤 (3) 污染水体 (4) 污染大气 (5) 影响环境卫生市容

4. 固体废物的处理原则

(1)“减量化”原则 (2)“无害化”原则 (3)“资源化”原则

5. 固体废物的固化法处理

(1) 水泥固化 (2) 石灰固化 (3) 沥青固化 (4) 玻璃固化

6. 城市垃圾的处理

(1) 填埋 (2) 堆肥 (3) 制取沼气 (4) 生物处理 (5) 焚烧 (6) 城市垃圾的资源化

7. 危险固体废物的处理

(1) 填埋法 (2) 焚烧法 (3) 固化法 (4) 化学法 (5) 生物法

练习题

一、名词解释

1. 白色污染

2. 危险固体废物

3. 土地填埋

4. 堆肥

二、填空题

1. 固体废物按其来源可分为________、________、________、________、________和放射性废物。

2. 固体废物的处理原则有________、________、________。

3. 固体废物的物理处理技术主要有________、________、________和破碎等。

4. 当前较成熟的固化方法主要有________、________、________、有机聚合物固化、________和________六类。

5. 危险固体废物的特性主要包括有________性、________性、________性、________性、________性、________性、________性、________性等。

三、判断题

1. 危险固体废物的最终处置手段主要是卫生土地填埋。（　）
2. 筛分和过滤的原理相同。（　）
3. 世界上没有垃圾，只有放错了位置的资源。（　）
4. 处理城市生活垃圾主要采用厌氧堆肥法。（　）

四、简答题

1. 何谓固体废物，对环境有何危害？
2. 简述焚烧法处理固体废物的优缺点。
3. 固体废物的热解与焚烧有哪些区别？
4. 简述堆肥的原理及分类。

8 物理污染与保护

本章学习目标

了解：噪声、电磁辐射、热污染、放射性污染、太空污染、生物污染、光污染的概念。

熟悉：噪声的分类、危害、度量，噪声污染的特点，热污染的原因、危害，放射性污染的原因、危害，太空污染的危害，生物污染的危害，光污染的危害，电磁辐射的危害，电磁辐射源及其特点。

掌握：噪声的控制途径，噪声控制技术，电磁性污染保护，热污染的保护，放射性污染保护，太空污染的保护，生物污染的保护，光污染的保护。

8.1 噪声污染与保护

8.1.1 噪声污染

8.1.1.1 噪声

噪声是声波的一种，具有声音的一切特征。从环境保护和心理学观点来说，凡是人们不需要的、使人厌烦并对人类生活和生产有妨碍的声音都是噪声，如响声、妨碍声、不愉快声、杂声等。判断一个声音是否属于噪声，主观上的因素往往起着决定性的作用。即使同一种声音，当人处于不同状态、不同心情时，对声音也会产生不同的主观判断。如悦耳的歌声可以给人以美妙的精神享受，然而对正在思考问题的人来说，也将成为令人讨厌的噪声。当噪声对人及周围环境造成不良影响时，就形成噪声污染。

8.1.1.2 噪声的分类

根据噪声的特点，它的分类标准有如下几种。

(1) 按声源的机械特点可分为气体动力噪声、机械噪声、电磁性噪声。

(2) 按声音的频率可分为小于 400 Hz 的低频噪声、介于 400～1 000 Hz 的中频噪声、大于 1 000 Hz 的高频噪声。

（3）按时间变化的属性可分为稳态噪声、非稳态噪声、起伏噪声、间歇噪声以及脉冲噪声等。

根据噪声发生源，城市环境噪声大致分为工业噪声、交通噪声、建筑施工噪声和社会生活噪声等。

8.1.1.3 噪声污染的特点

噪声污染不同于大气、水、土壤的污染，它属于感觉公害，有以下特点。

（1）可感受性。就公害的性质而言，噪声是一种感觉公害，许多公害是无感觉公害，如放射性污染和某些有毒化学品的污染，人们在不知不觉中受污染的危害，而噪声则是通过感觉对人产生危害的。一般的公害可以根据污染物排放量来评价，而噪声公害则取决于受污染者的心理和生理因素。

（2）即时性。与大气、水质和固体废物等其他物质污染不一样，噪声污染是一种能量污染，仅仅是由于空气中的物理变化而产生的。噪声作为能量污染，其能量是由声源提供的，一旦声源停止辐射能量，噪声污染将立即消失，不存在任何残存物质，无论是多么强的噪声、持续了多么久的噪声，只要噪声源停止辐射，污染现象将立即消失，不会给周围环境留下任何有毒有害物质。

（3）局部性。与其他公害相比，噪声污染是局部和多发性的。对环境的影响不积累，不持久，传播距离有限。除飞机噪声的特殊情况外，一般情况下噪声源离受害者很近，噪声源辐射出来的噪声随着传播距离的增加，或受到障碍物的吸收，噪声能量会很快地减弱掉，因而噪声污染主要局限在声源附近不大的区域内。

8.1.1.4 噪声的危害

噪声污染和空气污染、水污染、固体废物污染一样，是当代主要的环境污染之一。噪声污染危害性很大，主要表现在以下几个方面。

（1）对听力的影响。噪声可以给人造成暂时性的或永久性的听力损伤。如果人们暴露在140～160 dB的高强度噪声下，就会使听觉器官发生急性外伤，引起鼓膜破裂流血，螺旋体从基底急性剥离，双耳完全失聪。一般说来，80 dB以下不会造成耳聋；90 dB及其以上，有20%的人可能患暂时性耳聋，休息后即可恢复。

（2）对心理的影响。吵闹的噪声使人厌恶、烦恼，精神不集中，影响工作效率，妨碍休息和睡眠等。一般来说，40 dB的连续噪声会使10%的人受到影响。对于睡眠中和休息的人，噪声最大允许值为50 dB，理论值是30 dB。另外，在强噪声环境下，容易掩盖危险信号，分散人的注意力，发生工伤事故。据世界卫生组织估计，美国每年由于噪声的影响而带来的工伤事故、怠工和低效率所造成的经济损失将近40亿美元。

（3）对生理的影响。长期在强噪声下工作的工人，除了耳聋外，还有头昏、头疼、神经衰弱、消化不良等症状，往往导致高血压和心血管病。噪声还会使少年儿童的智力发展缓慢，对胎儿也会造成危害。

（4）噪声对动物的影响。噪声能对动物的听觉器官、视觉器官、内脏器官及中枢神经系统造成病理性变化。噪声对动物的行为有一定的影响，可使动物失去行为控制能力，出现烦躁不安、失去常态等现象，强噪声会引起动物死亡。鸟类在噪声中会出现羽毛脱落现象，影响产卵率等。

(5) 特强噪声对仪器设备和建筑结构的影响。实验研究表明，特强噪声会损伤仪器设备，甚至使仪器设备失效。噪声对仪器设备的影响与噪声强度、频率以及仪器设备本身的结构与安装方式等因素有关。当噪声级超过 150 dB 时，会严重损坏电阻、电容、晶体管等元件。当特强噪声作用于火箭、宇航器等机械结构时，由于受声频交变负载的反复作用，会使材料产生疲劳现象而断裂，这种现象叫做声疲劳。

8.1.1.5　噪声的度量

噪声就是通常所说的声音，具有声音的一切声学特性。下面简单介绍几个与声音强弱有关的物理量及衡量噪声大小的物理量。

(1) 频率。一个物体每秒振动的次数，就是该物体振动的频率，由此而产生的声波的频率与其相等，单位为 Hz。频率高，声音尖锐；频率低，声调低沉。一般来说，振动频率在 20 Hz 到 20 000 Hz 之间的波动，人类是可以听到的，因此称为声波，声波的振源叫做声源。20 Hz 以下和 20 000 Hz 以上分别属于次声和超声的范围，人耳不能听到。在声波范围内，随着频率的增加音调由低变高，但是在不同频段，人耳的感受力并不一致。人耳对低频噪声较容易忍受，而对高频噪声则感觉较敏锐，耐受力差。若长期生活在偏高频率的巨响环境中，会引起耳朵部分或严重失聪。

(2) 声压。声音在空气中能够传播出去，是由于振动物体通过振动造成周围空气的局部压强变化，这个压强变化使周围空气产生局部的密度变化，局部密度变化又造成较远部分空气压强的变化，如此下去，就把这个压强变化向更远的部分传递出去，由此造成了声音的传播。在声音传播过程中，空气压强相对于大气压强的压强变化，称为声压，其单位为帕 (Pa)。

$$1\ \text{Pa}=1\ \text{N/m}^2，0.1\ \mu\text{bar}=0.1\ \text{Pa}$$

(3) 声强。声波作为一种波的形式，将噪声源的能量向空间辐射，人们可用能量来表示它的强弱。在每秒钟内通过与声音前进方向成垂直的单位面积上的能量称为声强，声强就是声音的强度，单位符号为 W/m^2。

声强的大小与离噪声的距离远近有关。这是因为单位时间内噪声源发出的噪声能量是一定的，离噪声源的距离越远，噪声能量分布的面积就越宽，通过单位面积的噪声能量就越小。

在离声源很远且没有任何反射的声场中，声压与声强有密切的关系：

$$I=p/(\rho c)$$

式中　p——声压，Pa；

ρ——空气密度，kg/m^3；

c——声速，m/s。

(4) 声功率。声功率是描述声源性质的物理量，表示噪声源在单位时间内向外辐射的总声能，单位为瓦特 (W)。声功率是反映声源辐射能本领大小的物理量，与声压及声强有密切关系。声强与声功率之间的关系为：

$$I=W/S$$

式中　S——垂直传播方向的面积。

(5) 声压级、声强级和声功率级。人耳能听到的声音，不仅要求声波的频率范围是

20～20 000 Hz，而且还要求其声压在基准声功率 10～12 W 的范围，其比值达 106 倍，实际应用很不方便。另外，人对声音大小的响应呈对数关系，所以，一般用分贝来表征声音的大小。分贝（dB）是指两个相同的声学物理量（声压、声强或声功率）之比取常用对数并乘以 10（或 20）。这个对数值称之为量度量的“级”。正常人刚能听到的声压称为听阈声压，又称为基准声压，其值是 2×10^{-5} Pa；正常人刚能听到的最小的声音叫做听阈，人耳开始感到疼痛的声音叫做痛阈，痛阈为 20 Pa。

用一个声压比的对数来表示声压的大小，即声压级。声压级的量名称为 L_p，单位为分贝（dB）。通常声压级的变化范围在 0～120 dB。

即

$$L_p=20\lg(P/P_0)$$

式中 L_p——声压级，dB；

P——声压，Pa；

P_0——基准声压。

一个声源的声功率级等于这个声源的声功率与基准声功率的比值的常用对数乘以 10。

$$L_w=10\lg(W/W_0)$$

式中 L_w——声功率级，dB；

W——声源的声功率，W；

W_0——基准声功率，为 10^{-12} W。

一个声音的声强级等于该声音的声强与基准声强（I_o）的比值的常用对数乘以 10。

$$L_I=10\lg(I/I_o)$$

式中 L_I——声强级，dB；

I——该声音的声强，W/m^2；

I_o——基准声强，为 10^{-12} W/m^2。

（6）噪声级。声级只反映人们对声音强度的感觉，不能反映人们对频率的感觉，而且人耳对高频声音比对低频声音较为敏感。因此，表示噪声的强弱必须同时考虑声压级和频率对人的作用，这种共同作用的强弱称为噪声级。噪声级可借噪声计测量。噪声计中设有 A、B、C 三种计权网络，其中 A 权网络能较好地模拟人耳听觉特性。由 A 权网络测出的声级称为 A 声级，计做“dB（A）”。A 声级越高，人们就觉得越吵闹。目前大多都采用 A 声级来表征噪声的大小。

8.1.2 噪声环境的保护

8.1.2.1 噪声的控制途径

噪声的传播一般有三个因素：噪声源、传播途径和接受者。传播途径包括反射、衍射等各种形式的声波行进过程。控制噪声环境，除了考虑人的因素之外，还需兼顾经济和技术上的可行性。充分的噪声控制，必须考虑噪声源、传播途径、受音者所组成的整个系统。只有当声源、声的传播途径和接受者三个因素同时存在时，噪声才能对人造成干扰和危害。因此，控制噪声必须考虑这三个因素。

（1）降低声源噪声。工业、交通运输业可以选用低噪声的生产设备和改进生产工艺，或者改变噪声源的运动方式（如用阻尼、隔振等措施降低固体发声体的振动）。

（2）在传播途径上降低噪声，控制噪声的传播。改变声源已经发出的噪声传播途径，如采用吸音、隔音、音屏障、隔振等措施，以及合理规划城市和建筑布局等。

(3) 受音者或受音器官的噪声防护。在声源和传播途径上无法采取措施，或采取的声学措施仍不能达到预期效果时，就需要对受音者或受音器官采取防护措施，如长期受职业性噪声干扰的工人可以戴耳塞、耳罩或头盔等护耳器。

8.1.2.2 噪声控制技术

噪声控制技术现在虽然已经成熟，但由于现代工业、交通运输业规模日益扩大，要采取噪声控制的企业和场所为数甚多，因此在防止噪声问题上，必须从技术、经济和效果等方面进行综合权衡。在控制室外、设计室、车间或职工长期工作的地方，噪声的强度要低；库房或少有人去的空旷地方，噪声稍高一些也是可以的。总之，对待不同时间、不同地点、不同性质与不同持续时间的噪声，应有一定的区别。通常由于某种技术和经济上的原因，从声源上控制噪声难以实现，这时就要从传播途径上考虑降噪措施。具体可以采取以下方法。

(1) 吸声。吸声降噪是一种在传播途径上控制噪声强度的方法。应用吸声材料和吸声结构，将传播中的噪声声能转变为热能等。因此，吸声的效果主要取决于吸声材料和吸声结构。材料的吸声性能决定于它的粗糙性、柔性、多孔性等因素，优良的吸声材料要求表面和内部均应多孔，孔与孔之间相互连通，孔隙较小。常用的吸声材料主要是多孔吸声材料，如玻璃棉、矿棉、膨胀珍珠岩、穿孔吸声板等。另外，建筑物周围的草坪、树木等也都是很好的吸声材料，种植花草树木不仅美化了我们生活和学习的环境，同时也防止了噪声对环境的污染。

(2) 隔声。把产生噪声的机器设备封闭在一个小的空间，使它与周围环境隔开，以减小噪声对环境的影响，这种做法叫做隔声。隔声屏障和隔声罩是主要的两种设计，其他隔声结构还有隔声室、隔声墙、隔声幕、隔声门等。建立隔声屏障，或利用天然屏障（土坡、山丘），以及利用其他隔声材料和隔声结构来阻挡噪声的传播，是控制噪声最有效的措施之一。

(3) 消声。消声就是利用消声器来降低噪声的传播，也是降噪的一种主要措施。不同的消声器其降声原理不同，但不外乎是吸收声能、消耗声能或者变频等，达到降低可听声的目的。消声器是一种既能使气流通过又能有效地降低噪声的设备。通常可用消声器降低各种空气动力设备的进出口或沿管道传递的噪声。例如，在内燃机、通风机、鼓风机、压缩机、燃气轮机以及各种高压、高气流排放的噪声控制中广泛使用消声器。不同消声器的降噪原理不同。常用的消声技术有阻性消声、抗性消声、损耗型消声、扩散消声等。

(4) 隔振与减振。对许多因机械振动而产生的噪声，通过降低振动可有效地降低噪声。如汽车的外壳一般都是由金属薄板制成，在车辆行驶过程中，振源把它的振动传给车体，在车体中以弹性波形式进行传播，这些薄板受激振动时会产生噪声，同时引起车体上其他部件的振动，这些部件又向外辐射噪声，在该传播途径上安装弹性材料或元件，隔绝或衰减振动的传播，就可以实现减振降噪的目的。

虽然有了上述各种噪声控制措施，但在许多场合中，采取必要的个人防护措施是最有效、最经济的降低噪声危害的方法。常用的个人防护用品有耳塞、耳罩、隔声帽等。

8.2 电磁性污染与保护

8.2.1 电磁性污染

8.2.1.1 电磁辐射

电磁辐射是由空间共同移送的电能量和磁能量所组成，而该能量是由电荷移动所产生的，例如正在发射讯号的射频天线所发出的移动电荷，便会产生电磁能量。这种电磁能量以电磁波形式传递的现象称为电磁波辐射，简称电磁辐射。过量的电磁辐射就造成了电磁污染。电磁污染属于物理性污染。

人们称电磁辐射为“隐形杀手”。目前，越来越多的电子、电气设备的投入使用使得各种频率的不同能量的电磁波充斥着地球的每一个角落乃至更加广阔的宇宙空间。电磁波对于人体这一良导体，不可避免地构成了一定程度的危害。自 20 世纪 60 年代以来，我国做了大量的工作，研制了一些测量设备，制定了有关高频电磁辐射安全卫生标准及微波辐射卫生标准，在防护技术水平上也有了很大的提高，取得了良好的成效。

8.2.1.2 电磁辐射源

对人们生活环境有影响的电磁污染源有天然电磁辐射源和人为电磁辐射源。

(1) 天然电磁辐射源。天然电磁污染是由大气中的某些自然现象引起的。最常见的是大气中由于电荷的积累而产生的雷电现象，以及来自太阳和宇宙的电磁场源。天然产生的电磁辐射与人为辐射相比很小，一般可以忽略不计。

(2) 人为电磁辐射源。人为电磁污染指由人工制造的系统、电器和电子设备产生的电磁辐射，可以破坏环境。人为电滋污染源包括脉冲放电、工频交变磁场、微波、射频电磁辐射等，主要产生于计算机、电视、音响、微波炉、电冰箱等家用电器，手机、传真机、通信站等通信设备，高压电线以及电动机、电机设备，飞机、电气铁路，广播、电视发射台、手机发射基站、雷达系统，电力产业的机房、卫星地面工作站、调度指挥中心，应用微波和 X 射线等的医疗设备等。

8.2.1.3 电磁辐射特点

电磁辐射是一种复合的电磁波，以相互垂直的电场和磁场随时间的变化而传递能量。它的特点主要有：

(1) 空间直接辐射及线路传导干扰。空间直接辐射是指各种电气装置和电子设备在工作过程中，不断地向周围空间辐射电磁能量，每个装置或设备本身都相当于一个多向的发射天线。这些发射出来的电磁能，在距场源不同距离的范围内，是以不同的方式传播并作用于受体的。当射频设备与其他设备共用同一电源时，或者它们之间有电气连接关系时，电磁能就可以通过导线传播。此外，信号的输出、输入电路和控制电路等，也能在强电磁场中拾取信号，并将所拾取的信号进行再传播。

通过空间辐射和线路传导均可使电磁波能量传播到受体，造成电磁辐射污染。有时通过空间传播与线路传导所造成的电磁污染同时存在，这种情况称为复合传播污染。

(2) 电磁辐射所衍生的能量取决于频率的高低。频率越高，能量越大。频率极高的 X

光和γ射线可产生较大的能量，能够破坏合成人体组织的分子。事实上，X光和γ射线的能量之巨，足以令原子和分子电离化，故被称为“电离”辐射。这两种射线虽具医学用途，但照射过量将会损害健康。X光和γ射线所产生的电磁能量，有别于射频发射装置所产生的电磁能量。射频装置的电磁能量属于频谱中频率较低的那一端，不能破解把分子紧扣在一起的化学键，故被称为“非电离”辐射。

8.2.1.4　电磁辐射的危害

电磁辐射已经开始渗透到人们生活的各个角落。作为一种日益严重的新的污染，电磁辐射已经给人类的生活造成了现实的和可预见的危害。

（1）引燃引爆。极高频辐射场可使导弹系统控制失灵，造成导弹起爆提前或滞后。高频电磁的振荡可使金属器件之间相互碰撞打火，引起爆炸物品、易燃物品燃烧爆炸。

（2）干扰信号。电磁辐射可直接影响电子设备、仪器仪表的正常工作，造成信息失真，控制失灵，并可能酿成大的事故。如在飞机上随意拨打移动电话可能干扰飞机正常飞行，甚至造成坠机事故。在医院随意拨打移动电话可能干扰医院的脑电图、心电图等检查，造成信息失真，可能直接影响病人的治疗、抢救。

（3）危害人体健康。通过多年以来的案例对比，电磁辐射可能对人体产生不良影响，其影响程度与电磁辐射强度、辐射接触时间等有直接关系。长期接触电磁辐射会对人体造成中枢神经系统机能障碍与失调，出现头晕、头痛、记忆力减退等症状；影响人的生殖系统，如可能造成男性精子质量降低、女性月经紊乱、孕妇自然流产和胎儿畸形等；影响人的循环系统，导致白细胞减少、免疫力下降；还会引起视力下降、白内障等，诱发癌症并加速人体癌细胞增殖。

8.2.2　电磁性环境的保护

8.2.2.1　区域控制

以场源为中心，半径在一个波长范围内的区域通常称为近区场，也可称为感应场；以场源为中心，半径为一个波长之外的空间范围称为远区场，也可称为辐射场。通常，对于一个固定的可以产生一定强度的电磁辐射源来说，近区场辐射的电磁场强度较大，所以，我们应该格外注意对电磁辐射近区场的防护。对工业集中特别是电子工业集中的城市，以及电子、电气设备密集使用的地区，可以将电磁辐射源相对集中在某一区域，使其远离一般工业区或居民区，并应采用覆盖钢筋混凝土或金属材料的办法来衰减室内场强。对这样的地区还应设置安全隔离带，从而在较大范围内控制电磁辐射的危害。在安全隔离带做好绿化工作，减小电磁辐射的危害。同时要加强监测，尽量减小射频电磁辐射对周围环境的影响。

8.2.2.2　屏蔽控制

屏蔽控制就是利用金属板或金属网等良性导体或导电性能良好的非金属组成屏蔽体，并与地连接，屏蔽体在场源作用下产生感应电荷或电流，从而限制电磁传播，使辐射的电磁能所引发的屏蔽体电磁感应通过地下线传入地下。屏蔽控制的实施有两种方法：一是将辐射源加以屏蔽；二是将指定范围内的人员或设备加以屏蔽。常用的屏蔽材料用铜、铝制成，微波屏蔽材料用钢铁制成。屏蔽体的形式有罩式、屏风式、隔离墙式等多种，可根据实际情况选择。现场工作人员可采用自身屏蔽，如穿屏蔽服、戴头盔、护目镜等。

8.2.2.3　接地防护

将辐射源屏蔽部分或屏蔽体通过感应产生的射频电流由接地极导入地下，以免成为二次辐射源。接地极埋入地下的方式有板式、棒式、网格式等多种，通常采用前两种。具体做法是将具有一定厚度、面积约 1 m^2 的铜板埋于地下 1.5～2 m 深的土壤中，将接地的一端固定在屏蔽体上，另一端与铜板焊牢；或将 3～5 根长约 2 m、直径 5～10 cm 的金属棒，以每根间距 3～5 m 砸入地下 2 m 深的土壤中，金属棒顶端与屏蔽体连接。

8.2.2.4　吸收防护

选用适宜的具有吸收电磁辐射的材料，将泄漏的能量吸收并转化为热能。吸收装置是利用特殊材料制成的屏蔽装置。吸收材料的种类较多，例如在塑料、橡胶、陶瓷等材料中加入铁粉、石墨、木炭和水等。此外，设置防护板、防护屏风等均可防止微波辐射的定向传播，防护板、防护屏风可以用屏蔽材料与吸收材料叠加组合而成。

8.2.2.5　个人防护

为防止电离辐射的伤害，还要加强个人防护。在大功率设备附近岗位操作的人员，应注意穿戴专门配备的防护服、防护眼罩等防护用品；长期处于高电磁辐射环境中工作的人员需要多食用胡萝卜、豆芽、西红柿、油菜、海带、卷心菜、瘦肉、动物肝脏等富含维生素 A、C 和蛋白质的食物，以加强肌体抵抗电磁辐射的能力。

8.3　热污染与保护

8.3.1　热污染

8.3.1.1　热污染

热污染是日益现代化的工农业生产和人类生活中排出的各种废热所导致的环境污染。热污染可以污染大气和水体。常见的热污染有以下几种。

（1）因城市地区人口集中，建筑群、街道等代替了地面的天然覆盖层，工业生产排放热量、大量机动车行驶、大量空调排放热量而形成城市气温高于郊区农村的热岛效应。

（2）因热电厂、核电站、炼钢厂等冷却水所造成的水体温度升高，使溶解氧减少，某些毒物毒性提高，鱼类不能繁殖或死亡，某些细菌繁殖，破坏水生生态环境而引起水质恶化的水体热污染。

8.3.1.2　热污染的原因

造成热污染最根本的原因是能源未能被最有效、最合理地利用。随着现代工业的发展和人口的不断增长，环境热污染将日趋严重。然而，人们尚未能用一个量值来规定其污染程度，这表明人们并未对热污染有足够重视。为此，科学家呼吁应尽快制订环境热污染的控制标准，采取行之有效的措施防治热污染。

8.3.1.3　热污染的危害

热污染首当其冲的受害者是水生生物，由于水温升高使水中溶解氧减少，水体处于缺氧状态，同时又使水生生物代谢率增高而需要更多的氧，造成一些水生生物在热效力作用下发育受阻或死亡，从而影响环境和生态平衡。此外，河水水温上升给一些致病微生物造成一个人工温床，使它们得以滋生、泛滥，引起疾病流行，危害人类健康。热污染会导致全球气候的变化，给全球生态带来不可预期的影响。直接向环境排热，会使局部生态发生改变。按照热力学定律，人类使用的全部能量终将转化为热，传入大气，逸向太空。这样，使地面反射太阳热能的反射率增高，吸收太阳辐射热减少，沿地面空气的热减少，上升气流减弱，阻碍云雨形成，造成局部地区干旱，影响农作物生长。近一个世纪以来，地球大气中的二氧化碳不断增加，气候变暖，冰川积雪融化，使海水水位上升，一些原本十分炎热的城市变得更热。专家们预测，如按现在的能源消耗的速度计算，每 10 年全球温度会升高 0.1～0.26℃；一个世纪后即为 1.0～2.6℃，而两极温度将上升 3～7℃，对全球气候会有重大影响。

8.3.2 热环境的保护

8.3.2.1 提高热能利用率

改进热能利用技术，提高热能利用率。目前所用的热力装置的热效率一般都比较低，应加强隔热保温，防止热损失。在工业生产中，有些窑体要加强保温、隔热措施，以降低热损失，如水泥窑筒体采用硅酸铝毡、珍珠岩等高效保温材料，既减少了热散失，又降低了水泥熟料热耗。

8.3.2.2 冷却作用

对于冷却介质余热的利用方面，主要方法有电厂和水泥厂等冷却水的循环使用，改进冷却方式，减少冷却水排放。既节约了水资源，又可不向或少向水体排放温热水，减少热污染的危害。

8.3.2.3 废热的利用

废热是一种宝贵的资源，充分利用工业的余热，是减少热污染的最主要措施。通过技术创新，如热管、热泵等，可以把过去放弃的低晶位的“废热”变成新能源。如用电站温热水进行水产养殖，放养非洲鲫鱼、热带鱼类；冬季用温热水灌溉农田，使之更适宜农作物的生长，在冬季利用发电站的热废水供家庭取暖等。

8.3.2.4 城市及区域绿化

绿化是降低热污染的有效措施。绿化需注意树种的选择和搭配，并加强空气流通和水面的结合。开发新能源，利用水能、风能、地能、潮汐能和太阳能等新能源，既减少了污染源，又是防止和减少热污染的重要途径。特别是在太阳能的利用上，各国都投入了大量人力和财力进行研究，并取得了一定的效果。

8.4 放射性污染与保护

8.4.1 放射性污染

8.4.1.1 放射性污染

放射性污染指的是由于人类活动而排放出的放射性物质对环境造成的污染和对人体造成的危害。自然资源中存在着一些能自发地放射出某些特殊射线的物质，这种能自发放出射线的性质称为放射性。例如，大家熟知的 α 射线、β 射线、γ 射线和中子射线等。放射性污染的来源有原子能工业排放的放射性废物，核武器试验的沉降物以及医疗、科研排出的含有放射性物质的废水、废气、废渣等。

8.4.1.2 放射性污染的原因

由于自然界中有些元素的原子核发生核衰变时总能放射出具有一定动能的带电或不带电的粒子而产生放射线。放射性污染物与一般的化学污染物有着显著的不同，主要表现在放射性污染物与其化学状态无关，无论是单质态或者是化合态，均具有放射性。放射性元素均有一定的半衰期，在其放射性自然衰变的时间段里，都会放射出具有一定能量的射线，持续地对环境和人体造成危害。而目前采用任何化学、物理或生物的方法都无法有效破坏这些放射性核素，一旦环境受到其污染，自行消失的时间十分长久。放射性污染物所造成的危害，在有些情况下并不立即显示出来，而是经过一段潜伏期后才显现出来。

8.4.1.3 放射性污染的危害

放射性污染对生物的危害是十分严重的。放射性损伤有急性损伤和慢性损伤。如果人在短时间内受到大剂量的X射线、γ射线和中子的全身照射，就会产生急性损伤。轻者有脱毛、感染等症状，当剂量更大时，会出现腹泻、呕吐等肠胃损伤。在极高的剂量照射下，发生中枢神经损伤直至死亡。放射能引起淋巴细胞染色体的变化，放射照射后的慢性损伤会导致人群白血病和各种癌症的发病率增加。

8.4.2 放射性环境的保护

为防止放射源发出的射线对人体造成的伤害，主要有以下三种防护手段和措施。

8.4.2.1 距离防护

人距离放射源越远，接触的射线越少，受到的伤害也越小。使用放射源时，利用简单的各种工具（如镊子、几米长的长柄钳子等）进行操作，就能达到距离防护的目的。

8.4.2.2 屏蔽防护

根据射线通过物质时被减弱的原理，在放射源和人体之间放置屏蔽材料，如有机玻璃、钢板、铅板、水泥等，以削弱放射性的作用。屏蔽材料的选择和厚度应由射线的类型和能量强弱来决定，以一次X射线透视使被照射者受到0.01～10 mGy的剂量为宜。

8.4.2.3 时间防护

人体受照射的时间越长，累积的剂量就越多，这就要求所有接触放射性物质的人员操作熟练、准确、敏捷，尽可能缩短操作时间。限制或缩短在存放放射源区域内的停留时间，可减少人们接触射线的机会。

随着人们生活水平的不断提高，越来越多的人已不再满足自己简陋的居所，开始对室内进行装修，以求环境的美观。随着花岗岩、大理石的广泛应用，放射性污染致病事件不断发生。因此，装修选材一定要慎重，装修后的一段时间里，室内要保持通风，以稀释或排除氡气等放射性物质。

8.5 其他污染与保护

8.5.1 太空污染

8.5.1.1 太空污染

漂浮在宇宙空间的垃圾称为太空垃圾。它们与人造卫星一样，也是按照一定的轨道绕地球旋转的。处在较低轨道上的太空垃圾会逐渐降低高度，直到最终在大气层中焚毁；但处于高轨道（比如 3.6×10^4 km）上的太空垃圾，可能永远不会焚毁而留在太空中。在发展航天事业的最初阶段，宇航员会把生活垃圾随手丢出飞船；他们在太空行动时，身上携带的钳子、扳手等工具也可能飘走；而废弃的空间站、火箭爆炸后的碎片，都可能成为航天器的“杀手”。

8.5.1.2 太空污染的危害

20 世纪中期开始，人类探索的脚步开始迈向外太空。科技的进步、社会的发展一方面使人类实现了“天高任我飞”的愿望，另一方面，科技带来的恶果也在呈现。短短几十年间，火箭发射造成的污染后果已经显现，而漫天飞舞的太空垃圾正在包围地球，不仅对航天事业造成极大威胁，而且可能给人类造成不可估量的灾难。

（1）太空污染将威胁人类的各种空间开发活动。太空垃圾即使体积不大，但若与飞行中的卫星相撞，也会对卫星造成损坏。太空垃圾甚至还会使空间站或太空舱星毁人亡，严重威胁宇航员的生命安全。到现在为止，虽未发生大的灾难，但已经发现，美国航天飞机的玻璃窗和外壳有被细小金属微粒和卫星涂料剥离物碎片擦碰的痕迹。1991 年 9 月，美国“发现号”航天飞机距火箭残骸特别近时，为避免灾难性的相撞，不得不改变运行轨道。

（2）即便是微粒垃圾，数量多了也足以使卫星减少寿命。太空垃圾造成的光线散射将会使人类对宇宙空间星体的观测受到影响。现在有可能给人类的宇宙活动带来危险的直径在 1 mm 以上的垃圾已有数百万个。

8.5.1.3 太空污染的保护

正如科技带来的其他灾难一样，人类应对太空污染的手段和方法也只能回归技术本身，虽然技术之矛与技术之盾的对抗现在还没有得到最后的结果，但人类开始正视科技本身带来的灾难，这就是一种进步。

面对曾经黑烟滚滚的火箭燃料，目前很多国家都在开发新型、无毒的替代燃料。中国已经成功地掌握了火箭剩余燃料排放技术，可以有效地避免火箭发射后产生空间碎片，缓解了对空间环境造成的污染。在“神舟”系列载人飞船的发射过程中，酒泉卫星发射中心投入使用了推进剂废气净化处理系统，将产生的废气输送到净化装置中与燃烧剂进行混合燃烧，使有毒废气得到净化。

为控制和减少太空垃圾对人类的潜在威胁，现在航天专家们开始研究限制空间垃圾产生、减少空间垃圾危害以及清除空间垃圾的办法；建立太空垃圾跟踪、监视系统，用航天飞机回收报废卫星，减少太空垃圾，发展太空垃圾清除技术，将已完成任务的运载火箭末级转移轨道，使其返回大气层烧毁等。

随着人类科技的发展以及对太空环保的重视，总有一天，太空垃圾问题会被彻底解决。

8.5.2 生物污染

8.5.2.1 生物污染

生物污染是指带入环境并在环境中繁殖，对人类有不良影响的有机体，这些被带入的物种在该群落中是异己的。生物污染物包括细菌、真菌、病毒、霉菌、花粉、动物和人类的皮屑、昆虫和节肢动物的排泄物。

生物污染可分为四类。

（1）霉菌是造成过敏性疾病的最主要原因。

（2）来自植物的花粉，如悬铃木花粉。

（3）由人体、动物、土壤和植物碎屑携带的细菌和病毒。

（4）尘螨以及猫、狗和鸟类身上脱落的毛发、皮屑。

8.5.2.2 生物污染的危害

（1）对生态系统的影响。一些转基因物种会使其周围自然环境中许多有性繁殖相容性的野生种、近缘种很容易受到同类转基因的污染。据报道，瓢虫捕食食用转基因马铃薯的蚜虫后，残废率增高，生殖率降低38%，不能孵化率增高3倍。美国科学家关于转基因玉米造成蝴蝶大量死亡的研究结果引起强烈反响，导致欧盟禁止进口美国转基因玉米。生物入侵可以破坏入侵地域原有的各种类型的生态平衡关系，可以使当地原有的物种大量减少，甚至灭绝。如一个灯塔看守者带的一只猫，使新西兰斯蒂芬岛上的异鹩鸟灭绝，成为闻名于世的"一只猫灭绝了一种物种"的典型例子。

（2）对人类健康的影响。人类绝大多数疾病都是由细菌和病毒引起的。微生物的高速复制和突变本能，使其能够快速适应动摇不定的环境变化。外来病菌会通过各种途径在全球范围内传播和流行，如疯牛病、登革热病、霍乱、甲流等疾病极大地威胁着人类的健康。

（3）对全球经济的影响。外来病虫害的侵入会造成巨大的经济损失。仅在美国，因外来害虫对森林造成的损失就高达40亿美元，而食品中病菌所造成的医疗费用和各种经济损失高达65亿～349亿美元。

8.5.2.3 生物污染的保护

面对日趋严重的生物污染，必须及时制定相关的对策。

（1）加强立法。搞好动植物检疫是控制生物污染的有效途径。我国先后制定了一系列动植物检疫法规，并明确了内外检疫对象的清单，把好进出口关，为控制有害生物的传播提供了法律保障。

（2）尊重自然规律。生物污染的根源是生态平衡受到破坏，而生态破坏往往是由人类造成的。因此，在大力发展经济的同时，必须保护好生态环境，尊重自然规律，合理开发、利用资源，推行可持续发展战略。

（3）加强生物多样性保护。保持合理的生物多样性、生态平衡的稳定性，有效防止外来物种的侵入是非常重要的。要充分运用生态学原理对有害生物进行综合治理，加强生物多样性保护。

（4）促进生物技术健康发展。随着科技的进步和经济的发展，加强生物技术对环境影响的管理，加快生物安全监测、评价与立法工作，规范各项生产科研活动，促进高新技术的健康发展，以确保人类未来的安全。

8.5.3 光污染

8.5.3.1 光污染

光污染问题最早于20世纪30年代由国际天文界提出，他们认为光污染是城市室外照明使天空发亮造成对天文观测的负面影响。后来英美等国称之为"干扰光"，日本则称其为"光害"。

目前，国内外对于光污染并没有一个明确的定义。一般认为，光污染泛指影响自然环境，对人类正常生活、工作、休息和娱乐带来不利影响，损害人们观察物体的能力，引起人体不舒适感和损害人体健康的各种光。波长 10 nm～1 mm 的光辐射即紫外辐射、可见光和红外辐射在不同的条件下都可能成为光污染源。

广义的光污染包括一些可能对人的视觉环境和身体健康产生不良影响的事物，包括生活中常见的书本纸张、墙面涂料的反光甚至是路边彩色广告的“光芒”也可算在此列，光污染所包含的范围之光由此可见一斑。在日常生活中，人们常见的光污染类型多为由镜面建筑反光导致的行人与司机的眩晕感，以及夜晚不合理灯光给人体造成的不适。

8.5.3.2　光污染的危害

（1）对人体健康的影响。光污染打乱了人（包括其他生物）的生物节律和人体的平衡状态，干扰了大脑中枢神经的正常活动，造成人体内分泌失调，引起头晕目眩、失眠心悸、神经衰弱等症状，严重者可以导致精神疾病和心血管疾病。生活在“不夜城”的人们会产生失眠、神经衰弱等各种不适症，导致白天精神委靡、工作效率低下。另外，还表现在对眼睛和神经系统的危害上。据统计，我国高中生近视率达 60%以上，居世界第二位。

（2）对动物的影响。动物保护者称，耀眼的光源可以危害到鸟类和昆虫的生命安全，是杀死它们的罪魁祸首之一。如在饰有华灯的华盛顿纪念碑下，曾有一次经过强烈光照后，在 5 h 内就找到 500 余只鸟的尸骸。德国的法兰克福游乐场霓虹灯每晚要烤死几万只有益昆虫。美国杜森市夏夜蚊虫多的原因与该市上千组霓虹灯“杀死”无数食蚊的益虫和益鸟有关。因此，许多城市的光彩亮化工程已对城市的生态平衡产生了严重影响。

（3）对安全的影响。强光、彩光和玻璃幕墙反射光都会使驾驶员产生视觉错觉，对行车安全造成隐患。

（4）直接干扰、影响天文观测。

8.5.3.3　光污染的保护

世界各国对光污染还没有制定出相关的法律法规，也没有形成较为完整的研究、控制系统和相应的防治措施。在这种情况下，防止产生光污染最为重要，尤其是建筑物中使用玻璃幕墙和其他强反光性装饰，一旦建成便不易改变。国外有些人甚至对服装都提出“生态颜色”的概念，他们认为，过分雪白颜色的衣服会引起周围人视觉上的不适感。因此，在防、治并重时，应以防为主。

（1）加强城市规划和管理，合理布局光源，减少光源集中布置，改善工厂照明条件等，以减少光污染的来源。

（2）对有红外线和紫外线污染的场所采取必要的安全防护措施。

（3）加强绿化建设，在建筑物周围种树栽花、广植草坪，以改善和调节光线环境。

（4）室内装饰避免使用反射系数过大的装饰材料，室内光源强度要适度。由于蓝、紫光易引起疲劳，红橙光次之，黄绿、蓝绿、淡青色反射系数最小。所以，一般光源外壳采用黄绿、蓝绿等色为宜。

（5）采取个人防护措施，主要是戴防护眼镜和防护面罩。光污染的防护镜有反射型防护镜、吸收型防护镜、反射一吸收型防护镜、爆炸型防护镜、光化学反应型防护镜、光电型防护镜、变色微晶玻璃型防护镜等类型。

本章小结

一、基本概念

噪声、电磁辐射、热污染、放射性污染、太空污染、生物污染、光污染

二、基本知识

1. 噪声污染的特点

(1) 可感受性 (2) 即时性 (3) 局部性

2. 噪声控制技术

(1) 吸声 (2) 隔声 (3) 消声 (4) 隔振与减振

3. 电磁性环境的保护

(1) 区域控制 (2) 屏蔽控制 (3) 接地防护 (4) 吸收防护 (5) 个人防护

4. 热环境的保护

(1) 提高热能利用率 (2) 冷却作用 (3) 废热的利用 (4) 城市及区域绿化

5. 生物污染的保护

(1) 加强立法 (2) 尊重自然规律 (3) 生物多样性保护 (4) 促进生物技术健康发展

练习题

一、选择题

1. 引起环境污染的因素不包括________。

A. 大量使用化肥和有机农药　　B. 森林吸收 CO_2 放出 O_2

C. 生活垃圾、汽车排放的尾气　　D. 工业排放的“三废”

2. 下列除________外，都可使人患癌症。

A. 大气污染　B. 水污染　C. 噪声污染　D. 固体废弃物污染

3. ________不是噪声的特点。

A. 局限性　B. 即时性　C. 永久性　D. 可感受性

4. ________不产生放射性污染。

A. 核工业　B. 夜光表　C. 花岗岩　D. 手机

5. 加强绿化建设能有效控制的污染是________。

A. 热污染　B. 放射性污染　C. 电磁污染　D. 太空污染

二、填空题

1. 按照城市噪声声源发生的场所可以把噪声分为________、________、________和________四类。

2. 噪声的整个传播过程包括________、________和________三个要素。

3. 电磁辐射源有________、________。

4. 电磁污染的传播途径主要有________、________。

5. 生物污染主要有________、________和________三种类型。

三、判断题

1. 当噪声对人及周围环境造成不良影响时，就形成噪声污染。 （ ）

2. 在每秒钟内通过与声音前进方向成水平的单位面积上的能量称为声强。 （ ）

3. 对电磁辐射近区场的防护，首先是对作业人员及处在近区场环境内的人员的防护，其次是对位于近区场内的各种电子、电气设备的防护。 （ ）

4. 造成热污染最根本的原因是能源未能被最有效、最合理地利用。 （ ）

5. 环境受到放射性污染后能自行消失，不需很长时间。 （ ）

四、简答题

1. 什么是噪声污染？简述噪声的来源及其危害。

2. 控制噪声污染有哪些措施？

3. 电磁辐射的危害是什么？简述机场、加油站等地方不能使用手机的原因。

4. 什么是放射性污染？放射性污染的来源和危害有哪些？对人类危害最大的人工放射性污染源有哪些？

5. 放射性污染的防治方法有哪些？

6. 简述热污染的概念及主要来源。

7. 什么是光污染？简述光污染的类型及危害。

8. 什么是生物污染？造成生物污染的原因是什么？

9. 对于生物污染的控制对策有哪些？谈谈你对生物污染的理解。

10. 什么是光污染？光污染是如何分类的？

11. 高科技的污染越来越多，根据你所了解的情况和掌握的知识，找出几种已经出现的新污染。预测在不久的将来还会出现什么样的污染类型。

9 清洁生产与绿色环境

本章学习目标

了解：清洁生产的概念，清洁生产的意义，ISO 14000与清洁生产，绿色环境意义，绿色食品、绿色化学品、绿色汽车、绿色居室、绿色生活的含义。

熟悉：清洁生产的目标、原则，中国清洁生产进展，清洁生产评价、审核，ISO 14000与清洁生产的关系，绿色环境内容、特点。

掌握：清洁生产方法，绿色环境体系。

9.1 清洁生产

9.1.1 清洁生产

9.1.1.1 清洁生产的概念

1996年联合国环境规划署（UNEP）定义清洁生产是关于产品的生产过程的一种新的、创造性的思维方式，意味着对生产过程、产品和服务，持续运用整体预防的环境战略，以增加生态效率，并降低人类和环境的风险。具体来说：对生产过程，要求节约原材料和能源，淘汰有毒原材料，在生产过程排放废物之前减降废物的数量和毒性；对产品，要求减少从原材料提炼到产品最终处置的全生命周期的不利影响；对服务，要求将环境因素纳入设计和所提供的服务中。

我国2003年1月1日起施行《中华人民共和国清洁生产促进法》。此法中所称的清洁生产是指不断采取改进设计、使用清洁的能源和原料、采用先进的工艺技术与设备、改善管理、综合利用等措施，从源头削减污染，提高资源利用效率，减少或者避免生产、服务和产品使用过程中污染物的产生和排放，以减轻或者消除对人体健康和环境的危害。

清洁生产内涵丰富，可归纳为“三清一控制”，即清洁的原料与能源、清洁的生产过程、清洁的产品，以及贯穿于清洁生产的全过程控制，体现了预防性和可持续性。具体表现在产品生产中能被充分利用；无污染、少污染的能源和原材料替代毒性大、污染重的能源和原材料；最大限度地利用能源和原材料，实现物料最大限度的厂内循环；用消耗少、效率高、无污染、少污染的工艺设备替代消耗高、效率低、产污量大、污染重的工艺设备；用无污染、少污染的产品替代毒性大、污染重的产品；强化企业管理，减少“跑、冒、滴、漏”和物料流失；对必须排放的污染物，采用低费用、高效能的净化处理设备和“三废”综合利用的措施进行最终的处理和处置。除“强化企业管理”外，其他内容都属于清洁技术。

9.1.1.2 清洁生产的意义

清洁生产是一种全新的发展战略，它借助于各种相关理论和技术，在产品的整个生命周期的各个环节采取“预防”措施，通过将生产技术、生产过程、经营管理及产品等方面与物流、能量、信息等要素有机结合起来，并优化运行方式，从而实现最小的环境影响，最少的资源、能源使用，最佳的管理模式以及最优化的经济增长水平。

(1) 开展清洁生产才能实现可持续发展战略。清洁生产可大幅度减少资源消费和废物产生，使破坏了的生态环境得到缓解和恢复，排除匮乏资源困境和污染困扰，是可持续发展的最有意义的行动，是工业生产实现可持续发展的唯一途径。对政府部门来说，它是指导环境和经济发展政策制定的理论基点；对工业企业来说，它是一个实现经济效益和环境效益相统一的方针；对公众来说，清洁生产是一个衡量政府部门和工业企业的环境表现及可持续发展的尺度。

(2) 开展清洁生产能减轻末端治理的弊端，开创有效防治污染新阶段。在粗放经营为特征的传统发展模式下，末端治理曾经作为国内外控制污染最重要的手段，对保护环境起到了一定的积极作用。清洁生产从根本上扬弃了末端治理的弊端，改变了传统的被动、滞后的先污染、后治理的污染控制模式，变被动治理为主动行动，通过生产全过程控制，采用了大量的源头削减措施，既可减少含有毒成分原料的使用量，又可提高资源、能源和原材料的转化率，减少物料流失，减少污染物的产生量和排放量，降低对环境的不利影响。

(3) 开展清洁生产能提高企业市场竞争力。清洁生产提倡通过工艺改造、设备更新、废弃物回收利用等途径，实现“节能、降耗、减污、增效”，使原材料最大限度地转化为产品，最大限度地利用资源和能源，实现循环利用和重复利用。清洁生产把污染消灭在生产过程之中，大大减少了末端的污染负荷，也节省了大量环保的投入，从而降低了生产成本，提高了企业的综合效益。

9.1.1.3 清洁生产的目标

清洁生产的基本目标是节省能源，降低原材料消耗，提高资源利用效率，减缓资源的耗竭。使用清洁的原、辅材料，通过清洁的工艺过程，生产出清洁的产品，减小或避免污染物的产生量和排放量。清洁生产的终极目标是保护和改善环境，保障人体健康，提高企业自身的经济效益，促进经济与社会的可持续发展。清洁生产同时具有经济和环境双重目标，通过实施清洁生产，企业在经济上能赢利，社会环境也能得到改善，从而达到环境保护和经济发展相协调的目的。清洁生产是手段，目标是实现经济与环境协调发展，使人类社会与自然和谐发展。

从企业的角度来看，清洁生产的目标可分为短期目标和长期目标。从短期来看，企业应改善工业生产过程管理，提高生产效率，减少资源和能源的浪费，减少污染物的产生量，推行原材料和能源的循环利用，替换和更新导致严重污染的落后的生产流程、技术和设备，开发清洁产品，鼓励绿色消费。从长期来看，应当根据可持续发展的原则来规划、设计和管理区域性工业生产，包括工业结构、增长率和工业布局等内容。应采用清洁生产方式调整研究和技术开发，为解决资源有限性和未来日益增长的原材料及能源需求提供解决途径；应建立推行清洁生产的合理管理体系，包括改善有关的实用技术，建立人力培训规划机制，开展国际科学交流合作，建立有关的信息数据库；最终通过实施清洁生产，提高全民对清洁生产的认识，实现可持续发展的目标。

9.1.1.4 清洁生产的原则

清洁生产是循环经济的基础。循环经济主要有三大原则，即“减量化、再使用、再循环利用”3R 原则。3R 原则是循环经济最重要的操作原则，也是清洁生产的操作原则。

(1) 减量化原则旨在减少进入输入端的资源和能源量，从源头节约资源和能源使用，减少污染物的排放。

(2) 再使用原则旨在生产和消费过程中延长产品和服务的时间期限，提高产品和服务的利用效率。尽可能多次或多种方式地使用物品，避免物品过早地成为垃圾。如改进设计，使产品简洁地实现升级换代，而不必更换整个产品。

(3) 再循环利用原则即资源化原则，是针对输出端的，要求物品完成使用功能后重新变成再生资源，以减少最终垃圾处理量，也就是人们通常所说的废弃物的回收与综合利用。

“减量化、再使用、再循环利用”的原则在循环经济中的重要性并不是并列的，而是要先减少资源和能源的输入、尽可能多次再使用各种物品、尽量减少废物产生，再实施废物循环利用；也就是说，先通过实施清洁生产从源头节约资源和能源消耗、减少污染物的排放和废弃物的产生，再实施资源化利用。

9.1.1.5 清洁生产方法

清洁生产要从企业的特点出发，在产品设计、原料选择、工艺流程、工艺参数、生产设备、操作规程等方面，全面分析减少污染物产生的可能性，寻找清洁生产的机会和潜力。通过改进管理和操作，改进工艺技术，改进产品设计包装，选择更清洁的原料，组织内部物料循环，推进清洁生产的实施。实施清洁生产的主要途径为：转变观念，建立健全法律法规；合理布局，加强科学管理；研发清洁生产工艺、技术和装备，加强技术改造；减少废物的产生和排放，实现物料最大限度的循环；把好原料、能源选择关，重视和改进产品设计，防止对环境的危害；发展环境保护技术，搞好末端处理。

9.1.1.6 我国清洁生产的进展

我国清洁生产可以分为两个阶段，形成和推行阶段、立法和依法执行阶段。

(1) 形成和推行阶段。1992 年国家环保局与联合国环境规划署召开了我国第一次清洁生产研讨会，清洁生产的理念和方法开始引入我国。1992 年 10 月，联合国环境与发展大会之后，我国在《环境与发展十大对策》中明确提出：“新建、改建、扩建项目时，技术起点要高，尽量采用能耗物耗小、污染物排放量少的清洁生产工艺。”从此，清洁生产成为我国环境与发展的对策之一。

第二次全国工业污染防治会议 1993 年 10 月在上海召开，确定了清洁生产在我国工业污染控制中的地位。1994 年 3 月国务院常务会议讨论通过了《中国 21 世纪议程——中国 21

世纪人口、环境与发展白皮书》，专门设立了“开展清洁生产和生产绿色产品”这一发展方向领域。

1996 年 8 月，国务院颁布了《关于环境保护若干问题的决定》，明确规定所有大、中、小型新建、扩建、改建和技术改造项目要提高技术起点，采用能耗物耗小、污染物排放量少的清洁生产工艺。

1997 年 4 月，国家环保总局制定并发布了《关于推行清洁生产的若干意见》，要求地方环境保护主管部门将清洁生产纳入已有的环境管理政策中。为指导企业开展清洁生产工作，国家环保总局还编制了《企业清洁生产审核手册》以及啤酒、造纸、有机化工、电镀、纺织等行业的清洁生产审核指南。1998 年 10 月，我国政府郑重签署《国际清洁生产宣言》。这一阶段的特点是清洁生产从战略到实践取得重大进展，确立清洁生产在工业污染防治中的地位，将清洁生产作为实现可持续发展战略的重要措施。

（2）立法和依法执行阶段。自 1995 年以来，全国先后制定和修订了一系列环境保护法律，包括《中华人民共和国大气污染防治法》《中华人民共和国水污染防治法》《中华人民共和国固体废物污染防治法》等，都对推行清洁生产做出了规定。2003 年 1 月 1 日起开始施行《中华人民共和国清洁生产促进法》，这标志着我国推行清洁生产已纳入法制化管理的轨道。

2004 年 1 月，国务院办公厅转发国家发展和改革委员会等部门《关于加快推行清洁生产的意见》，要求制定重点行业、重点流域清洁生产推行规划，并有计划、有步骤地在重点流域、重点区域、重点城市和重点企业实施清洁生产试点。清洁生产开始走上加快推行的道路。

近年来，全国在推行清洁生产试点示范、宣传教育培训、机构建设、国际合作以及结合现行环境政策开展政策研究等方面均取得了较大进展。通过实施清洁生产，提高了企业综合竞争能力，普遍取得了良好的经济效益、社会效益和环境效益。

9.1.2 清洁生产评价

9.1.2.1 清洁生产评价

为正确评价企业自身清洁生产水平和取得的成果，了解企业清洁生产潜力，促进企业积极主动地投入到清洁生产工作中来，就需要对各企业进行科学客观的评价。为此，制定和实施符合我国当今环境管理水平的清洁生产评价指标和评价方法，对推进我国清洁生产具有重要的理论意义和深远的现实意义。

清洁生产的评价指标是指国家、地区、部门和企业，根据一定的科学技术、经济条件，在一定时期内规定的清洁生产所必须达到的具体目标和水平，是对清洁生产技术方案进行筛选的客观依据，是清洁生产审计活动中最为关键的环节。评价指标既是管理科学水平的标志，也是进行定量比较的尺度。

清洁生产技术方案根据被评价技术所处的行业、生产的产品和所使用的原料确定其评价指标体系。评价指标体系包括经济指标、技术指标和环境指标三个方面。评价指标可分为六大类：生产工艺与装备要求，资源能源利用指标，产品指标，污染物产生指标，废物回收利用指标，环境管理指标。指标制定一般依据相对性、定量化、污染预防和生命周期评价的基本原则，突出清洁生产技术与现有的生产技术比较评价。清洁生产指标的范围主要反映出项目实施过程中所使用的资源量及产生的废物量，包括使用能源、水或其他资源的情况，通过对这些指标的评价，反映出建设项目通过节约和更有效的资源利用，以达到保护自然资源的目的。尽量选择容易量化的指标项，使之具有可操作性。在评价过程中，既要考虑生产过程和产品的使用阶段进行评价，还应对生命周期各阶段所涉及的各种环境性能做尽量全面的考察和分析。

清洁生产技术的评价方法步骤如下。

（1）技术指标权重的确定。工艺技术的环境指标、经济指标和技术指标，有不同的权重。

（2）技术指标最大值和最小值的确定。构建了清洁技术的指标后，要对该指标体系中的各项因子数值与其标准数值进行评价，确定最大数值或最小数值。

（3）清洁技术指标数据的标准化处理。对某一具体指标，取最优值标准化处理后为 1，最差数值处理后为 0。优于最优数值者，处理后其数值为 1；差于最差数值者，处理后其数值为 0。介于最优数值和最差数值之间者计算出结果。

（4）技术指标的求和。将每一个技术指标相加得出该技术的指数和。

（5）被评价工艺技术的分类。根据国内外工艺技术发展的现状，大致分成五种类型：清洁生产工艺、传统先进工艺、一般工艺、落后工艺、淘汰工艺。

9.1.2.2 清洁生产审核

根据《中华人民共和国清洁生产促进法》和国务院相关规定制定的《清洁生产审核暂行办法》，自 2004 年 10 月 1 日起施行。其中规定，清洁生产审核“是指按照一定程序，对生产和服务过程进行调查和诊断，找出能耗高、物耗高、污染重的原因，提出减少有毒有害物料的使用、产生，降低能耗、物耗以及废物产生的方案，进而选定技术经济及环境可行的清洁生产方案的过程”。

清洁生产审核程序一般包括审核准备，预审核，审核，实施方案的产生、筛选和确定，编写清洁生产审核报告等。清洁生产审核的基本思路是以废物为切入点，以废物削减为主线，判明废物产生的部位；从原辅材料和能源、工艺技术、生产设备、过程控制、管理、员工和产品等方面分析废物产生的原因；提出整改方案，以减少或消除废物。

清洁生产审核分为自愿性审核和强制性审核。清洁生产审核应当以企业为主体，遵循企业自愿审核与国家强制审核相结合、企业自主审核与外部协助审核相结合的原则，因地制宜、有序开展、注重实效。

9.1.2.3 ISO 14000 与清洁生产

（1）ISO 14000 简介。ISO 14000 是国际标准化组织（ISO）第 207 技术委员会（TC207）从 1993 年开始制定的系列环境管理国际标准的总称。它同以往各国自定的环境排放标准和产品的技术标准等不同，是一个国际性标准，对全世界工业、商业、政府等所有组织改善环境管理行为具有统一标准的功能。

ISO 14000 环境管理系列标准是国际标准组织为保护全球的健康环境、促进世界经济持续发展而制定的第一套关于企业内部环境管理体系的建立、实施与审计的通用标准，主要用于企业通过经常规范化的管理活动，实现减少污染、保护环境的承诺和应尽义务，其目的在于指导企业建立和保持一个符合要求的环境管理体系，再通过不断的环境评价、管理评价和体系审核活动，推动这个体系的有效运行，促进环境质量的不断改进，以有利于产品生产和职工的健康。从某种意义讲，贯彻环境管理体系，既是一项经营战略决策，也是一项杜绝职业病和保证人民身体健康的重要措施。

（2）ISO 14000 内容。ISO 14000 系列标准主要由环境管理体系（EMS）、环境行为评价（EPE）、生命周期评估（LCA）、环境管理（EM）、产品标准中的环境因素（EAPS）等部分组成。其标准号从 14001 至 14100，共 100 个，充分体现了各国环境管理实践的精华。它是一项以人为本，以发展为核心，综合研究并实施经济、社会、资源、环境生态等的协调，实现经济效益、社会公平，以及人类与自然和谐共处的可持续发展的系统工程。

生产企业应该在环境体系、环境审核、环境标志、生命评估、环境行为评价等若干方面进行 ISO 14000 认证，将环境管理贯穿于企业的原材料、能源、工艺设备、生产、安全、审计等各项目管理之中。ISO 14000 实行的是以预防为主的办法。它要求企业实行全过程的控制，通过采用无污染或只造成轻微污染的工艺，即清洁工艺，达到杜绝环境污染的目的。如果生命周期的每一个环节都能通过评定，做到改善环境影响和减少环境负荷，这个企业便可称为绿色企业，所生产的产品无疑是绿色产品，可以获得认证证书，表明该企业的环境管理和环境效果是良好的，也就等于取得了国际贸易的绿色通行证。没有达到这些标准，就不予市场准入。实施 ISO 14000 管理，与国际环境标准接轨，缩小了与发达国家的环境法规和环境标准的差距。我国政府正在积极引导企业进行绿色认证。

（3）ISO 14000 与清洁生产的关系。ISO 14000 管理体系与清洁生产是环境管理的新思路，都是为了促进环境与经济的协调发展。ISO 14000 系列标准强调通过制定环境方针和目标指标，评价重要环境因素，以达到节能、降耗、减污的目的。清洁生产也强调能源、资源的合理利用，鼓励企业在生产产品和服务中最大限度地节约能源、节约原材料、少用或不用有毒有害及稀缺原料、提高物料的循环利用。二者既有不同之处又密切相关，相辅相成。

1）ISO 14000 与清洁生产的不同点

①基本概念不同。ISO 14000 管理体系是集近年来世界环境管理领域的最新经验与实践于一体的环境管理领域最新的先进管理体系，旨在指导并规范企业根据法律法规的要求建立先进的体系，帮助企业实现环境目标与经济目标。清洁生产是联合国环境规划署提出的环境保护由末端治理转向生产的全过程控制的全新污染预防策略。它是以科学管理、技术进步为手段，利用清洁能源、原材料，采用清洁的生产工艺技术和过程控制，生产出清洁产品，是企业发展的一种新的目标模式。

②侧重点不同。ISO 14000 管理体系侧重于管理，强调的是一个标准化的管理体系，为企业提供一种先进的管理模式。而清洁生产着眼于生产的全部过程，以改进生产、减少污染为直接目标，虽然也强调管理，但更着重于技术水平的提高。

③实施手段不同。ISO 14000 管理体系是以国家的法律法规为依据，以优良的管理推动技术改进；清洁生产主要采用技术改造，辅之以加强管理，并且存在明显的行业特点。

④审核方法不同。ISO 14000 管理体系的审核侧重于审查企业的环境管理状况，审核的对象有企业文件、记录及现场状况等具体内容；而清洁生产审核采用分析工艺流程、进行物料和能量衡算等方法，发现排污部位和原因，确定审核重点，实施清洁生产方案。

⑤产生的作用不同。清洁生产向技术人员和管理人员提供了一种新的环保思想，使企业环保工作重点转移到生产中来。标准为管理层提供一种先进的管理模式，将环境管理纳入其他的管理之中，让所有的职工提高环保意识并明确自己的职责。

2）ISO 14000 与清洁生产的相同点

①遵循环境管理体系的要求，推行清洁生产的目标相同。

②ISO 14000 环境管理体系对环境意识提出明确要求。环境意识的增强是实施环境管理的根本动力，清洁生产的实施为环境意识的增强提供了前提。

③推行清洁生产可提高企业的整体技术和管理，为建立企业环境管理体系提供方法。实行清洁生产，在环境因素调查、确定环境问题根源、重点、方案产生、可行性分析上有一套操作性强的具体方法，即通过物料平衡计算、生命周期评估、确定物料损失原因和造成污染的原因后，提出解决方案。故环境管理体系是清洁生产持续发展的保障。

④推行清洁生产可提高企业的整体技术和管理水平。企业推行清洁生产，从原料、设备、管理人员等全方位进行优化，采用先进科学的方法进行技术改造，故可高效提高企业的综合管理水平，建立一个良好的管理体系。

⑤清洁生产应融入企业的全面管理之中，是企业生产的最终目的。

9.1.2.4 化工清洁生产

化工行业是基础产业部门之一，对国家建设和人民生活起着重要作用，但污染严重是其行业特点，是产生废气、废水、废渣，即“三废”的大户。

化工生产清洁技术就是用化学原理和工程技术来减少或消除造成环境污染的有害原料、催化剂、溶剂、副产品及部分产品。

（1）原料的绿色化。采用无毒无害的化工原料或用生物废弃物替代有剧毒的、严重污染环境的原料，生产特定的化工产品是化工清洁技术的重要组成部分。

（2）化学反应绿色化。化学反应绿色化是基于化学反应的高效原子经济性，设计出高效利用原子的化学合成反应。理想的原子经济反应是原料分子中的原子全部转化为产物，实现了“零排放”。

（3）反应物质的绿色化。化学反应物质主要是指反应过程中采用的催化剂或溶剂。采用绿色催化剂，彻底地解决了因使用污染型催化剂而存在的设备腐蚀和环境污染问题。认识和开发出一些低毒或无毒的溶剂，并将它们大力推广应用到化工生产的反应和分离过程中去。

（4）绿色的化工产品。化工产品广泛用于日常生活和生产活动的各个方面，因此化工产品的绿色化与人体健康及生态环境有着密切的关系。化工清洁技术就是要生产出符合环保要求的清洁产品。

9.2 绿色环境

9.2.1 绿色技术体系

9.2.1.1 绿色技术的内容

科学技术对环境保护的作用具有有利性和不利性，不利性如核辐射、农药的毒性、汽车尾气等，技术发展的同时新的环境问题将会层出不穷。环境价值观应渗入到各科学技术领域，特别是要重视科学技术的环境效应，发展绿色技术。减轻污染负荷，改善环境质量，发展绿色技术是促进经济可持续发展的有效途径。

不同的国家或国家的不同地区，绿色技术的主要内容有所不同。首先要识别经济发展过程中环境会遭受到的风险，然后针对这些风险，确定发展绿色技术的重点领域，研究相应的绿色技术。表 9—1 为美国环保局列举的环境风险重点。

表 9—1　　环境风险重点

环境风险分类		环境风险
对自然生态和人类福利的风险	排序相对较高的风险	栖息地的变动与毁坏；物种灭绝和生物多样性的消失；平流层臭氧的损耗；全球气候变化
	排序相对居中的风险	除锈剂和杀虫剂；地表水体中的有毒物、营养物、BOD、浑浊度；酸沉降、空气中有毒物质
	排序相对较低的风险	石油泄漏；地下水污染；放射性核素；酸性径流；热污染
	对人体健康的风险	大气中的污染物；化学品对工作人员的暴露；室内污染；饮用水中的污染物

由于我国庞大的人口基数、有限的人均资源、资源利用效率低、环境污染和生态破坏严重、技术水平低等原因，经济建设必须与人口、资源、环境因素相协调。大力发展绿色技术是促进我国可持续发展的重要措施。国家环保总局确定的我国环境保护的重点行业有煤炭、石油、天然气、电力、冶金、建材、化工、轻工、纺织、医药等，绿色技术的主要内容包括能源技术、材料技术、催化剂技术、分离技术、生物技术、资源回收技术等。

9.2.1.2 绿色技术的特点

(1) 动态性。绿色技术的动态性是指在不同条件下绿色技术有不同的内容，这是由于技术因素是影响环境变迁的重要原因。技术因素可分为污染增加型技术、污染减少型技术和中性技术三种类型。人们在主观上希望尽可能采用污染减少型技术或发展绿色技术，但是，技术因素的演变是客观条件作用的结果，包括经济、自然、社会、技术发展等各个方面。显然，把握绿色技术的动态性，有助于认识技术因素演变的内在规律及其对环境的影响，更有助于采取合适的技术对策，在加快经济发展的同时减轻对环境的不利影响。

(2) 层次性。绿色技术的层次性是指绿色技术思想表现在产业规划、企业经营、生产工业三个层次，它们既互相区别又密切联系。要成功地实施绿色技术，三个层次的实践缺一不可，而且必须相互协调。

1）产业规划的行为主体是国家各级政府。体现绿色技术思想的产业规划应当从可持续发展原则和地区的实际情况出发，在产业布局、产业结构等方面充分考虑经济与环境协调发展。

2）企业经营的行为主体是企业，动力来自于企业的决策管理层，实施效果则取决于整个企业的企业文化。因此，绿色技术的思想应当渗透到企业发展的意识和谋略中去，引导企业把追求利润目标和减轻对周围环境不利影响的目标结合起来。具体内容包括产品设计、原材料和能源选用、工艺改进、管理优化等方面。

3）在生产层次上，绿色技术表现为工艺优化。从环境保护出发，不断进行工艺改进，提高资源、能源利用率，减少废弃物排放，积极推行清洁生产，即对工艺和产品不断运用一种一体化的预防性环境战略，减轻其对人体和环境的风险。

（3）复杂性。绿色技术的复杂性主要表现在两个方面。

1）广度上绿色技术改进往往会引发多种效应，如环境效应、经济效应、社会效应，产生的综合影响是复杂的。如电动汽车采用蓄电池代替汽油或柴油作为动力源，行驶中不排放 NO_x、CO 等有害尾气，从这个方面来说是一项绿色技术。但是把评价的范围扩大一些，发现在蓄电池的生产过程中，要耗用石油或煤炭等初级能源，生产过程排放出大量废水废气，显然存在污染转移的问题，把发生在行驶过程中的污染集中到了生产过程中。此外还存在废旧蓄电池的处置问题。国外学者还研究发现，电动汽车启动性能弱于汽油车，容易造成路口交通堵塞。

2）深度上绿色技术改进与环境效应之间的联系不能只看表面，需要进行深入研究。例如，含磷洗衣粉“禁磷”以后，相关水域的磷浓度显著降低并保持在稳定水平。在一些湖泊中，生物多样性指数提高，藻类构成发生了有利于水质改善的变化。然而，随着对富营养化研究的深入，人们对“禁磷”措施的有效性和科学性提出质疑。绿色和平运动委员会主席琼斯采用生命周期法评估认为，含磷洗衣粉与无磷洗衣粉对环境的负面影响大体相当，甚至后者大于前者。

9.2.1.3 绿色环境体系

绿色技术的理论体系包括绿色观念、绿色生产力、绿色设计、绿色生产、绿色化管理、合理处置等一系列相互联系的概念。

（1）绿色观念应当体现绿色技术思想，同时又能对实践生产具体指导。宏观的绿色观念包括环境的全球性观念，持续发展的观念，人民群众参与的观念，国情的观念。

（2）绿色生产力是指国家和社会以耗用最少资源的方式来设计、制造与消费可以回收循环再生或再利用的产品的能力或活动的过程。发展绿色生产力，必须是在绿色观念的指导下，即在社会生产和生活领域中体现绿色观念。具体内容包括以绿色设计为本质、绿色制造为精神、绿色包装为体现、绿色行销为手段、绿色消费为目的，来全面协调和改革生产与消费的传统行为和习性，从根本上解决环境污染问题。

（3）绿色设计也称生态设计或为环境而设计，它是指在设计时，对产品的生命周期进行综合考虑；少用材料，尽量选用可再生的原材料。产品生产和使用过程能耗低，不污染环境；产品使用后易于拆解、回收、再利用；使用方便、安全、寿命长。

（4）绿色生产也称为清洁生产，即在产品生产过程中，将综合预防的环境策略持续地用于生产过程和产品中，减少对人类和环境的风险。清洁生产是绿色技术思想在生产过程中的反映，两者在指导思想上是一致的，都体现了社会经济活动，特别是生产过程中体现环境保护的要求。两者涉及的范围也相当，都涵盖了产品生命周期的各个环节。绿色技术更多地表现为科学发展和环境价值观相结合而形成的理论体系，而清洁生产则是绿色技术理论体系在产品生产，尤其是在工业生产中的具体落实。

（5）绿色标准是由国际标准化组织制定的 ISO 14000 体系，该体系的全称是环境管理工具及其体系系列标准。内容包括：环境管理体系标准（EMS），环境审核标准（EA），环境标志标准（EL），环境行为评价标准（EPE），生命周期评估标准（LCA），术语和定义，产品标准中的环境指标（EAPS）。

（6）减少废弃物产生的技术称为浅绿色技术，处置废物的技术称为深绿色技术。随着经济发展和人们生活水平的提高，人均废弃物产生量在不断增加。因此，尽管废物减量化工作不断取得进展，废物的最终处置（深绿色技术）仍具有重要意义。深绿色技术包括资源回收与利用、以合理的方式处理废物两个方面。

（7）绿色标志即环境标志。它的作用是表明产品符合环保要求和对生态环境无害，经专家委员会鉴定后由政府部门授予。环境标志是以市场调节实现环境保护目标的举措，公众有意识地选择和购买环境标志产品，就可以促使企业在生产过程中注意保护环境，减少对环境的污染和破坏，促进企业以生产环境标志产品作为获取经济利益的途径，从而达到预防污染的目的。图 9—1 所示是世界部分环境标志示意图。

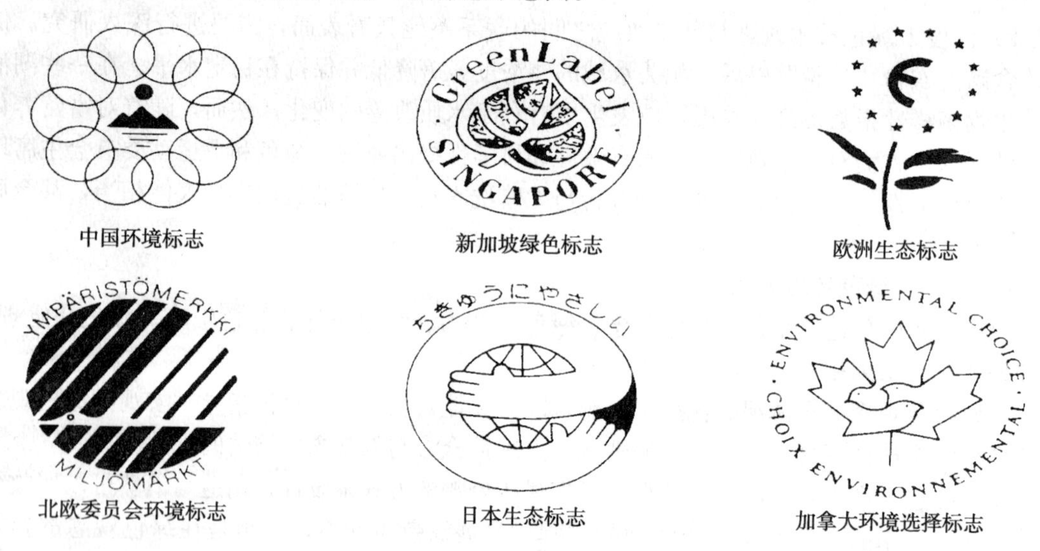

图 9—1　世界部分环境标志

我国自 1993 年 10 月 23 日实行环境标志制度，1994 年 5 月中国环境标志产品认证委员会正式成立，这是我国政府对环境产品实施认证的唯一合法机构。到 1996 年 3 月 20 日，经过严格的监测、认证，中国环境标志产品认证委员会宣布 11 个厂家生产的 6 类 18 种产品为我国的第一批环境标志产品，其中有低氟氯烃的家用制冷器和无铅车用汽油，还有水性涂料、卫生纸、真丝绸和无汞镉铅充电电池等。如青岛海尔集团电冰箱厂于 1990 年就推出了一种新型绿色冰箱，氟氯烃的用量减少了一半。这种冰箱很快就荣获“欧洲生态标志”，打开了销往欧洲的道路。到目前为止，我国有 140 多个企业的 400 余种产品获得了国家环保标志认证。

9.2.2 绿色生活

绿色是无污染、无公害和环境保护的标志。社会的发展，环境意识的增强，使人类越来越追求绿色高质量的生活用品、生活环境和生活状态。

9.2.2.1 绿色食品

农业现代化的进展丰富了世界食品供应，但是随着农用化学品大量投入农田，造成有害化学物质通过土壤和水体在生物体内富集，并且通过食物链进入畜禽体内和水产品中，导致食物污染，最终损害人体健康。

20 世纪 70 年代初，由美国扩展到欧洲和日本的旨在限制化学物质过量投入以保护生态环境和提高食品安全性的“有机农业”思潮影响了许多国家。一些国家开始采取经济措施和法律手段，鼓励、支持本国无污染食品的开发和生产。自 1992 年环境与发展大会后，欧洲、美国、日本和澳大利亚等发达国家和一些发展中国家加快了生态农业的研究。在这种国际背景下，我国决定开发“绿色食品”。“绿色食品”是指遵循可持续发展原则，在无污染的条件下种植、养殖，施有机肥料，不用高毒性、高残留农药，在标准环境、生产技术、卫生标准下按特定生产方式生产，并经国家有关的专门机构认定，准许使用绿色食品标志的无污染、无公害、安全、优质、营养型的食品。

绿色食品在许多国家又被称为生态食品、自然食品、健康食品、有机农业食品等。有机食品（Organic Food）是目前国际上对无污染天然食品比较统一的提法。有机食品通常来自于有机农业生产体系，是根据国际有机农业生产要求和相应的标准生产加工的。绿色食品是我国主推的一个认证农产品，遵照执行由农业部发布的推荐性农业行业标准。从中国“绿色食品”宣告诞生，至今已经有数百种食品经过有关部门的审批正式获此称号。绿色食品标志作为一种特定的产品质量证明商标，其商标专用权受《中华人民共和国商标法》保护。该标志由三部分构成，即上方的太阳、下方的叶片和中心的蓓蕾。标志为圆形，意为保护。整个图形显示明媚阳光照耀下的和谐生机，告诉人们绿色食品是出自纯净、良好生态环境的安全无污染食品，能给人们带来蓬勃的生命力。绿色食品标志还提醒人们要保护环境，通过改善人与环境的关系，创造自然界新的和谐。绿色食品商标作为企业的无形资产，在现代生产和流通中的作用日益为人们所重视。

绿色食品的标准规定产品或产品原料的产地必须符合绿色食品的生态环境标准；农作物种植、畜禽饲养、水产养殖及食品加工必须符合绿色食品的生产操作规程；产品必须符合绿色食品的质量和卫生标准；产品的包装、储运必须符合绿色食品包装储运标准。标签必须符合中国农业部制定的《绿色食品标志设计标准手册》中的有关规定。

绿色无污染是指在绿色食品生产、加工过程中，通过严密监测、控制，防范农药残留、放射性物质、重金属、有害细菌等对食品生产各个环节的污染，以确保绿色食品产品的洁净。

为适应我国国内消费者的需求及当前我国农业生产发展水平与国际市场竞争，从 1996 年开始，在申报审批过程中将绿色食品区分为 AA 级和 A 级。A 级标志为绿底白字，AA 级标志为白底绿字。该标志由中国绿色食品协会认定颁发。AA 级绿色食品更为严格，标准要求生产地的环境质量符合《绿色食品产地环境质量标准》，生产过程中不使用任何有害的农药、肥料、食品添加剂、饲料添加剂、兽药及有害于环境和人体健康的生产资料，而是通过使用有机肥、种植绿肥、作物轮作、生物或物理方法等技术，培肥土壤、控制病虫草害，保护或提高产品品质，从而保证产品质量符合绿色食品的产品标准要求。AA级绿色食品标准已经达到甚至超过国际有机农业运动联盟的有机食品的基本要求。A级绿色食品系指在生态环境质量符合《绿色食品产地环境质量标准》的产地，生产过程中允许限量使用限定的、较安全的化学合成物质，并积极采用生物方法，按特定的操作规程生产、加工，产品质量及包装经检测、检验符合特定标准，并经专门机构认定，许可使用A级绿色食品标志的产品。

我国对生产“绿色食品”的农药和化肥都做了严格的限定，允许使用的仅是生物源农药、微生物农药、堆肥、沼气肥、腐殖质等。农药有许多种类，有高毒品也有低毒品。世界上新发展起来的不少农药品种都是低毒、低残留、生物可降解的“环境友好型农药”，有的甚至本身就是生物体的正常成分，也就是所谓的“生物农药”，不会对人体和环境造成危害。

经过近15年的开拓和发展，我国绿色食品形成了一定的规模，建立了完整的标准体系和开发管理模式，并且在国际上产生了一定的影响。绿色食品已经得到了社会的广泛认可和接受。

9.2.2.2　绿色化学品

化学品行业已成为工业污染第一大户。化学品生产过程中排放的汞、铬、砷、氰化物、有机磷、有机硫等有毒有害化学品的总量高居各工业行业第一。近年来，化学品污染环境的事故频频发生。研究表明，人类癌症患者中70%～80%是由化学品引起的。由化学品带来的环境污染问题越来越引起国际社会的关注，已形成《关于在国际贸易中对某些危险化学品和农药采用事先知情同意程序的鹿特丹公约》（PIC公约）和《关于持久性有机污染物的斯德哥尔摩公约》（POPS公约）两个关于化学品管理的国际公约，我国也已签署了上述两项公约。

各国的法规和政府资助正在推动绿色化学品的开发，许多化工公司也都在加大绿色产品的研发力度，并纷纷推出绿色新产品，以减少对环境和人类健康带来的负面影响。绿色化学品即：不会对人体造成直接或间接伤害且不会对环境造成直接或间接污染的化学品。研制生物塑料和生物燃料新产品，开发废物减排技术，以及采用无毒代用品替代有害化学品等都已成为目前绿色化学工业的研究热点。从1996年起，美国环保局（EPA）就敦促化工公司在化学品设计、制造方面使用绿色技术，并颁发总统绿色化学奖。2008年9月29日美国加利福尼亚州颁布第一部绿色化学品法，以减少或消除有害化学品在消费产品中的使用。

9.2.2.3　绿色汽车

现代人的生活水平不断提高，对汽车需求越来越多，世界汽车工业生产规模日益增大。汽车工业成为大多数经济发达国家的支柱产业。据测算，到2010年，世界汽车保有量将从6亿多辆增加到10亿多辆。目前，汽车的动力装置主要是汽油机和柴油机，其能源为汽油、柴油，我国汽车消耗的汽油占全国汽油消耗的90%以上，柴油占全国柴油消耗的25%以上。汽车尾气中的污染物CO、HC、NO_x、SO_2和炭粒、硫化物等微粒对人们身体健康影响较大，甚至威胁着人们的生命，是城市环境污染的祸根之一。有关资料显示，以1994年我国930万辆汽车来计算，每天向大气排放CO达2 200 t、HC达300 t、NO_x达1 101 t。另外，使用汽车空调系统比较广泛，且流动性大。根据20世纪80年代以来的统计，全球每年大约有1.2×10^5 t CFC用于新车和维修车的空调系统，由此CFC对环境的污染和危害引起全世界的极大关注。汽车的环保、节能是近半个世纪以来汽车工业发展所面临的重要课题，也是21世纪汽车工业发展的基点和追求的目标。开发新的对环境和资源造成破坏较小的绿色汽车，是当今世界汽车发展史上的一场变革。

对绿色汽车的研究主要是动力源的改进，集中表现在对蓄电池电动汽车、燃料电池汽车、太阳能电动汽车的研究。代用燃料汽车开发的基本设想是，使用汽油和柴油以外的燃料，如天然气、醇类、氢等。目前出现的绿色汽车大致可分为以下几种。

(1) 电动汽车。低耗、低污染、高效率的优势使其在人们面前展现了良好的发展前景，美国把开发电动汽车作为振兴汽车工业的着力点。

(2) 天然气汽车。排污大大低于以汽油为燃料的汽车，成本也比较低。这是一种理想的清洁能源汽车。

(3) 氢能源汽车。采用氢作为燃料。氢燃料电池的原理是利用电分解水时的逆反应，使氢气与空气中的氧气产生化学反应，产生水和电，从而实现高效率的低温发电，且余热的回收与再利用也简单易行。

(4) 甲醇汽车。在煤少、油少的地区值得推广。

(5) 太阳能汽车。节约能源，无污染，是最为典型的绿色汽车。目前我国太阳能汽车的储备电能、电压等数据和设计水平，已接近或超过了发达国家水平，是一种有望普及推广的新型交通工具。

(6) 对环境污染小的新型汽油。壳牌石油公司开发出一种新型汽油，其中含有一种化学物质，使汽油能够充分燃烧，大大减少了有害气体的排放。

9.2.2.4　绿色居室

随着人们自身保健和环境意识的不断增强，对居住环境要求越来越高。世界卫生组织(WHO)将“健康住宅”定义为能使居住者在身体上、精神上和社会上完全处于良好状态的住宅。主要基点在于：一切从居住者出发，满足居住者生理和心理的需求，使其生活在健康、安全、舒适和环保的居住环境中。健康住宅是健康人居环境具体化和实用化的体现，同时也是一种国际发展的趋势。

合理健康的住宅应包括房屋的内环境、外环境以及整个建筑的合理性。合理的外环境与建筑主要体现在建筑物的选址合理；建筑材料一定要用环保产品，房屋的建筑质量要好；要远离工业区，远离机场，避免噪声干扰；要离开高架路及交通干道，避免排放的废气对人体有害等；注重住宅的环境绿化。目前，城市垃圾已成为一大公害，垃圾分类处理已被纳入健康住宅内容。要将生活垃圾分为有机物、无机物、玻璃、金属、塑料等类。就地处理垃圾，能极大限度地降低垃圾对环境的污染，最大限度地化废为宝，循环利用。合理利用水资源也已经成为绿色健康住宅的重要内容。我国已有300座城市被联合国列为缺水城市。因此，在住宅建设中做到节约用水，洗衣服、洗菜的水就可以用来冲厕所，就地处理污水，把污水变成中水，用来种地、浇花、洗车等，以节约水资源。

实现居室的绿色化，更要注重住宅的内在品质。我国目前实施的居室内部环境标准规定：居室内的氡浓度应符合国家控制标准，平衡当量氡浓度年平均值不超过100 Bq/m^3；使用的建筑材料中放射性比活度符合国家规定的A类产品要求；空气中甲醛最高允许浓度不超过0.08 mg/m^3；苯释放量应低于2.4 mg/m^3；氨释放量应低于0.2 mg/m^3；空气中二氧化碳卫生标准值≤0.10%（2 000 mg/m^3）；居室内可吸入颗粒物日平均最高容许浓度为0.15 mg/m^3；噪声昼间小于50 dB（A），夜间小于40 dB；易挥发有机物的总释放量应低于0.2 mg/（m^2·h）；无石棉建筑制品；无严重电磁辐射污染源；不应有令人不快的气味。

（1）采用更多、更好的绿色建筑装饰装修材料。人们的居室装饰正逐渐走向现代化。采用乳胶漆、中高档壁纸装饰墙面，地面装饰多采用玻璃砖、复合木地板、高档塑料地板、地毯等进行装饰，用石膏板、塑料扣板、装饰玻璃做吊顶，卫生间、厨房采用现代化装修等。若居住者出现不同程度的头晕、失眠、呼吸道疾病等症状，可能是选用了有毒害的建筑装饰装修材料装修造成的不良后果。

建筑装饰装修材料绿色化方向和重点产品包括发展低毒、无毒、低污染的建筑涂料；发展无毒、无污染、无异味的墙纸、壁布；发展抗菌、除臭建筑装饰材料；发展工业副产品石膏建材制品；发展绿色木质人造板材和绿色非木质人造板材；发展微晶玻璃装饰板；发展绿色塑料门窗；发展绿色管材；发展绿色地面装饰材料；发展绿色防火材料。

（2）防止室内空气污染。除了选用建筑装饰装修材料外，尚有燃烧的燃料，清洁、消毒、杀虫等用的各种喷雾剂、吸烟、化妆品以及家具家电造成的污染等，也可导致室内空气污染。污染物质主要有甲醛、挥发性有机物、氡气、石棉、二氧化硫等。世界卫生组织制定了室内空气有机化合物总挥发量（TVOC）为每1 m^{2}不超过300 μg的标准建议；欧洲地区制定的室内环境质量标准的建议为：室内空气中甲醛、氧化氮、一氧化碳、二氧化碳、氡气、人造矿物纤维、有机物等的最大量不得超过0.15 mg/m^3。

（3）居室内的绿化。选择合适的绿色植物点缀居室，吸收有毒有害物质，净化居住环境，居室内的绿化正逐渐转变成现代人的一种心理和生理的需求。

（4）充分利用太阳的自然光资源。它不但影响居住者身体健康和生活质量，而且涉及能源的节约与浪费。居室采用大面积的玻璃，设计明厅、明卫、明厨等，科学合理地采光，能够充分利用太阳的热能，节约大量的电能。采用太阳能热水系统与燃气等其他供热方式相比较，又可以减少对大气的污染。

如果要考虑到居住的舒适等，还应考虑以下几个方面：房屋的内部结构安排；光照条件；通风条件；影响私密性、影响光照、影响通风、影响视野等方面的楼间距离；楼层高度。上述各方面都能促进居住者的健康，使人们的生活质量得到提高。

本章小结

一、基本概念

清洁生产的概念、ISO 14000、绿色技术、绿色食品、绿色化学品、绿色汽车

二、基本知识

1. 清洁生产的意义

2. 清洁生产技术的评价方法及步骤

(1) 技术指标权重的确定 (2) 技术指标最大值和最小值的确定 (3) 清洁技术指标数据的标准化处理 (4) 技术指标的求和 (5) 被评价工艺技术的分类

3. 化工清洁生产

(1) 原料的绿色化 (2) 化学反应的绿色化 (3) 反应介质的绿色化 (4) 绿色的化工产品

4. 绿色生活

(1) 绿色食品 (2) 绿色化学品 (3) 绿色汽车 (4) 绿色居室

练 习 题

一、填空题

1. 我国于________起施行《中华人民共和国清洁生产促进法》。

2. 清洁生产是________，目标是实现经济与环境协调发展，使人类社会与自然________。

3. 1992年10月，联合国环境与发展大会之后，我国在________中明确提出："新建、改建、扩建项目时，技术起点要高，尽量采用能耗物耗小、污染物排放量少的清洁生产工艺。"

4. 我国清洁生产的开展可以分为________、________两个阶段。

5. ISO 14000是国际标准化组织（ISO）第207技术委员会（TC207）从1993年开始制定的系列________________的总称。

6. 化工生产清洁技术就是用______________来减少或消除造成环境污染的有害原料、催化剂、溶剂、副产品及部分产品。

二、选择题

1. 清洁生产的"三清一控制"内容包括________。

A. 清洁的原料与能源　　B. 清洁的生产过程

C. 清洁的产品　　D. 贯穿于清洁生产的全过程控制

2. 清洁生产的基本目标就是________。

A. 节省能源　　B. 随意排放废物

C. 使用陈旧的设备　　D. 可以不改进原来的工艺

3. 清洁生产的原则就是________。

A. 减量化、再使用、再循环利用　　B. 减量化、再使用、利用新资源

C. 减量化、更换产品、再循环利用　　D. 增加投入、再使用、再循环利用

4. ISO 14000的特点是________。

A. 具有标准性　　B. 具有广泛适用性

C. 具有可操作性　　D. 具有强制性

5. 绿色技术具有________的特点。

A. 随机性　　B. 动态性　　C. 简单性　　D. 方向性

三、判断题

1. 绿色技术是指生产绿色食品。（ ）

2. 循环经济是“资源一产品一污染排放”单向流动的线性经济。（ ）

3. 绿色是无污染、无公害和环境保护的标志。（ ）

4. 绿色汽车的动力装置主要是汽油机和柴油机。（ ）

5. “健康住宅”的定义是：能使居住者在身体上、精神上和社会上完全处于良好状态的住宅。（ ）

四、简答题

1. 发展绿色技术的意义是什么？

2. 绿色技术的特征有哪些？

3. 绿色技术的理论体系包括哪些内容？

4. 什么是绿色产品？怎样把握绿色产品的概念？

5. 什么是绿色化学品？

6. 简述绿色汽车的特点。

7. 简述清洁生产的意义。

8. 简述清洁生产的方法。

9. 简述清洁生产技术的评价方法及步骤。

10. 简述 ISO 14000 与清洁生产的关系。

10 环境质量管理

本章学习目标

了解：环境管理、环境规划、环境标准、环境保护法的概念，环境规划的原理、类型、内容、原则、程序。

熟悉：环境管理的内容、类型、制度，环境标准的分类、作用、实施，环境保护法的内容、目的、作用、特点、基本原则。

掌握：环境管理的手段，环境管理的职能，制定环境标准方法，环境保护法的实施。中国环境保护法体系，环境保护法的基本制度。

10.1 环境管理

10.1.1 环境管理的概念

环境管理是在环境保护的实践中产生和发展起来的，是环境科学的重要组成部分。环境管理和规划是实现环境保护的重要手段，也是实现可持续发展的重要因素和途径。

10.1.1.1 环境管理的概念

20 世纪 70 年代初人们提出了环境管理的概念，使环境管理学成为一门研究对象明确、有特殊的理论基础和方法的较成熟的学科。狭义的环境管理主要是指控制环境污染的各种措施。各种措施包括制定法律、法规和标准，实施各种有利于环境保护的方针、政策，控制各种污染物的排放等。广义的环境管理是指按照经济规律和生态规律，运用经济、法律、技术、行政、教育和新闻媒介等手段，限制人类损害环境质量的行为，通过全面规划、合理布局，使经济发展与环境相协调，达到既要发展经济满足人类的基本需求又不超出环境的允许极限的目的。无论狭义和广义的环境管理，都是协调社会经济与环境的关系，最终实现可持续发展。

从管理的范围来看，环境管理可以划分为国家的、区域的以及企业的环境管理；从管理的过程来看，环境管理主要涉及环境决策、环境规划、实施监督及支持保障等；从技术支持的角度看，环境管理涉及环境监测、环境预警、环境统计、环境信息等。

环境管理的基本任务，一是转变人类社会一系列基本观念；二是调整人类的社会行为。观念的转变是根本，包括消费观、伦理道德观、价值观、科技观、发展观甚至整个世界观的转变；行为的调整是较低层次的调整，但却是更具体、更直接的调整。人类社会行为主体包括政府行为、市场行为和公众行为三种。因此，环境管理的主体和对象是由政府行为、市场行为和公众行为所构成的整体或系统。

10.1.1.2　环境管理的类型

环境管理按环境管理的范围和环境管理的性质分类如下。

（1）根据环境管理的范围来划分。环境管理包括资源环境管理、区域环境管理和部门环境管理。

1）资源环境管理。主要是自然资源的管理，对自然资源的合理开发、利用和保护，包括水资源管理、土地资源管理、矿产资源管理和生物资源管理等。选择最佳方法使用资源，建立资源管理的指标体系、规划目标、标准、体制、政策法规和机构等。

2）区域环境管理。主要是协调区域社会经济发展目标与环境目标，进行环境影响预测，制定区域环境规划，进行环境质量管理与技术管理，按阶段实现环境目标，建立优于原生态系统的人工生态系统，包括整个国土的环境管理、省区的环境管理、城市环境管理、乡镇环境管理及流域环境管理等。

3）部门环境管理。包括能源环境管理、工业环境管理、农业环境管理、交通运输环境管理、商业和医疗等部门的环境管理以及企业环境管理。

（2）根据环境管理的性质来划分。环境管理包括环境计划管理、环境质量管理和环境技术管理。

1）环境计划管理。环境计划管理是通过计划协调发展与环境的关系，对环境保护加强计划指导是环境管理的重要组成部分。环境计划管理首先是组织制定、督促检查和调整各地方、各部门的环境规划，使环境规划纳入整个经济发展规划的有机组成部分，并将环境保护纳入综合经济决策，用规划内容指导环境保护工作，并根据实施情况调整环境规划。

2）环境质量管理。环境质量管理是为了保护人类生存与健康所必需的环境质量而进行的各项管理工作，分为大气环境质量管理、水环境质量管理、噪声环境质量管理、固体废物环境质量管理、土壤环境质量管理等，其核心是保护和改善环境质量。组织制定各种环境质量标准，各类污染物排放标准，建立环境质量的监控系统，并调控至最佳运行状态。组织调查、监测和评价环境质量的状况，定期发布环境状况公报（或编写环境质量报告书）以及研究确定环境质量管理的程序等。

3）环境技术管理。环境技术管理主要是制定防治环境污染的技术标准、技术规范、技术路线和技术政策，确定环境科学技术发展方向，组织环境保护的技术咨询和情报服务，组织国内和国际的环境科学技术协调和交流，并对技术发展方向、技术路线、生产工艺和污染防治技术进行环境经济评价，以协调技术经济发展与环境保护的关系，使科学技术的发展既能促进经济不断发展，又能保证环境质量不断得到改善。环境法规标准的不断完善，对污染防治技术的评价及对优秀技术的推广、环境信息系统的建立、环境科技支撑能力的建设、环境教育的深化与普及、国际环境科技的交流与合作等均有着指导意义。

10.1.2　环境管理的职能

10.1.2.1　环境管理的手段

（1）行政手段。行政手段是环境保护部门大量采用的手段。行政手段主要是指国家和地方各级行政管理机构根据国家行政法规所赋予的组织和指挥权力制定方针、政策，建立法规，颁布标准，进行监督协调，对资源环境保护工作实施行政决策和管理，又被称为指令性控制手段。如研究制定环境政策、组织制订和检查环境计划；运用行政权力，将某些地域划为自然保护区、重点治理区；对某些环境污染严重的工业企业执行限期治理、勒令停产、转产或搬迁等；采取行政制约手段，如审批环境影响报告书，发放排污许可证；对重点城市、地区、水域的防治工作给予必要的资金或技术帮助等。

（2）法律手段。法律手段是环境管理的一种强制性手段，依法管理环境是控制并消除污染，保障自然资源合理利用，维护生态平衡的重要措施。按照环境法律法规、环境标准来处理环境污染和破坏问题，对违反环境法规、污染和破坏环境、危害人民健康、财产的单位或个人给予批评、警告、罚款、责令赔偿损失等惩罚；协助和配合司法机关对违反环境保护法律的犯罪行为进行斗争、协助仲裁等。

（3）经济手段。经济手段是环境管理中的一种重要措施，是指利用价值规律，运用价格、税收、补贴、信贷、投资、微观刺激、宏观经济调节等经济杠杆，调整和影响有关当事人产生或消除污染的行为，从而限制损害环境的社会经济活动，奖励积极治理环境的单位，促进节约和合理利用资源的一类措施。国际上发达国家运用的经济手段主要有环境收费（包括污染税、资源税、环境资源补偿税、排污费等）、押金制度、许可证交易、优惠贷款、环保基金等。我国目前使用的环境管理经济手段主要有排污收费、减免税收、补贴和贷款优惠等。

（4）技术手段。技术手段是指借助那些既能提高生产效率，又能把环境污染和生态破坏控制到最小限度的生产技术及先进的污染治理技术等保护环境的手段。技术手段种类很多，如发展环境友好的新材料；研发和推广无污染工艺和少污染工艺；国家环保技术政策中的最佳实用技术；登记、评价、控制有毒化学品的生产、进口和使用；交流国内外有关环境保护的科学技术情报；开展国际环境科学技术合作等。

（5）宣传教育手段。环境宣传教育是环境管理不可缺少的手段，环境宣传教育既是对环境科学知识的普及，又是一种思想动员。例如，利用书报、期刊、电影、广播、电视、展览会、报告会、专题讲座、网络等多种形式，向公众传播环境科学知识，宣传环境保护意识，以及国家有关环境保护和污染防治的方针、政策、法令等；在高等院校、科学研究单位培养环境管理和环境科学技术专门人才；在中、小学进行环境科学知识教育；发展公众参与型环境管理。

（6）非管制手段。主要是指利用社会舆论、公众信息和市场信号等方法，引导污染者自觉地削减污染排放的一种措施。这类管理手段强调削减污染和保护环境的自觉自愿性，常用于污染的预防。

环境管理实施手段的类型并不是绝对的，在实际运用中并没有完全清晰的界线。一种管理手段往往包含几种环境管理手段。例如国家排污收费制度，既是一种环境管理的行政手段，又是一种经济手段。

10.1.2.2 环境管理的制度

我国在长期的环境管理实践中，根据国情及不断的探索和总结，积累了一定的经验，形成了一系列环境管理制度，并不断的完善和深化。环境管理制度主要有环境影响评价制度、“三同时”制度、排污收费制度、环境保护目标责任制度、排污申请登记和排污许可证制度、城市环境综合整治定量考核制度、污染集中处理制度和污染限期治理制度，这些管理制度的推行，对我国环境保护起到了积极有效的作用。

（1）环境影响评价制度。环境影响评价制度是指对拟规划和建设项目计划实施后可能对环境造成的影响按照科学的理论和方法进行预测、评估和评价，提出预防或减少环境影响的措施，并进行跟踪监测的方法和制度。推进产业合理布局和企业优化选址，从而预防和减轻开发建设活动可能产生的环境污染和生态破坏，它是我国规定的调整环境影响评价中所发生的社会关系的一系列法律规范的总和。

美国在1969年首先把环境影响评价列入《国家环境政策法》，我国于1978年制定的《关于加强基本建设项目前期工作内容》中的环境影响评价成为基本建设项目可行性报告中的重要组成部分。1979年9月发布的《中华人民共和国环境保护法（试行）》确立了这一制度的法律地位。1981年5月，国家计委、国家建委、国家经委和国务院环境保护领导小组联合颁发了《基本建设项目环境保护管理办法》，对环境影响评价的基本内容和程序做了规定。1986年3月，以国务院环境保护委员会、国家计委、国家经委的名义又一次联合颁布了《建设项目环境保护管理办法》，进一步完善了原有办法。2002年颁布了专项的《中华人民共和国环境影响评价法》，2004年又建立了环评工程师职业资格制度。

目前，我国环境影响评价制度具有法律强制性、纳入基本建设程序、实行分类管理、对评价资格实行审核认定制度等基本特征。

（2）“三同时”制度。“三同时”制度是指新建、扩建、改建项目和技术改造项目，以及区域性开发建设项目的污染治理设施，必须与主体工程同时设计、同时施工、同时投产的制度。1989年12月颁布的《中华人民共和国环境保护法》确立了“三同时”制度的法律地位。“三同时”制度是具有中国特色的一项环境管理制度，它与环境影响评价制度相辅相成，是防止新污染和破坏的根本保证。“三同时”制度还包括建设项目的初步设计，必须有环保部门的签章；建设项目在正式投产或使用前，建设单位必须向负责审批的环保部门提交《环境保护设施竣工验收报告》，说明环保设施运行的情况、治理效果和达到的标准，经验收合格并发给《环境保护设施验收合格证》后，方可正式投入生产或使用。

（3）排污收费制度。排污收费制度是指对向环境排放污染物的单位和个体生产经营者，根据国家规定的标准，缴纳一定费用的制度。这项制度是运用经济手段有效地促进污染治理和新技术的发展，它对促进我国企事业单位加强经营管理，节约和综合利用资源，治理污染，改善环境和加强环境管理发挥了积极的作用。我国的排污收费制度始于1979年，1982年国务院发布《征收排污费暂行办法》。2002年1月发布的《排污费征收使用管理条例》（2003年7月1日起施行），是我国目前最新的有关排污费征收使用的规定，其中对原有规定进行了修订和完善。排污收费制度、环境影响评价制度、“三同时”制度是我国环境管理的三大法宝。

（4）环境保护目标责任制度。环境保护目标责任制度是一种具体落实地方各级人民政府和有污染的单位对环境质量负责的行政制度。这项制度确定了一个区域或一个部门环境保护的主要责任者和责任范围，运用制度化、目标化、定量化管理方法，把贯彻执行环境保护这一基本国策作为各级领导的行动规范，保证环境保护工作全面且深入地进行。理顺了各级政府和各个部门与环境保护的关系，从而使改善环境质量的任务能够得到层层落实。这是我国环境管理体制的一项重大改革，在制度的实施过程中，一般要经过责任书的制定、责任书的下达、责任书的实施和责任书的考核四个阶段。

（5）排污申报登记和排污许可证制度。排污申报登记指的是：排放污染物的单位，必须按规定向环境保护管理部门申报登记所拥有的污染物排放设施、污染物处理设施和正常作业条件下排放污染物的种类、数量和浓度。排污许可证制度以改善环境质量为目标、以污染物总量控制为基础，规定排污单位许可排放什么污染物、许可污染物排放量、许可污染物排放去向等。这两项制度深化了环境管理工作，使对污染源的管理更加科学化和定量化。1988年国家环境保护总局发布了《水污染物排放许可证管理暂行办法》，2004年我国出台了《排污许可证条例（征求意见稿）》。

排污申报登记制度是实行排污许可证制度的基础，排污许可证是对排污者排污的定量化。排污申报登记制度的实施具有普遍性，要求每个排污单位均应申报登记；排污许可证制度则不同，可只对重点区域、重点污染源单位的主要污染物排放实行定量化管理。排污许可证制度的实施主要包括以下几个工作步骤：排污申报登记，污染物总量规划及分配，排污许可证的审核和发放，排污许可证的监督与管理。

（6）城市环境综合整治定量考核制度。城市环境综合整治就是以城市环境为单位，以城市生态理论为指导，采用系统分析的方法，对城市生态环境问题用综合的对策整治、调控、保护和塑造城市环境，以实现城市的可持续发展。城市环境综合整治定量考核制度是指通过城市环境综合整治工作定量化、规范化，定量考核对城市环境综合整治中予以管理和调整的一项环境监督管理制度。1988年国家发布了《关于城市环境综合整治定量考核的决定》，分有国家直接考核的城市，以及由省（自治区）考核各省辖区内的城市。考核内容包括环境质量、污染控制、环境建设和环境管理四个方面，总计100分。城市环境综合整治定量考核是实行城市环境目标管理的重要手段，也是推动城市环境综合整治的有效措施。通过定量考核指标体系，把城市的各个行业各个方面组织调动起来，推动城市环境综合整治工作深入开展，完成环境保护任务。

（7）污染集中控制制度。污染集中控制就是指在一个特定的范围内，为保护环境所建立的集中治理设施和采用的管理措施，是强化污染控制和环境管理的一种重要手段。实行污染集中控制有利于集中人力、物力、财力解决重点污染问题；有利于采用新技术提高污染治理效果；有利于提高资源利用率，加速有害废物资源化；有利于节省防治污染的总投入；有利于改善和提高环境质量。

实行污染集中控制必须与分散治理相结合，对于一些危害严重的污染源或远离城镇的个别污染源，更适合于进行单独、分散治理。

（8）污染限期治理制度。污染限期治理制度是指对重点环境问题采取的限定治理期限、治理内容及治理效果的强制性措施，是人民政府为了保护人民的利益、强化环境管理的一项重要制度。重点环境问题就是群众反映强烈的污染物、污染源、污染区域。限期治理具有四大要素，即明确的限定时间、具体的治理内容、限期治理的对象和治理效果。按限期治理的范围，可以把限期治理划分为区域性限期治理、行业性限期治理、污染源限期治理。

此外还有总量控制制度、环境保护规划制度、现场检查制度等环境管理制度。

10.1.2.3 环境管理的职能

环境管理的基本职能概括起来包括宏观指导、统筹规划、组织协调、监督检查和提供服务。

(1) 宏观指导。宏观指导是政府的主要职能，环境管理部门宏观指导的职能主要体现在政策指导、目标指导、计划指导等方面。

(2) 统筹规划。统筹规划是环境管理中的一项战略性的工作，是指对一定时期内环境保护目标、对策和措施进行的规划和安排。即在环境管理工作之前拟订出具体的内容和步骤，以及选定实现管理目标的对策与措施。通过统筹规划，实现人口、经济、资源和环境之间的关系相互协调平衡。统筹规划主要包括环境保护战略的制定、环境预测、环境保护综合规划和专项规划的内容。

(3) 组织协调。组织协调是指在实现管理目标的过程中协调及联系好各种关系的职能。组织协调是环境管理的一项重要职能，特别是对解决一些跨地区、跨部门的环境问题，搞好协调就更为重要。其目的在于减少相互脱节和相互矛盾，避免重复，建立一种上下左右的正常关系，以便沟通联系，分工合作，统一步调，积极做好各自的环保工作，带动整个环保事业的发展。其内容包括环境保护法规的组织协调、政策方面的协调、规划方面的协调和环境科研方面的协调。

(4) 监督检查。监督检查是指对环境质量的监测和对一切影响环境质量行为的监察。环保部门实施有效的监督检查是环境规划付诸实施的重要保证，把一切环境保护的方针、政策、规划等变为实际行动，才是强有力的环境管理。监督检查的内容包括：环境保护法律法规执行情况的监督检查、环境保护规划落实情况的检查、环境标准执行情况的监督检查和环境管理制度执行情况的监督检查，其方式包括联合监督检查、专项监督检查、日常现场监督检查和环境监测。

目前，监督检查的重点是：认真实行建设项目的环境影响报告书制度、“三同时”制度、排污许可申报制度和排污收费制度。

(5) 提供服务。环境管理服务职能是为经济建设、为实现环境目标创造条件，提供服务。服务内容包括技术服务、信息咨询服务、市场服务，在服务中强化监督，在监督中搞好服务。

10.1.2.4 环境管理的特点

(1) 综合性。环境管理涉及环境问题、管理手段、管理领域和环境知识等的统筹兼顾。环境管理的内容涉及大气、水、土壤等多种生态环境因素，环境管理的领域涉及经济、社会、政治、自然、科学技术等方面，环境管理的范围涉及国家的各个部门，因此，环境管理具有高度的综合性。

(2) 区域性。环境问题受地域、地理位置、气候条件、人口状况、资源蕴藏、经济发展、生产力布局等多方面的影响，同时经济发展、资源配置、科技发展、产业结构的区域性要求开展环境管理必须根据区域的特征，因地制宜地采取不同的措施，以区域为主开展环境管理。

（3）大众性。开展环境管理必须从环境与发展综合决策出发，建立地方政府负总责、环保部门统一监督管理、各部门分工负责的管理体制，走区域环境综合治理的道路；既要充分发挥环境保护部门的职能和作用，又要动员全社会的力量，极大地调动社会各阶层、政府各部门的环境保护积极性，实现分工合作、综合协调管理。环境保护是全社会的责任与义务，涉及每个人的切身利益，需要社会公众的广泛参与，加强环境保护的宣传教育，提高公众的环境意识，同时建立健全环境保护的社会公众参与和监督机制。

10.1.3 环境规划

人类的社会经济活动必须遵循经济规律及生态规律，实行环境与经济发展相协调的持续发展战略，以促进社会生产力的持续发展和资源的永续利用。环境规划的目的就在于调控自身的开发活动，规范自身的行为，减少污染，防止生态破坏，保护资源，协调人与自然的关系，从而保护人类生存和社会、经济持续发展所依赖的基础，实现环境与社会、经济协调发展。

10.1.3.1 环境规划概念

环境规划是环境决策在时间、空间上的具体安排，是规划管理者对一定时期内环境保护目标和措施所作出的具体规定，是一种带有指令性的环境保护方案，其目的是在发展经济的同时保护环境，使经济与社会协调发展。

环境预测、环境决策和环境规划既相互联系又相互区别。环境预测是环境决策的依据，环境规划是环境预测和环境决策的产物，是环境管理的重要内容和主要手段，是国民经济和社会发展的有机组成部分。

10.1.3.2 环境规划类型

（1）按照环境组成要素划分。可分为大气污染防治规划、水质污染防治规划、土地利用规划和噪声污染防治规划等。

（2）按照区域特征划分。可分为城市环境规划、区域环境规划和流域环境规划。

（3）按照范围和层次划分。可分为国家环境保护规划、区域环境规划和部门环境规划。

（4）按照规划期限划分。可分为长期规划（大于 20 年）、中期规划（15 年）和短期规划（5 年）。

（5）按照环境规划的对象和目标的不同划分。可分为综合性环境规划和单要素的环境规划。

（6）按照性质划分。可分为生态规划、污染综合防治规划和自然保护规划。

（7）按照国内外环境规划研究的情况划分。可分为经济制约型的环境规划、协调型的环境规划、环境制约型的环境规划。

10.1.3.3 环境规划内容

区域环境规划的宗旨就是处理好区域经济发展和环境保护之间的关系。在制定区域经济发展规划的同时做好区域环境规划，以期科学地规划区域经济发展的规模和结构，恢复和协调区域内各个生态系统的动态平衡，提高区域环境质量，保护区域内人民的身体健康以及自然资源的合理开发和利用，并促进生产力的发展。

（1）区域环境目标。根据区域环境功能以及区域未来经济发展的要求，确定环境目标。

（2）环境指标体系的确定。污染指标包括大气污染指标，如 SO_2、NO_2、TSP 等指标；水污染指标，如 COD、DO、NH_3-N 等指标；资源指标，如自然资源、水资源、土地、森林、草地等，文物古迹资源等。

（3）环境预测和环境问题的研究。根据区域经济发展规划，预测今后环境的变化，研究建立各种预测模型；根据环境预测的结果，找出今后区域发展的主要环境问题。

（4）区域环境规划方案研究。根据区域自然资源特点，建立合理的生产地域综合体，确定合理的工业结构及产业结构；根据区域环境容量的特点，确定大、中型重污染工业企业的合理布局；制定大气环境、水环境污染的综合防治方案；制定固体废弃物，特别是有害废弃物的处置方案。

（5）区域环境保护技术政策研究。提出区域自然资源合理利用政策；提出区域水环境污染、大气环境污染的综合防治政策；提出区域固体废弃物及有害废物的处置政策；提出适宜的区域土地利用政策；提出合理的区域环境保护投资政策。

在区域环境规划工作中还要研究和制定出适于区域特点的环境保护政策和法规。

10.1.3.4 环境规划原则

环境规划制定的主要任务是不断改善和保护自然环境，开发和利用各种资源，维护自然环境的生态平衡。其实质是解决发展经济和保护环境之间的矛盾，既能促进和保证经济的持续发展，又能保护和改善环境质量，保证人民的身体健康，实现经济、社会和环境协调发展。处理好局部与整体、眼前利益与长远利益、社会发展与保护环境、技术进步与控制环境污染的关系。

（1）经济建设和环境保护同步规划，实现经济效益、社会效益和环境效益的统一，实现经济与环境的协调发展。

（2）根据自然环境结构和自然资源的特征合理开发利用。

（3）保证生态系统的可持续发展，促进城市生态系统的良性循环，在制订环境规划中应充分得到体现。

（4）充分考虑社会环境经济结构，其影响区域开发的方式和强度，以及对环境的破坏及污染产生不同的影响。

（5）综合分析、整体优化，进行环境规划，必须以环境综合整治思想为指导，以防为主、防治结合、全面规划、合理布局，即环境规划中应充分体现综合整治的战略方针。

10.1.3.5 环境规划程序

编制环境规划主要是为了解决一定区域范围内的环境问题和保护该区域内的环境质量，环境规划过程是一个科学决策过程，其编制程序包括编制环境规划的工作计划、环境现状调查和评价、环境预测分析、确定环境规划目标、环境规划方案设计、环境规划方案的申报与审批、环境规划方案的实施。

（1）编制环境规划的工作计划。在开展规划工作之前，环境规划部门提出规划编写提纲，对整个规划工作进行组织和安排，编制各项工作计划。

（2）环境现状调查和评价。这是编制环境规划的基础，通过对区域的环境状况、环境污染与自然生态破坏的调研，找出存在的主要问题，探讨协调经济社会发展与环境保护之间的关系，以便在规划中采取相应的对策。环境调查基本内容包括环境特征调查、生态调查、污染源调查、环境质量的调查、环保治理措施效果的调查以及环境管理现状的调查等。环境质量评价内容包括污染源评价、环境污染现状评价、环境自净能力的确定、对人体健康和生态系统的影响评价和费用效益分析。

（3）环境预测分析。环境预测是在环境现状调查和掌握资料的基础上推断未来，预估环境质量变化和发展趋势，它是环境决策的重要依据。没有科学的环境预测就不会有科学的环境决策，当然也就不会有科学的环境规划。环境预测的主要内容有污染源预测、环境污染预测、生态环境预测、环境资源破坏和环境污染造成的经济损失预测。

（4）确定环境规划目标。环境目标是在一定的条件下，决策者、专家对环境质量所想要达到的状况或标准。环境目标一般分为总目标、单项目标、环境指标三个层次。总目标是指区域环境质量所要达到的要求或状况；单项目标是依据规划区域环境要素和环境特征以及不同环境功能所确定的环境目标；环境指标是体现环境目标的指标体系。在根据环境规划草案中预定的环境规划目标的基础上，经过论证对目标进行修正，最后确定环境规划目标。

（5）环境规划方案设计。根据国家或地区有关政策和规定、环境问题和环境目标、污染状况和污染物削减量、投资能力和效益等，提出环境区划和功能分区以及污染综合防治方案，主要包括拟订环境规划草案、优选环境规划草案、形成环境规划方案。

（6）环境规划方案的申报与审批。环境规划的申报与审批是把规划方案变成实施方案的基本途径，也是环境管理中的一项重要工作制度。环境规划方案必须按照一定的程序上报各级决策机关，等待审核批准。

（7）环境规划方案的实施。环境规划按照法定程序审批下达后，在环境保护部门的监督管理下，各级政府和有关部门应根据规划中对本单位提出的任务要求，组织各方面的力量，促使规划付诸实施。环境规划的实施要比编制环境规划复杂、重要和困难得多。

10.2　环境标准

10.2.1　环境标准的概念

10.2.1.1　环境标准的概念

环境标准是有关控制污染、保护环境的各种标准的总称，是国家为了保护人民群众健康、社会财产安全和促进社会经济发展，防治环境污染，促进生态良性循环，同时又合理利用资源，促进经济发展，根据环境政策和有关法规，在综合分析自然环境特征，考虑生物和人体的承受能力，以及控制污染的经济可能性和技术可行性的基础上，对环境中污染物的允许含量和污染源排放污染物的数量、浓度、时间、速率（限量阈值）和技术规范所做的规定。它是环境保护法规体系的组成部分，是环境管理特别是监督管理的基本手段和依据。

10.2.1.2　环境标准的分类

环境标准体系是根据环境标准的特点和要求，按照它们的性质功能和内在联系进行分级、分类，构成一个有机联系的整体。体系内的各种标准互相联系、相互依存、互相补充，具有良好的配套性和协调性。我国环境标准依据其性质和功能分为六类：环境质量标准、污染物排放标准、环境基础标准、环境方法标准、环境标准样品标准和环境保护其他标准。它由政府部门制定，属于强制性标准，具有法律效力。

环境标准分为两级：国家标准和地方标准。国家标准是国家对环境中的各类污染物，在一定条件下的允许浓度所做的规定，适用于全国范围。地方标准是地方政府参照国家标准而制定的，地方标准是国家标准的补充、完善和具体化。

（1）环境质量标准。环境质量标准是指在一定时间和空间范围内，对环境质量的要求所做的规定。它是在保护人体健康、维持生态良性循环的基础上，对环境中污染物的允许含量所做的限制性规定。它是国家环境政策目标的体现，是制定污染物排放标准的依据，也是环境保护部门和有关部门对环境进行科学管理的重要手段。环境质量标准按照环境要素和污染要素分为大气、水质、土壤、噪声、放射性和生态环境质量标准等。

（2）污染物排放标准。污染物排放标准是为了实现环境质量标准目标，结合技术经济条件和环境特点，对排入环境的污染物或有害因素的控制所做的规定。它是实现环境质量标准的主要保证，也是对污染进行强制性控制的主要手段。国家污染物排放标准按其性质和内容分为部门行业污染物、通用专业污染物、一般行业污染物、地方污染物四种排放标准。

（3）环境基础标准。环境基础标准是指在环境保护标准化工作范围内，对有指导意义的符号、代号、图式、量纲、指南、导则、规范等所做的国家统一规定，是制定其他环境标准的基础，处于指导地位。

（4）环境方法标准。环境方法标准是指在环境保护工作范围内以抽样、分析、试验、统计、计算、测定等方法为对象制定的标准。污染环境的因素繁杂，污染物的时空变异性较大，对其测定的方法可能有许多种，但从监测结果的准确性、可比性考虑，环境监测必须制定和执行国家或部门统一的环境方法标准。

（5）环境标准样品标准。环境标准样品标准是对环境标准样品必须达到的要求所做的规定。它是为了在环境保护工作中和环境标准实施过程中校准仪器、检验监测方法，进行量值传递，由国家法定机关制作的能够确定一个或多个特性值的材料和物质。

（6）环境保护的其他标准。环境保护的其他标准是指除上述标准以外，对在环保工作中还需统一协调的技术规范，如仪器设备标准、环境管理办法、产品标准等所做的统一规定。

特别需要指出的是环境基础标准、环境方法标准、环境标准样品标准只有国家标准。

环境标准体系不是一成不变的，它与一定时期的技术经济水平以及环境污染与破坏的状况相适应。因此，它会随着技术经济的发展、环保要求的提高而不断调整。

10.2.2 环境标准的作用

10.2.2.1 环境标准的制定原则

（1）以国家的环境保护政策、法规为依据，以保护人体健康和改善环境质量为目标，促进环境效益、经济效益、社会效益的统一。

（2）环境标准既要科学合理，又要便于实施，同时还要兼顾技术经济条件。

（3）环境标准应便于实施与监督，并不断修改、补充，逐步充实、完善。

（4）各类环境标准、规范之间应协调配套。

（5）积极采用和等效采用适合我国国情的国际标准。

10.2.2.2 环境标准的作用

(1) 环境标准是环保法规的重要组成部分和具体体现，具有法律效力，是执法的依据。

(2) 环境标准是推动环境保护科学进步及清洁生产工艺的动力。

(3) 环境标准是环境监测的基本依据。

(4) 环境标准是环境保护规划目标的体现。

(5) 环境标准具有环境投资导向作用。

(6) 环境标准在提高全民环境意识、促进污染治理方面具有十分重要的作用。

10.2.2.3 环境标准的制定方法

以制定环境质量标准的方法和制定污染物排放标准的方法为例进行简单说明。

(1) 制定环境质量标准的方法

1) 综合分析基准资料。综合分析尽可能多的各种基准资料，有时进行专门的工业毒理学实验和流行病学调查，以选择污染物的某种浓度和接触时间作为质量标准的初步方案。在指标选定时，必须加以全面衡量，作出适当选择。先从保护人体健康出发制定一个环境卫生标准，然后再逐步充实完善。例如，世界卫生组织 1993 年提出了空气质量的四级水平，供各国在制定大气卫生标准时参考。

2) 协调代价和效益间的关系。代价和效益包含着极其广泛的社会意义，从人体健康、生态平衡、资源保护、工农业生产，直至政治文化生活等。代价不是单指为消除污染所付出的直接投资，效益也不是简单从污染物浓度的变化来考察。环境质量的实现以社会的技术经济条件作为基础，当选出较合适的浓度指标后，还必须作一番技术经济的分析比较，权衡得失与利弊，合理协调代价和效益间的关系。理论上可以把为减少或控制某种污染所需费用的变化与社会经济损失的相应减少或收益的增加的变化曲线同时描绘出来，从中找到最佳点。

3) 根据环境管理经验修正。在制定环境质量标准时，还必须求助于实际的环境管理经验，根据环境质量实际监测资料对照确定的质量标准，按照公式推算达到标准所需采取的措施，分析估计其实现的可能性。

(2) 制定污染物排放标准的方法

1) 按污染物扩散规律制定排放标准。按污染物在环境中输送扩散规律及数学模式，推算出能满足环境质量标准要求的污染物排放量，这是一种合乎逻辑的常用方法。这种根据数学模式推导排放标准的方法，准确性受到一定的影响，往往是以点带面，很难满足环境质量标准的要求。

2) 按“最佳实用方法（或技术）”制定排放标准。标准建立在现有污染防治技术可能达到的最高水平上，同时也考虑到采取污染防治措施在经济上的可行性，即这种技术在现阶段实际应用中属于效果最佳，又可以在同类工厂中推广采用。这种方法的缺点是不与环境质量标准直接发生联系，但它具有客观示范作用，因此能起到积极的推动作用。

3) 按环境总量控制法制定排放标准。为了使污染控制的计划更明确、责任更清楚，一般根据地区气象、水文、地形、污染物的迁移转化规律及环境质量要求，规定出本地区污染物允许的排放总量。

10.2.2.4 制定环境标准的程序

国家标准制定程序一般为：编制标准制定项目计划→组织拟订标准草案→征求意见稿→送审稿→报批稿→局长专题会审议→局务会审议→标准编号、批准、发布。

10.2.2.5　环境标准的实施

环境标准由各级环保部门和有关的资源保护部门负责监督实施，国家环境保护部设有专门机构负责环境标准的制定、解释、监督和管理。环境标准是环境法的一个组成部分，我国已初步建立起实用的环境标准体系，随着环保法规的逐步完善，环境标准也将逐步完善。

（1）制定环境标准的管理条例。环境标准的制定是为了组织实施，为保证环境标准的实施，需要制定一整套实施环境标准的条例和管理细则，把环境标准的实施纳入法律的组成部分，进一步健全和完善标准的内容，对实现的期限、应用范围、污染源的类型等均作了具体的规定，做到专人负责，有章可循，以便更好地监督和检查环境标准的执行情况。

（2）建立、健全管理机构。建立环境标准的各级管理机构，明确职责，组成思想素质和业务素质强的专业队伍，严格执法、秉公办事，并取得国家和各地有关部门对环境管理机构的支持。经常对管理人员给予系统的专业培训，对保证环保人员正确运用标准，提高环境管理与科研水平具有重要作用。

（3）加强环境标准的宣传。环境标准的制定和实施是以保护环境为目的，是与人民利益和可持续发展的要求相一致的。把实施环境标准的意义和内容向群众宣传，对所有的人都解释清楚，让大家了解环境标准的代号，以便发挥群众的监督作用，群策群力共同做好环境保护工作。

（4）加强监督检查。深入环境和污染源现场，定期或不定期采样监测，摸清污染物排放的达标、违标情况，并要求各排污单位提供生产和排污的有关数据，根据法规标准进行奖罚处理。进行处罚、批评教育和限期治理、排污收费，严重污染环境者追究行政与经济责任，直至追究刑事责任。

（5）与环境评价配合，加强环境标准的实施。对新建、改扩建和各种开发项目，以及区域环境，及时或定时进行环境质量评价和环境影响评价，确定环境质量目标，并制定实现该目标的综合整治措施。

10.2.2.6　环境标准简介

中国环境标准：GB——国家标准；GB/T——国家推荐标准；GB/Z——国家指导性技术文件；GHZB——国家环境质量标准；GWPB——国家污染物排放标准；GWKB——国家污染物控制标准；HJ——国家环境保护标准；HJ/T——国家环境保护推荐标准。

（1）水质标准。水环境质量标准：地表水环境质量标准（GB 3838—2008）；海水水质标准（GB 3097—1997）；农田灌溉水质标准（GB 5084—2005）；渔业水质标准(GB 11607—1989)；生活饮用水卫生标准（GB 5749—2006）；生活饮用水水源水质标准（CJ 3020—1993）等。污染物排放标准：污水综合排放标准（GB 8978—1996）；制浆造纸工业水污染物排放标准（GB 3544—2008）；钢铁工业水污染物排放标准（GB 13456—1992）等。

每一标准通常几年修订一次，新标准自然替代老标准，只是年代改变而标准号不变。如GB 8978—1996 代替 GB 8978—1988。

例如，地表水环境质量标准（GB 3838—2008）适用于中华人民共和国领域内江河、湖泊、运河、水库等具有使用功能的地表水水域。按地表水水域使用目的和环境保护目标把水域功能分为五类。

Ⅰ类：主要适用于源头水、国家自然保护区。

Ⅱ类：主要适用于集中式生活饮用水水源地一级保护区、珍稀水生生物栖息地、鱼虾产卵场、仔稚幼鱼的索饵场等。

Ⅲ类：主要适用于集中式生活饮用水水源地二级保护区、鱼虾类越冬场、洄游通道、水产养殖区等渔业水域及游泳区。

Ⅳ类：主要适用于一般工业用水区及人体非直接接触的娱乐用水区。

Ⅴ类：主要适用于农业用水区及一般景观要求水域。

同一水域兼有多种功能的，依最高功能划分类别。有季节功能的，可按季节划分类别。

在标准中还规定了水体监测项目，共计 109 个，其中基本项目 24 项，集中式生活饮用水地表水源地补充项目 5 个，集中式生活饮用水地表水源地特定项目 80 项，并规定了各项目的标准值。

（2）大气标准。我国现已颁布并执行的大气标准：环境空气质量标准（GB 3095—1996）；大气污染物综合排放标准（GB 16297—1996）；保护农作物的大气污染物最高允许浓度（GB 9137—1988）；锅炉大气污染物排放标准（GB 13271—2001）等。

例如，空气环境质量标准（GB 3095—1996）适用于全国范围的环境空气质量评价。标准规定了环境空气质量功能区分类和标准分级。

一类区：自然保护区、风景名胜区和其他需要特殊保护的地区。

二类区：城镇规划中确定的居住区、商业交通居民混合区、文化区、一般工业区和农村地区。

三类区：特定工业区。

一级标准：由一类区执行。

二级标准：由二类区执行。

三级标准：由三类区执行。

同时规定了各污染物不允许超过的浓度限值、监测采样和鉴定分析方法，还规定了取值时间、数据统计的有效性。

10.3 环境保护法

10.3.1 环境保护法的概念

10.3.1.1 环境保护法的概念

环境保护法由国家制定或认可，是由国家颁布并强制保证执行的关于保护与改善环境、合理开发利用与保护自然资源、防治污染和其他公害的法律、法令、规范的总称。环境保护法是为了协调人类与自然环境之间的关系，保证人类按照自然客观规律，特别是生态学规律开发利用、保护改善人类赖以生存和发展的环境资源，维持生态平衡，保护人体健康、保障经济社会的可持续发展。

10.3.1.2 环境保护法的目的和任务

每一种法律的制定和实施都是为了达到一定的目的，解决一定的现实问题。《中华人民共和国环境保护法》（以下简称环境保护法）第一条对环境法的目的和任务作了明确的规定：

“为保护和改善生活环境和生态环境，防治污染和其他公害，保障人体健康，促进社会主义现代化建设的发展，制定本法。”它包括：一是直接目的，或称直接目标，是合理地利用环境与资源，协调人类与环境之间的关系，保护和改善生活环境和生态环境，防止污染和其他公害；二是最终目的，即保护人民健康和保障经济社会持续发展，该点是立法的出发点和归宿。

10.3.1.3　环境保护法的作用

（1）是开展环境保护工作的法律武器。1989年国家颁布的《中华人民共和国环境保护法》使环境保护工作制度化、法律化，使国家机关、企事业单位、各级环保机构和每个公民都明确了各自在环境方面的职责、权利和义务。对污染和破坏环境、危害人民健康的，则依法分别追究行政责任、民事责任，情节严重的还要追究刑事责任。有了环境保护法，使我们的环保工作有法可依，有章可循。

（2）是建设环境保护相关法律的依据。环境保护法是我国环境保护的基本法，为制定各种环境保护单行法规及地方环境保护条例等提供了直接的法律依据，促进了我国环境保护的法制建设。许多环境保护单行法律、条例、政令、标准等都是依据环境保护法的有关条文制定的。

（3）增强了环境保护工作的法制观念。环境保护法的颁布实施，要求全国人民加强法制观念，严格执行环境保护法。一方面，各级领导要重视环境保护，对违反环境保护法，污染和破坏环境的行为，要依法办事。另一方面，广大群众应自觉履行保护环境的义务，积极参加监督各企事业单位的环境保护工作，敢于同违反环境保护法，破坏和污染环境的行为作斗争。

（4）是环境保护工作的重要手段。《中华人民共和国环境保护法》第四十六条规定：“中华人民共和国缔结或者参加的与环境保护有关的国际公约，同中华人民共和国的法律有不同规定的，适用国际条约的规定，但中华人民共和国声明保留的条款除外”。《中华人民共和国海洋环境保护法》第二条第三款规定：“在中华人民共和国管辖海域以外，排放有害物质，倾倒废弃物，造成中华人民共和国管辖海域污染损害的，也适用本法”。依据我国颁布的一系列环境保护法就可以保护我国的环境权益，依法使我国领域内的环境不受来自他国的污染和破坏，这不仅维护了我国的环境权益，也维护了全球环境。

10.3.1.4　环境保护法的特点

环境保护法同其他法律一样，属于上层建筑的重要组成部分，代表了统治阶级的意志、根本利益、愿望和要求。我国的环境保护法是代表广大人民群众根本利益的，是建设社会主义的重要工具。环境保护法具有如下特点。

（1）科学性。环境保护法将自然界的客观规律，特别是生态学的一些基本规律及环境要素的演变规律作为自己的立法基础，在环境质量的描述、监测、评价以及污染防治、生态保护等方面，都涉及多方面的现代科学技术性规范，直接反映出我国的环境规律和经济规律，其制定和实施具有鲜明的科学性。

（2）综合性。由于环境包括围绕在人类周围的一切自然要素和社会要素，所以保护环境涉及整个自然环境和社会环境，涉及全社会的各个领域以及社会生活的各个方面。而环境保护法以环境科学和法学理论为基础，以保护和改善环境为宗旨，所要保护的是由各种要素组成的统一的整体，必须有一个将环境作为一个整体来加以保护的综合性法律。又由于环境质量的改善有待于各个环境要素质量的改善，因而环境保护法又必须有一系列为保护某一个环境要素而制定的法律。

(3) 复杂性。环境保护法具有复杂的立法基础，由于保护和改善环境的需要而不得不采用多种管理手段和法律措施。环境保护法所约束的对象通常不是公民个人，而是含社会团体、企事业单位以及政府机关。环境保护法的实施又涉及经济条件和技术水平，所以执行起来要比其他法律更为困难而复杂。

(4) 共同性。环境问题产生的原因，不论任何国家都大同小异，是世界各国人民所面临的一个共同的问题，解决环境问题的理论根据、途径和办法也有许多相似之处。因此，世界各国环境保护法有共同的立法基础，共同的目的，从而也就决定了有许多共同的规定。各国在解决环境问题时所采用的对策、措施、手段等互相吸收、参考、借鉴和采用，在解决本国和全球环境问题时有许多共识。

(5) 区域性。因各地的自然环境、资源状况、经济发展水平等方面的差别很大，各地区根据本地区的特点又制定出一些地方性法规和地方标准。

我国的环保法不仅要对违法者给予惩罚，而且还要对保护资源和对环保有功者给予相应的奖励，做到奖罚分明。

10.3.2 环境保护法的实施

10.3.2.1 环境保护法体系

环境保护法体系就是指由有关开发、利用、保护和改善环境资源的各种法律规范所共同组成的相互联系、相互补充、内容协调一致的统一整体。

(1) 按照国别分为中国环境保护法和外国环境保护法。

(2) 按照法律规范的主要功能分为环境保护预防法、环境保护行政管制法和环境保护纠纷处理法。

(3) 按照传统法律部门分为环境保护行政法、环境保护刑法（或称公害罪法）、环境保护民法（主要是环境侵权法和环境相邻关系法）等。

(4) 按照中央和地方的关系分为国家级环境保护法和地方性环境保护法等。

10.3.2.2 中国环境保护法体系

环境保护法体系是指为了调整因保护和改善环境，防治污染和其他公害而产生的各种法律规范，以及由此所形成的有机联系的统一整体。我国的环境保护法经过二十多年的建设与实践，现已基本形成了一套完整的法律体系。环境保护法体系是以我国宪法为依据建立的，法律层次中环境保护的基本法、单项法和相关法中环境保护的要求及法律效力一样。如果法律规定中有不一致的地方，遵循后法大于先法。国务院环境保护行政法规的法律地位仅次于法律，部门行政规章、地方性法规和地方性政府规章均不得违背法律和行政法规的规定，地方法规和地方政府规章只对制定该法规、规章的辖区有效。环境保护法律如与我国签署的国际条约有不同规定时，应优先适用国际公约的规定，但我国声明有保留的条款除外。

(1) 宪法。宪法具有最高法律地位和法律权威，是环境立法的基础和根本依据。我国宪法主要规定了国家在合理开发、利用、保护环境和自然资源方面的基本权利、基本义务、基本方针和基本政策等问题。《宪法》第二十六条规定："国家保护和改善生活环境和生态环境，防治污染和其他公害”；第九条第二款规定：“国家保障自然资源的合理利用，保护珍贵的动物和植物，禁止任何组织或者个人用任何手段侵占或者破坏自然资源”；第十条第五款规定：“一切使用土地的组织和个人必须合理地利用土地”，宪法中明确规定“环境保护是我国的一项基本国策”，等等。宪法中的这些规定是环境立法的依据和指导原则。

（2）环境保护基本法。环境保护基本法是对环境保护方面的重大问题作出规定和调整的综合性立法，在环境保护法体系中，具有仅次于宪法性规定的法律地位和效力。1979 年 9 月 13 日第五届全国人大常委会第十一次会议通过了我国第一部综合性环境保护法律《中华人民共和国环境保护法（试行）》，1989 年 12 月 26 日第七届人大常委会第十一次会议通过了《中华人民共和国环境保护法》。该法是我国环境保护法的主干，它规定了国家在环境保护方面总的方针、政策、原则、制度，规定环境保护的对象，确定环境管理的机构、组织、权力、职责，以及违法者应承担的法律责任。

（3）环境保护单项法。环境保护单项法是针对某一特定的污染防治领域和特定资源保护对象而制定的单项法律，是我国环境保护法的支干。目前已颁布了一系列专门性环境保护单项法以及一些条例和法规，包括《中华人民共和国大气污染防治法》（2000 年 9 月 1 日起施行）、《中华人民共和国水污染防治法》（2008 年 6 月 1 日起施行）、《中华人民共和国固体废物污染环境防治法》（2004 年 12 月修订）、《中华人民共和国海洋环境保护法》（2004 年 4 月 1 日起施行）、《中华人民共和国环境噪声污染防治法》（1997 年 3 月 1 日起施行）、《中华人民共和国森林法》（2000 年 1 月修订）、《中华人民共和国草原法》（2003 年 3 月 1 日起施行）、《中华人民共和国煤炭法》（1996 年 12 月 1 日起施行）、《中华人民共和国矿产资源法》（1997 年 1 月 1 日起施行）、《中华人民共和国渔业法》（2004 年 8 月修订）、《中华人民共和国水法》（2002 年 10 月 1 日起施行）、《中华人民共和国土地管理法》（2004 年 8 月修订）、《中华人民共和国野生动物保护法》（2004 年 8 月修订）和《中华人民共和国水土保持法》（1991 年 6 月施行）等，通过这些环保法律的颁布与修订完善，有力地保障和推动了我国环保事业的发展。另外，其他一些法律中也有合理开发、利用、保护及改善环境和自然资源的内容，如《中华人民共和国乡镇企业法》（1997 年 1 月 1 日起施行）、《中华人民共和国电力法》（1996 年 4 月 1 日起施行）、《中华人民共和国文物保护法》（2002 年 10 月 28 日通过并施行）、《中华人民共和国城市规划法》（2008 年 1 月 1 日起施行）等。

（4）环境保护标准。环境保护标准是中国环境法体系中的一个重要组成部分，也是环境法制管理的基础和重要依据。环境保护标准是由行政机关根据立法机关的授权而制定和颁布的，是旨在控制环境污染、维护生态平衡和环境质量、保护人体健康和财产安全的各种法律性技术指标和规范的总称。

（5）环境行政法规。环境行政法规是由国务院制定并公布或者经国务院批准，由主管部门公布的有关环境保护的规范性文件，是有关合理开发、利用和保护、改善环境和资源方面的行政法规。目前国务院已制定一百多件环境行政法规，如《中华人民共和国自然保护区条例》《海洋倾废管理条例》《水产资源繁殖保护条例》等。

（6）环境保护部门规章。环境保护部门规章是指由环境保护行政主管部门或有关部门发布的环境保护规范性文件。各部门制定的部门规章和标准数量更大、技术性更强，是实施环境与资源保护法律法规的具体规范。如国家环境保护部（原国家环境保护总局）制定的《环境保护行政处罚办法》，根据《环境保护法》《行政处罚法》等法律法规的规定，对环境保护的行政处罚规定了详细的程序和办法。与法律法规相比，部门规章和标准具有更强的可操作性。

（7）地方环境保护法规。地方环境保护法规是由省、自治区、直辖市等地方各级政府根据国家环保法规和地区的实际情况制定的综合性或单行环境法规，是对国家环境保护法律、法规的补充和完善，是以解决本地区某一特定的环境问题为目标的，具有较强的针对性和可操作性。如《北京市文物保护管理办法》《内蒙古自治区草原管理条例》《杭州西湖水域保护条例》等。

（8）国际环境保护条约。我国已参加的国际环境保护公约及与外国缔结的关于环境保护的条约，均是我国环境保护法体系的有机组成部分。我国至今已缔结或参加了 30 多个环境保护方面的国际条约，主要有《保护臭氧层维也纳公约》、《保护世界文化和自然遗产公约》、关于消耗臭氧层物质的《蒙特利尔议定书》、控制危险废物越境转移及其处置的《巴塞尔公约》、《生物多样性公约》、《中日保护候鸟及其栖息地环境的协定》、《京都议定书》、《中美环境保护科学技术合作议定书》等。

在我国行政法、民法、刑法、经济法、劳动法等部门中也有一些有关保护环境的法律规定，它们也是环境保护法体系的重要组成部分。如 1997 年 10 月 1 日起施行的修订后的《中华人民共和国刑法》增加了“破坏环境资源保护罪”一节，该节共九条，分别对危险废物管理、森林破坏、水生生物保护、濒危物种保护、名胜古迹保护、惩治玩忽职守、防止重大责任事故等方面都做了刑事处罚规定。

10.3.2.3 环境保护法的基本制度

（1）排污总量控制制度。排污总量控制制度是指国家对污染物的排放实施总量控制的法律制度。“总量”是指在一定区域和时间范围内排污量的总和或一定时间范围内某个企业排污量的总和。自 1988 年起，由国家环保局在全国 18 个城市和山西、江苏两省进行在总量控制基础上的排污许可证试点和推广工作。根据有关法律规定，排污者违反排污总量控制制度的要求，超过排污总量指标排污的，由有关县级以上地方人民政府责令限期治理，逾期未完成治理任务的，除按照国家规定征收两倍以上的超标准排污费外，还可根据所造成的危害和损失处以罚款，或责令其停业或关闭。

（2）设施正常运转制度。环境保护设施正常运转制度是指已经投入使用的环境保护设施，必须保持其正常运转状况的一项法律制度。该制度是“三同时”制度的配套制度。对未经环境保护行政主管部门同意，擅自拆除或者闲置防治污染的设施，造成污染物排放超过规定排放标准的，在环境保护法中规定由环保行政主管部门责令重新安装使用，并处罚款；在《中华人民共和国水污染防治法》中规定可限期重新安装使用，并处罚款。对于故意不正常使用环境保护设施造成排放污染物超标，《中华人民共和国水污染防治法》规定由环境保护部门责令恢复正常使用。在《污水处理设施环境保护监督管理办法》中还规定对设施处理水量低于相应生产系统应处理水量的，以及限期完善的污水处理设施逾期未完成的，可根据情节处以罚款。在《征收排污费暂行办法》中规定，对违反环境保护设施正常运转制度而超标排污的，应加倍收费。

（3）现场检查制度。环境保护现场检查制度是关于环境保护部门和有关的监督管理部门对管辖范围内的排污单位进行现场检查的一整套措施、方法和程序的规定。环境保护现场检查，法定行政机关所检查的内容必须是法定的与环境保护有关的事项。进行现场检查不需要取得被检查单位的同意。对拒绝现场检查的单位和个人，可以给予行政处罚。检查机关只能对其管辖范围内的单位和个人进行检查。现场检查可以随时进行，而且不必事先通知被检查单位。有权进行环境保护现场检查的机关为县级以上环境保护行政主管部门或者其他依法行使环境监督管理权的部门。各部门可以在本部门管辖的范围内依法进行现场拍照、录音、录像、制作现场检查笔录等，但无权进行刑事搜查性质的搜查。进行现场检查时，应当向被检查者出示检查证件，并为被检查者保守技术秘密和业务秘密。被检查者有义务接受现场检查，如实反映情况，并提供排污和其他必要的资料。被检查者有权要求检查机关的检查人员出示检查证件。

被检查者如果拒绝环境保护行政主管部门和有关的监督管理部门依法进行的环境保护现场检查，或者在检查时弄虚作假，提供不真实的排污情况或其他资料，环境保护行政主管部门或有关的监督管理部门可以根据不同情节，给予警告或罚款处理。检查机关及其工作人员因故意或过失泄露被检查者的技术秘密和业务秘密的，应当依法承担法律责任。

（4）设备限期淘汰制度。落后工艺设备限期淘汰制度是指对严重污染环境的落后生产工艺和设备，由国务院经济综合主管部门会同有关部门公布名录和期限，由县级以上人民政府的经济综合主管部门监督各生产者、销售者、进口者和使用者在规定的期限内停止生产、销售、进口和使用的法律制度。根据规定，限期淘汰的落后生产工艺和设备名录，由国务院经济综合主管部门会同国务院有关部门公布，在全国范围内施行。在该制度的具体施行过程中，由县级以上人民政府经综合主管部门负责监管。县级以上人民政府的经济综合主管部门有权责令违法者改正。对于情节严重，需要责令其停业、关闭的单位和个人，由县级人民政府的经济综合主管部门提请同级人民政府按国务院规定的权限作出责令停业关闭的决定。淘汰下来的设备不得转让给他人使用，违反落后工艺和设备限期淘汰制度的生产者、销售者、进口者或使用者将被处以责令改正、停业或关闭的处罚。

（5）应急措施制度。应急措施制度是指在某些特定的环境要素受到严重污染，威胁到人民生命财产安全时，有关政府机关依法采取强制性应急措施以解除或者减轻危害的环境法律制度。采取应急措施制度的主体只能是政府及其职能部门。“强制应急措施”中的“强制”仅适用于有关部门对排污单位或相关单位采取的措施。强制应急措施制度是我国环境管理中的一项关键性法律制度。强制应急措施的特征有应急性、临时性、强制性，表现在排污者及相关单位和个人必须无条件执行。强制措施一般包括责令减少或停止排放污染物，责令有关单位立即停产，发布紧急命令，组织抢险救灾，采取其他非常措施如组织居民撤离、疏散等。

该制度主要用于规范人民政府及其环保部门在发生环境紧急情况时的行为。恰当地适用此制度将有助于消除环境污染与破坏所造成的危害或阻止危害的扩大。如果有关单位和个人不遵守法律规定、玩忽职守，可根据情节轻重、后果大小分别追究行政责任和刑事责任。

（6）事故报告制度。事故报告制度是指因发生事故或者其他突发性事件，造成或者可能造成污染与破坏事故的单位，除了必须立即采取措施进行处理外，还必须及时通报可能受到污染危害的单位和居民，并且向当地环境保护行政主管部门和有关部门报告，接受调查处理，以及当地环境保护行政主管部门向上级主管部门和同级人民政府报告的法律制度。所谓环境污染与破坏事故，是指由于违反环境保护法规的经济、社会活动，以及意外因素的影响或不可抗拒的自然灾害等原因，致使环境受到污染或破坏，使人体健康受到危害，社会经济与人民财产受到损失，造成不良社会影响的突发事件。

目前，我国环境法中尚未规定排污单位违反环境污染与破坏事故报告制度的法律责任。对于环保部门违反该制度的责任人，可由上级主管部门或本单位根据情节给予行政处分。

10.3.2.4 环境保护法的基本原则

环境保护法的基本原则是环境保护方针、政策在法律上的体现，它是调整环境保护方面社会关系的基本指导方针和规范，也是环境保护立法、执法、司法和守法必须遵循的基本原则，是环境保护法本质的反映，并贯穿在全部环境保护法中，研究和掌握这些原则，对正确理解、认识和贯彻环境保护法具有十分重要的意义。

(1) 经济建设和环境保护协调发展的原则。经济建设和环境保护协调发展是指我们在发展经济的同时，也要保护好环境，使经济建设、城乡建设、环境建设同步规划、同步实施、同步发展，既符合“三同步”政策，使经济效益、社会效益和环境效益统一协调起来，又达到经济和环境和谐有序地向前发展的目标。协调发展是从经济建设和环境保护之间相互关系角度对发展方式提出的一种要求，经济发展要符合经济规律，又要符合生态规律。经济建设和环境保护是相互依存、相互制约、相互促进、协调统一的。环境保护规划要纳入国民经济和社会发展计划，制定环境规划，强化环境管理，采取环境保护的经济、技术政策，转变经济增长方式，合理开发利用资源，控制开发强度。

(2) 预防为主、防治结合、综合治理的原则。预防为主是环境保护的第一位工作，是解决环境问题的一个重要途径。它是与末端治理相对应的原则，预防污染不仅可大大提高原材料、能源的利用率，节能、降耗，而且可大大地减少污染物的产生量和排放量，避免二次污染风险，减少末端治理负荷，节省环保投资和运行费用。防治结合是对已形成的环境污染和破坏进行积极治理，采取措施尽力减少污染物的排放量，尽力减轻对环境的破坏程度。防是积极办法，治是消极办法。综合治理是采取经济、行政、法律、技术、教育等多种手段，以较小的投入对环境污染和生态破坏进行综合治理，最终得到较大的效益。

(3) 开发者保护、污染者治理原则。开发资源的目的是为了利用，为了更好地开发利用及环境的可持续发展，单位和个人对森林、草原、土地、水体、大气等资源，负有依法管理和保护的责任。自然资源的保护涉及面广，不可能由环境保护部门包下来，必须采取谁开发谁保护的原则，才能有效地保护自然环境和自然资源，防止生态系统的失调和破坏。环境污染主要是由于各企事业单位排污造成的，对环境造成污染，对资源造成破坏都应该根据法律的有关规定承担防治环境污染，保护自然资源的责任，都应当支付防治污染、保护资源所需的费用，这就是污染者治理、污染者付费的原则。

(4) 公众参与原则。“公众参与、公众监督”，组织、发动和依靠广大群众对污染环境、破坏资源和破坏生态的行为进行监督和检举，依靠群众加强环境管理活动，使我国的环境保护工作变成全民的事业。

(5) 政府对环境质量负责的原则。环境质量涉及政治、经济、技术、社会，如经济发展计划、城市规划、能源结构、人口政策等方方面面，这些工作涉及政府的许多部门。环境保护是我国的基本国策，关系到国家和人民的长远利益，解决这种事关全局、综合性很强的问题，只有政府才有这样的职能。《中华人民共和国环境保护法》第十六条明确规定：“地方各级人民政府，应当对本辖区的环境质量负责，采取措施改善环境质量。”政府对环境质量负责，就是要求政府采取各种有效措施，协调方方面面的关系，保护和改善本地区的环境质量，实现国家制定的环境目标。

10.3.2.5　环境保护法的实施

环境保护法的实施，就是在现实社会生活中具体运用、贯彻和落实环境保护法，使环境保护法主体之间抽象的权利、义务关系具体化的过程。通过环境保护法的实施，使义务人自觉地或者被迫地履行其法律义务，将人们开发、利用、保护和改善环境资源的活动调整、限制在环境法所允许的范围内，从而协调人类与自然环境之间的关系，实现环境法的目的和任务。

环境保护法的实施，是整个环境法制的关键环节，具有决定性的实践意义。而环境法的实施，必须坚持以“事实为依据，以法律为准绳”以及“在法律适用上人人平等”的原则。

（1）国家实施。也叫公力实施，是指国家机关依照法定权限和程序，凭借国家权力进行的环境法的实施活动。包括行政机关通过依法行使行政权对环境资源进行的监督管理；司法机关通过行使司法权进行的实施活动；检察机关通过行使检察权进行的实施活动以及立法机关通过对行政机关、司法机关、检察机关等遵守环境法情况的监督所进行的实施活动。其中行政机关对环境法的实施活动发挥着最为重要、最为基础的作用。

（2）公民实施。也叫私力实施，是指公民个人或公民组织依据法律规定所进行的环境法的实施活动。其主要形式包括依法参与环境行政决策；依法对违反环境法的国家机关、企事业单位或公民个人提起环境诉讼或进行检举、控告；与排污者签订污染防治协议；通过立法机关的民意代表对行政机关等遵守和实施环境法的活动进行监督以及针对环境犯罪、环境侵害行为实施正当防卫和其他自力救济等。

10.3.2.6　环境保护法的法律责任

环境保护法同其他法律一样具有国家强制性。其中关于违法或者造成环境破坏、环境污染者应承担的法律责任的规定是它的重要组成部分。为了保证环境保护法的实施，应当依法追究各种违法者的法律责任。环境保护法的法律责任是指环境保护法主体因违反其法律义务而应当依法承担的、具有强制性的法律后果。对违法者追究法律责任，可以由行政主管机关进行，也可以由司法机关依法进行。环境法律责任按其性质可以分为：环境行政责任、环境民事责任和环境刑事责任三种。

（1）环境行政责任。环境行政责任是指违反环境保护法和国家行政法规中有关环境行政义务的规定者所应当承担的法律责任。承担责任者既可能是企事业单位及其领导人员、直接责任人员，也可能是其他公民个人；既可能是我国的自然人、法人，也可能是外国的自然人、法人。承担环境行政责任的方式有行政处罚和行政处分两种。

行政处罚由国家机关和单位，依据法律或内部规章对犯有轻微的违法行为者所实施的一种较轻的处罚。实施包括警告、罚款、没收财产、取消某种权利、责令支付整治费用、消除污染费用、消除侵害恢复原状、责令赔偿损失、停止、剥夺荣誉称号、拘留等。行政处分也称纪律处分，是指国家机关、企业、事业单位依照行政隶属关系，根据有关法律法规，对在保护和改善环境、防治污染和其他公害中有违法、失职行为，但尚不能构成刑事惩罚的所属人员的一种制裁，包括警告、记过、记大过、降级、降职、撤职、留用、开除8种。

（2）环境民事责任。环境民事责任是指公民、法人因污染或破坏环境而侵害公共财产或他人人身权、财产权或合法环境权益所应当承担的民事方面的法律责任。在现行环境法中，因污染环境造成他人损害的，则实行无过失责任原则，即不论行为本身是否合法，只要造成了危害后果，行为人就应当依法承担民事责任，亦即以危害后果、致害行为与危害后果间的因果关系两个条件为构成环境污染侵权行为、承担环境民事责任的要件。侵权行为人承担环境民事责任的方式主要有排除侵害、排除妨碍、消除危险、恢复原状，返还原物，赔偿损失，收缴、没收非法所得及进行非法活动的器具，罚款，停业及关、停、并、转等。上述责任方式，可以单独适用，也可以合并适用。

（3）环境刑事责任。环境刑事责任是指行为人因违反环境法，造成或可能造成严重的环境污染或生态破坏，使人民健康和财产受到严重损害而构成犯罪时，应当依法承担的以刑罚为处罚方式的法律责任。我国刑法中规定了对以下9种与环境有关的犯罪活动要追究刑事责任：用危险的方法破坏河流、森林、水源罪，用危险的方法致人伤亡及使公私财产遭受重大损失罪，违反爆炸性、易燃性、放射性、毒害性、腐蚀性物品管理规定罪，滥伐、乱伐森林罪，滥捕、破坏水产资源罪，滥捕、盗捕野生动物罪，破坏文物、古迹罪，重大责任事故罪，渎职罪等。

本章小结

一、基本概念

环境管理、环境规划、环境标准、环境保护法

二、基本知识

1. 环境管理的手段

（1）行政手段 （2）法律手段 （3）经济手段 （4）技术手段 （5）宣传教育手段 （6）非管制手段

2. 环境管理的制度

（1）环境影响评价制度 （2）“三同时”制度 （3）排污收费制度 （4）环境保护目标责任制 （5）排污申报登记和排污许可证制度 （6）城市环境综合整治定量考核制度 （7）污染集中控制制度 （8）污染限期治理制度

3. 环境管理的职能

（1）宏观指导 （2）统筹规划 （3）组织协调 （4）监督检查 （5）提供服务

4. 环境规划内容

（1）区域环境目标 （2）环境指标体系的确定 （3）环境预测和环境问题的研究 （4）区域环境规划方案研究 （5）区域环境保护技术政策研究

5. 环境标准的分类

（1）环境质量标准 （2）污染物排放标准 （3）环境基础标准 （4）环境方法标准

(5) 环境标准样品标准 (6) 环境保护的其他标准

6. 环境保护法的作用

(1) 开展环境保护工作的法律武器 (2) 建设环境保护相关法律的依据 (3) 增强环境保护工作的法制观念 (4) 环境保护的重要手段

7. 中国环境保护法体系

(1) 宪法 (2) 环境保护基本法 (3) 环境保护单项法 (4) 环境保护标准 (5) 环境行政法规 (6) 环境保护部门规章 (7) 地方环境保护法规 (8) 国际环境保护条约

练 习 题

一、填空题

1. 环境管理的基本任务是________、________。

2. 环境管理的职能包括________、________、________、________和________。

3. 环境保护法的实施分为________、________。

4. 我国在长期的环境管理实践中，根据国情及不断地探索和总结，积累了一定的经验，形成了________、________、________、________、________、________、环境管理制度，并不断地完善和深化。

5. ________、________和________是我国环境管理的三大法宝。

6. 环境标准分为两级：________和________。

二、选择题

1. 环境管理的特点是________。

A. 综合性 B. 区域性 C. 大众性 D. 法制性

2. 环境管理的手段包括________。

A. 行政手段 B法律手段 C. 经济手段 D. 强制手段

3. “三同时”制度指的是________。

A. 同时设计 B. 同时施工 C. 同时投产 D. 同时监测

4. 按照环境组成要素，环境规划分为________。

A. 部门环境规划

B. 国家环境保护规划

C. 土地利用规划和噪声污染防治规划

D. 城市环境规划、区域环境规划和流域环境规划。

5. 环境保护法的任务和内容与其他法律有所不同，环境保护法是有________的特点。

A. 科学性 B. 综合性 C. 复杂性 D. 共同性

三、简答题

1. 环境管理的含义和内容是什么？

2. 环境管理的基本职能有哪些？

3. 简述环境管理的类型。
4. 我国有哪些环境管理制度？什么叫“三同时”制度？
5. 简述环境保护法及其作用。
6. 简述环境标准及其作用。
7. 我国环境标准体系是如何分级、分类的？
8. 简述环境规划的含义与程序。
9. 环境保护法的基本原则有哪些？我国目前已颁布的环境保护单行法律有哪些？

11 环境质量评价

本章学习目标

了解：环境监测、环境质量评价、环境影响评价的概念。

熟悉：环境监测的目的、原则、任务、分类、特点、要求，环境质量评价类型，环境质量现状评价的程序，环境影响评价的程序，环境影响评价的内容，环境影响评价的发展趋势。

掌握：环境监测方法，环境监测程序，环境监测质量控制，环境质量现状评价的方法，环境影响评价的方法。

11.1 环境监测

11.1.1 环境监测的概念

11.1.1.1 环境监测的概念

环境监测是环境保护技术的重要组成部分，是弄清污染物的来源、分布、数量、动向、转化规律的重要手段，可监督检查污染物排放和环境标准的实施情况，正确评价环境质量，验证新的环境保护技术及标准化研究，是必不可少的基础工作。

环境监测就是运用现代科学技术手段对代表环境污染和环境质量的各种环境要素（环境污染物）的监视、监控和测定，从而科学评价环境质量及其变化趋势的操作过程。环境监测在对污染物监测的同时，已扩展延伸为对生物、生态变化的大环境的监测。环境监测机构按照规定的程序和有关的标准、法规，全方位、多角度连续地获得各种监测信息，实现信息的捕获、传递、解析、综合及控制。

11.1.1.2 环境监测的目的

环境监测的目的是为了客观、全面、及时、准确地反映环境质量现状及发展变化趋势，为环境保护、环境管理、环境规划、污染源控制、环境评价提供科学依据。

（1）与环境质量标准比较，评价环境质量优劣。

（2）根据掌握的污染物分布和浓度、污染速度和发展趋势以及影响程度，追踪污染源，确定控制和防治方法，评价保护措施的效果。

（3）根据长期积累的数据和资料，为研究环境容量、实施总量控制、目标管理、预测预报环境质量提供依据。

（4）收集环境有关数值及其变化趋势数据，积累监测资料，为保护人类健康、合理使用自然资源、改善人类环境，制定和修改环境法规、环境质量标准等服务。

（5）揭示新的环境问题，确定新的污染因素，为环境科学研究提供正确方向。

（6）为制定环境法规、标准、规划、环境污染综合防治对策，以及环境科学的研究提供基础数据。

11.1.1.3 环境监测的原则

影响环境的污染物种类繁多，在环境监测中，由于受人力、监测手段、经济条件、仪器设备等方面的限制，不可能包罗万象地监测，应根据需要和可能，确定优先监测的污染物，并坚持优先监测的原则。优先污染物是一类潜在危险性大（难降解、具有生物积累性、毒性大的物质），在环境中出现频率高，残留高，含量已接近或超过规定的标准浓度的污染物。可将有广泛代表性、检测方法成熟的化学物质定为优先监测目标，实施优先和重点监测。

对优先污染物进行的监测称为优先监测，环境监测应遵循优先监测的原则。环境监测要遵循符合国情、全面规划、合理布局的方针，充分考虑经济与效果二者的关系，其准确性往往取决于监测过程的最薄弱环节。美国是最早开展优先监测的国家，20 世纪 70 年代中期就规定了水和污水中 129 种优先监测的污染物，其后又提出了 43 种空气中优先监测的污染物。中国环境优先监测研究也已完成，提出了中国环境优先污染物黑名单，包括 14 个化学类别，共 68 种有毒化学品，其中有机物占 58 种。

11.1.2 环境监测的分类

11.1.2.1 环境监测的任务

（1）检验和判断环境质量是否符合国家规定的环境质量标准，定期提出环境质量报告书。

（2）判断污染源造成的污染影响，揭示污染危害，为环境保护法实施提供数据，并评价防治措施的实施效果。

（3）积累各类环境数据，掌握环境容量，为实现环境污染总量控制及实施目标管理提供依据。

（4）经过长期的连续监测资料的综合分析，摸清污染途径和规律，为生产的合理布局及城市建设规划提供科学依据。

（5）确定污染物的浓度分布状况、发展趋势和发展速度，掌握污染物的污染途径，预报环境状况，确定防治对策。

（6）研究污染物扩散模式，一方面用于新污染源的环境影响评价，给决策部门提供数据；另一方面为环境污染的预测预报提供资料。

11.1.2.2 环境监测的分类

（1）监视性监测。监视性监测又称为常规监测或例行监测，是对环境中已知污染物的来源、浓度、污染变化趋势和控制措施的效果进行定期的经常性的监测，是监测站第一位的主体工作。用以确定环境质量及污染状况、评价控制措施的效果，衡量环境标准实施情况，积累监测数据，一般包括环境质量和污染源的监督监测。我国已初步形成了各级监视性监测网站。监视性监测包括对污染源的监督监测（污染物浓度、排放总量、污染趋势等）和环境质量监测（所在地区的空气、水质、噪声、固体废物等）。

（2）特定目的监测。特定目的监测又称为特例监测或应急监测，是监测站的第二位工作，按目的不同分为：污染事故监测，污染事故发生时，及时进行现场追踪监测，确定污染程度、危害范围和大小、污染物的种类、扩散方向和速度，查找污染发生的原因，为控制污染提供科学依据；纠纷仲裁监测，主要解决污染事故纠纷，对执行环境法规过程中产生的矛盾进行裁定。纠纷仲裁监测由国家指定的具有权威的监测部门进行，以提供具有法律效力的数据作为仲裁凭据；考核验证监测，主要是为环境管理制度和措施实施考核，包括人员考核、方法验证、新建项目的环境考核评价、污染治理后的验收监测等；咨询服务监测，主要为环境管理、工程治理等部门提供服务，以满足社会各部门、科研机构和生产单位的需要。这类监测一般以流动监测、空中监测、遥感监测为主。

（3）研究性监测。研究性监测又称为科研监测，属于高层次、高水平、技术比较复杂的一种监测，通常由多个部门、多个学科协作共同完成。其任务是研究污染物或新污染物自污染源排出后，其迁移变化的趋势和规律，以及污染物对人体和生物体的危害及影响程度，包括标法研制监测、污染规律研究监测、背景调查监测、综评研究监测等。

按监测对象分为大气污染监测、水质污染监测、土壤污染监测、生物污染监测、固体废物污染监测、生物与生态因子监测、噪声和振动监测、电磁辐射监测、放射性监测、热监测、光监测、卫生（病原体、病毒、寄生虫等）监测等。

11.1.2.3　环境监测的特点

环境监测具有对象、手段、时间和空间的多变性以及污染物的繁杂和变异性，污染物的毒性大、含量低，环境监测具有特殊使命，其特点如下。

（1）生产性。环境监测具备生产过程的基本环节，类似于工业生产的工艺模式以及方法标准化和技术规范化的管理模式，数据就是环境监测的基本产品。

（2）综合性。环境监测的对象包括大气、水、土壤、固体、生物等客体；环境监测手段包括化学的、物理的、生物的等多种方法；监测数据解析评价涉及自然和社会的诸多领域，所以具有很强的综合性。只有综合应用各种手段，综合分析各种客体，综合评价各种信息，才能准确地揭示监测信息的内涵，说明环境质量状况。

（3）追踪性。要保证监测资料的准确性和可比性，就必须依靠可靠的量值传递体系进行资料追本溯源，为此必须建立环境监测的质量保证体系。

（4）持续性。由环境污染物的特点决定了只有长期测定、积累大量的数据，才能保证监测结果的准确度，即只有在有代表性的监测点位上持续监测，才能客观、准确地揭示环境质量及发展变化趋势。

（5）执法性。环境监测不仅要及时、准确地提供监测数据，还要根据监测结果和综合分析、评价结论，为主管部门提供决策建议，并授权对监测对象执行法规情况进行执法性监督控制。

此外，被测物含量低、被测物的毒性大，涉及的社会面广、相互间的协作性强，有时需跨区域、跨国家甚至洲际组织进行。

11.1.2.4 环境监测的要求

环境监测是为保护环境、评价环境质量，制定环境管理、规划措施，为建立各项环境保护法规、法令、条例提供资料以及信息依据。为确保监测结果准确可靠、正确判断并能科学地反映实际，环境监测要满足下列要求。

（1）代表性。代表性主要是指取得具有代表性的能够反映总体真实状况的样品，且样品必须按照有关规定的要求和方法采集。

（2）完整性。完整性主要是指监测过程中的每一细节，尤其是监测的整体设计方案及实施，监测数据和相关信息无一缺漏地按预期计划及时获取。

（3）可比性。可比性主要是指在监测方法、环境条件、数据表达方式等相同条件的前提下，实验室之间对同一样品的监测结果相互可比，以及同一实验室对同一样品的监测结果应该达到相关项目之间的数据可比，相同项目没有特殊情况时，历年同期的数据也是可比的。

（4）准确性。准确性主要是指测定值与真实值的符合程度以及监测数据的准确性不仅与评价环境质量有关，而且与环境治理的经济问题也有密切的联系。

（5）精密性。精密性主要是指多次测定值有良好的重复性和再现性。准确性和精密性是监测分析结果的固有属性，必须按照所用方法使之正确实现。

（6）监测方法快速灵敏、简便适用、选择性好、方法标准化。

11.1.3 环境监测方法

11.1.3.1 环境污染物的特点

大多数污染物质是以散逸至大气或排入水体的方式进入环境的。污染源的形式有点污染源、线污染源、面污染源；固定污染源、移动污染源；连续源、间断源、瞬时源。污染源的存在形式对污染物质的扩散、分布和迁移、转化有很大的影响。

（1）时、空分布性。时间分布性是指环境污染物的排放量和污染强度随时间而变化。例如，工厂排放污染物的种类、浓度因生产周期的不同而随时间变化；河流丰水期、平水期和枯水期的交替，使污染物的浓度和危害随时间而变化。空间分布性是指环境污染物的排放量和污染强度随空间位置而变化。例如，进入河流的污染物，其下游浓度会不断减小。环境污染物随时间和空间的变化而变化的时、空分布性，决定了要准确确定某一区域环境质量，单靠某一点位的监测结果是片面的，只有充分考虑环境污染的时、空分布性，才能获得科学、准确的监测结果。

（2）活性和持久性。活性表明污染物在环境中的稳定程度。活性高的污染物质，在环境中或在处理过程中易发生化学反应，生成比原来毒性更强的污染物，构成二次污染，严重危害人体及生物。与活性相反，持久性则表示有些污染物质能长期地保持其危害性。

（3）生物可分解性、累积性。生物可分解性是指有些污染物能被生物所吸收、利用并分解，最后生成无害的稳定物质，大多数有机物都有被生物分解的可能性。如苯酚虽有毒性，但经微生物作用后可以被分解为无害化物。但也有一些有机物长时间不能被微生物作用而分解，属难降解有机物，如二噁英。累积性是指有些污染物可在人类或生物体内逐渐积累、富集，尤其是在内脏器官中的长期积累，由量变到质变直至引起病变发生，危及人类和动植物健康。如镉可在人体的肝、肾等器官组织中蓄积，造成各器官组织的损伤；水俣病则是由于甲基汞在人体内的蓄积引起的。

总之，环境污染物具有作用时间长、影响范围广、作用机理复杂、危害不易觉察、污染容易治理难等特点。

11.1.3.2　环境监测方法

（1）环境监测方法。环境监测方法有化学分析法，包括称量分析法（气化法、沉淀法）；滴定分析法（酸碱滴定法、沉淀滴定法、配位滴定法、氧化还原滴定法）；仪器分析法包括光学分析法（紫外－可见吸收光谱法、原子发射光谱法、原子吸收光谱法、红外吸收光谱法、原子和分子荧光光谱法、化学发光分析法、X—射线分析法）；电化学分析法（电导分析法、电位分析法、电位滴定法、库仑分析法、极谱分析法、阳极溶出伏安法）；色谱分析法（气相色谱法、液相色谱法、离子色谱法、纸层层析法、薄层层析法），其他（质谱分析法、中子活化分析、放射化学分析法）方法等。物理监测方法包括遥感技术在大气污染监测、水体污染监测以及植物生态调查等方面的运用；生物监测方法包括大气污染物中的生物监测和水体污染中的生物监测两大类。利用指示植物的伤害症状对大气污染作出定性、定量的判断，测定植物体内污染物的含量并作出判断，观察植物的生理生化反应，如酶系统的变化、发芽率的变化等，对大气污染的长期效应做出判断；利用指示生物监测水体污染状况，利用水生物群落结构变化进行监测，同时可引用生物指数和生物物种的多样性指数等数学手段，进行水污染的生物测试，即利用水生生物受到污染物的毒害作用所产生的生理机能变化，测定水质的污染状况。

随着科技进步和环境监测的需要，环境监测在发展传统的化学分析技术基础上，发展高精密度、高灵敏度，适用于痕量、超痕量分析的新仪器、新设备，同时研制发展了适用于特定任务的专属分析仪器。计算机在监测系统中的普遍使用，使监测结果能够快速处理和传递，多机联用技术的广泛采用，扩大了仪器的应用、使用效率和价值。国家在发展大型、连续自动监测系统的同时，发展小型便携式仪器和现场快速监测技术，广泛采用遥测遥控技术，逐步实现监测技术的智能化、自动化和连续化。

（2）环境监测方法的选择。环境样品试样数量大、组成复杂，并且污染物的含量差别很大，应根据样品和待测组分的情况选择适宜的测定方法。

尽可能选择采用国家现行的环境监测标准统一分析方法；含量较高的污染物，可选择准确度较高的化学分析法，含量较低的污染物，根据条件选择适宜的仪器分析法；在条件许可的情况下，尽可能采用具有专属性的单项成分测定仪；在经常性的测定中，尽可能利用连续性自动测定仪；在多组分的测定中，如有可能，应选用同时具有分离和测定的分析方法。

11.1.3.3　环境监测程序

环境监测的程序为：调查现场与收集资料→确定监测项目→布设监测点及选择采样时间和方法→环境样品的保存→分析测试环境样品→处理数据和上报结果。

11.1.4　环境监测质量控制

11.1.4.1　质量控制的意义

环境监测工作的成果就是监测数据。然而，环境监测对象成分复杂，时间、空间、量级上分布广泛，且多变，不易准确测量。在大规模的环境调查中，常需在同一时间内由多个实验室同时参加、同时测定。这就要求各个实验室从采样到监测结果所提供的数据有规定的准确性和可比性。监测数据的准确性决定了环境管理、环境研究、环境治理以及环保执法等方面的决策正确与否。

如果没有一个科学的环境监测质量控制程序，由于人员的技术水平、仪器设备、地域等差异，难免出现调查资料互相矛盾、数据不能利用的现象，造成大量人力、物力和财力的浪费。错误的数据必然导致错误的判断和错误的决策，人们常说错误的数据比没有数据更可怕。开展质量控制工作是实现监测数据具有准确性、精密性和可比性的重要基础。只有取得合乎质量要求的监测结果，才能正确地指导人们认识环境、评价环境、管理环境和治理环境。

11.1.4.2 采样的质量控制

采样的质量控制包括：审查采样点的设置和采样时段选择的合理性和代表性；采样器、流速和定时器是否经过校准，运转是否正常；吸附剂是否有效，数量（或体积）是否符合要求；采样器放置的位置和高度是否符合采样要求，是否避开污染源的影响；采样管和滤膜的安装是否正确。

采样管或滤膜在采样前从实验室运往监测点，采集的样品需送回实验室分析。这一过程中，采样管不可倾倒，以防吸收剂溢流。滤膜应完整地封存在专用的洁净袋子里，使用时用不锈钢镊子取放，避免滤膜在进入采样器前被污染。

目前，由于各种条件限制，有许多监测项目不能进行现场测定，需送回实验室进行分析测试。考虑到样品的稳定性，样品应贮存在温度低于 22℃ 的环境中，并立即运往实验室。若不能立即进行实验分析，样品应贮存在冰箱里。

11.1.4.3 监测室的质量控制

监测室是获得监测结果的关键部门，要使监测质量达到规定水平，必须要有合格的监测室和合格的监测操作人员。具体地讲，包括仪器的正确使用和定期校正，玻璃仪器的选用和校正，化学试剂和溶剂的选用，溶液的配制和标定，试剂的提纯，监测室的清洁度和安全工作，监测人员的操作技术和分离技术等。一般情况下，通过分析和应用某种质量控制图或其他方法来控制监测质量。

监测室工作质量的外部控制称为监测室间质量控制。通常由中心监测室或上级监测机关负责施行，接受外部控制的各监测室必须是内部质量已经达到合格者。各监测室接受考核时，一般采用统一的标准方法对上级部门统一发放的密码标准样品进行测定，测定数据由上级部门进行统计处理后，对接受检查的监测室作出质量评价并予以公布，从中可以发现各实验室存在的问题并及时纠正。

11.1.4.4 数据处理的质量控制

数据处理的质量控制主要包括数据分析、数据精确、数据提炼、数据表达等一系列的过程是否符合技术规范要求。

报告的数据必须是有效的数据。数据报告前，应对采样、分析测试、分析结果的计算等环节的数据进行逐一核实，确认无误后上报。对由于采样人员或分析测试人员的差错，以及样品损伤或破坏等原因造成的错误数据必须去除。超出分析方法灵敏度以外的数据不能上报，因超出实验分析方法灵敏度的数据是毫无意义的。对于“未检出”和检出限以下的数据，取0至检出限之间的中间值较为合适。但当测定的各浓度值有25%以上低于最小检出量时，则不能用此法。对于测定中出现的极值，在没有充分理由说明错误所在的情况时，不能随意舍去，但在报告时要加以说明。整理好的各类数据经反复核准无误后，按要求填写表格，上报有关环境管理机构。

11.2 环境质量评价

环境质量评价是环境管理的重要内容之一。通过对环境质量的现状评价，可以搞清环境污染的程度，从而为制定环境标准以及对环境污染进行综合防治提供可靠的依据。

11.2.1 环境质量评价类型

11.2.1.1 环境质量的概念

环境质量是环境科学的一个重要的基本概念，是对人类的生存、生活及生产环境优劣程度的一种度量。环境质量的好坏，是指环境适应于人类的情况怎样或环境对人类所产生的影响如何。环境质量是环境系统客观存在的一种本质属性，并能用定性和定量的方法加以描述的环境系统所处的状态。环境质量包括自然环境质量和社会环境质量。自然环境质量包括物理的、化学的、生物的三方面；社会环境质量包括政治的、经济的、文化的及美学的等各个方面。环境始终处于不停的运动和变化之中，作为环境状态表示的环境质量也是处于不停的运动和变化之中，引起环境质量变化的原因主要是由于人类的生活和生产行为以及自然的原因两个方面引起的。各地区由于政治、经济、文化发展程度不同，社会环境质量差异明显。

11.2.1.2 环境质量评价的概念

环境质量评价就是按照一定的评价标准和评价方法，对一定区域范围内的环境质量进行说明、评价和预测，合理地划分等级或类型，并在空间上按环境污染的程度和性质划分不同的污染区域。其目的是分析区域环境质量现状及变化趋势，准确反映出目前环境污染状况，对重点污染源的治理提出要求，为环境规划、环境管理以及环境质量评价提供科学依据。

11.2.1.3 环境质量评价的基本内容

环境质量评价的内容随不同的研究对象和不同的类型而有所区别。

(1) 污染源的调查和评价。通过对各类污染源的调查、分析和比较，研究污染源的数量、质量特征以及发生和发展规律，找出主要污染物和主要污染源，为污染治理提供科学依据。

(2) 环境质量指数评价。用无量纲指数表征环境质量的高低，是目前最常用的评价方法，包括单因子和多因子评价以及多要素的环境质量综合评价。当所采用的环境质量标准一致时，这种环境质量指数具有时间和空间上的可比性。

(3) 环境质量的功能评价。环境质量标准是按功能分类的，环境质量的功能评价就是要确定环境质量状况的功能属性，为合理利用环境资源提供依据。

11.2.1.4 环境质量评价类型

(1) 按时间因素可分为回顾评价、现状评价及质量影响评价三种类型

1) 环境质量回顾评价。环境质量回顾评价是指对区域过去一定历史时期的环境质量，

根据历史资料进行回顾性的评价。通过回顾评价可以揭示出区域环境污染的发展变化过程。进行这种评价常常要受到历史资料积累情况的限制，一般多在科研监测工作基础比较好的大城市进行。

2）环境质量现状评价。环境质量现状评价是我国目前正在大力开展的评价方式，一般是根据近两三年和当年的环境监测资料进行的。通过这种形式的评价，可以阐明环境污染的现状，为进行区域环境污染综合防治提供科学依据。

3）环境质量影响评价。是指对区域正在进行或将要进行的开发活动，对环境可能造成的各种影响进行预测性评价，以寻求避免或减少由于人类开发建设活动对环境造成的危害。有些国家规定，在新的大型企业、机场、港口、铁路干线及高速公路等建设以前，必须进行环境质量影响评价，写成环境质量影响评价报告书。

（2）按研究问题的空间范围可分为单项工程环境质量评价、城市环境质量评价、区域环境质量评价和全球环境质量评价。

（3）按环境要素可分为大气环境质量评价、水环境质量评价、土壤环境质量评价和噪声环境质量评价等。

（4）按评价内容可分为健康影响评价、经济影响评价、生态影响评价、风险评价和美学景观评价等。

11.2.2 环境质量现状评价

11.2.2.1 环境质量现状评价的概念

环境质量现状评价是根据近几年和当年的环境监测数据和有关资料来说明评价区域环境质量的现状，并对其进行科学的分析和客观评价。不同地区由于环境质量状况、社会经济发展程度、人们对环境质量要求的着眼点不同，因此环境质量现状评价有不同的侧重点。环境质量现状评价包括自然资源价值、生态价值、社会经济价值和生活质量价值等的现状评价。自然资源价值评价主要是对有限资源如大气、水体、土壤等环境组成部分的污染评价；生态价值的评价主要以生态学原理为基础，以保护生态平衡、达到永续利用自然资源为目的。评价在某一地区范围内，由于人的行为对生态系统破坏的程度、社会经济价值和生活质量价值可称为文化价值，其可由不同角度去评价，包括企业投资环境、居住条件、购物环境、交通状况等方面的综合评价。

11.2.2.2 环境质量现状评价的程序

要想深刻认识环境方面存在的主要问题，把握环境的总体特征，针对区域环境的错综复杂情况，在进行环境质量评价过程中，必须设计一个科学合理的程序。环境质量现状评价的程序一般为根据评价的对象、地区范围，确定评价的目的；根据评价目的确定评价精度；广泛理解综合防治的内容。

11.2.2.3 环境质量现状评价的内容

（1）污染源评价。通过对污染源的调查与评价，确定主要污染源与主要污染物，以及污染物的排放方式、途径、特点和规律，综合评价污染源对环境的危害作用，以确定污染源治理的重点。

（2）确定环境监测的项目。根据区域环境污染特点及主要污染物的环境化学行为，确定不同环境要素的监测项目，为评价提供参考。

（3）监测网点的布设、监测。根据区域环境的自然条件特点及工、农、商业、交通和生活居住区等不同功能区分别布点，布点疏密及采样次数应力求合理，有代表性。按质量保证要求分析测定，获得可靠的污染物在环境中污染水平的数据。

（4）建立环境质量综合评价。根据环境质量评价的目的，选择评价标准，对监测数据进行统计处理，利用评价模式，计算环境质量综合指数。计算各种与环境污染关系密切的疾病发病率（包括死亡率）与环境质量指数之间的相关性，确定人体健康与环境质量状况的相关性。

（5）建立环境污染数学模型。以监测数据为基础，结合室内模拟实验，选取符合地区特征的环境参数，建立符合地区环境特征的计算模式。

（6）环境污染趋势预测研究、防治建议。运用模式计算，结合未来区域经济发展的规模及污染治理水平，预测地区未来环境污染的变化趋势。通过环境质量评价确定影响地区的主要污染源和主要污染物，根据环境污染的特征及污染预测结果，提出区域环境保护的近期治理、远期规划布局及综合防治方案。

11.2.2.4　环境质量现状评价的方法

评价环境质量优劣，常以各种单项污染物的浓度来表示。环境质量是一客观存在的事实，要求有自己的定性、定量表达方式，要求建立自己特有的工作语言。环境质量指数（EQI）就是表示区域环境质量的一种形式，是近似表达环境质量的定量化方法。它是参照国家的卫生标准或其他参考数据，通过拟订的计算式，将大量原始监测和调查数据加以综合，并换算成无量纲的相对值，用以定量和客观地评价环境质量。

（1）幂函数法。一般表达式为：

$$EQI = a(\sum_{i=1}^{n} I_t)^b \text{，其中 } I_t = C_i / C_{0i}$$

式中　EQI——单个环境要素的质量指数；

I_t——i 污染物的单一指数；

C_i——i 污染物的实测浓度；

C_{0i}——i 污染物的环境标准浓度；

n——评价中选定的污染物数目；

a、b——由某种边界条件所确定的常数。

上述方法形式简单，常用于根据每日的监测数据评价大气质量的逐日变化。若区域监测项目异于评价选择的参数，此法应用就受到一定的限制。

（2）叠加法。将几个单项污染指数叠加，一般表达式为：

$$EQI = \sum_{i=1}^{m} P_i = \sum_{i=1}^{n} (C_i / C_{0i})$$

式中　EQI——环境质量指数；

P_i——单一污染指数。

其余符号同前。

加权叠加的一般表达式为：

$$EQI = \sum_{i=1}^{n} W_i P_i$$

式中 W_i——某污染物或某环境要素的加权系数。

此方法计算简便，特别是各项单一指数影响情况相近时，能较好地反映出环境质量的实际状况。但如果影响悬殊时，则易掩盖主要环境影响因素的作用，形成失真。

(3) 均值法

简单均值法一般表达式为：

$$EQI = \frac{1}{n}\sum_{i=1}^{n} P_i$$

加权均值法一般表达式为：

$$EQI = \frac{1}{n}\sum_{i=1}^{n} W_i P_i$$

此法计算简便，不受评价参数多少的限制，从而克服了叠加法的不足之处。然而，当个别污染物出现高浓度值时，其计算结果易掩盖高浓度单项污染的影响。

(4) 方根法。分为平方和方根法、均方根法两种。

平方和方根法的一般表达式为：

$$EQI = \sqrt{\sum_{i=1}^{n} P_i^2}、EQI = \sqrt{\sum_{i=1}^{n} W_i P_i}$$

此法的代表主要有塞特大气指数、报值指数、大气污染超标指数和殷哈伯方法等。

均方根法的一般表达式为：

$$EQI = \sqrt{\frac{1}{n}\sum_{i=1}^{n} P_i^2}$$

此法以内罗梅方法为代表，其具体形式为：

$$EQI = \sqrt{[(C_i/L_{ij})^2_{最大} + (C_i/L_{ij})^2_{平均}]/2}$$

式中 P_{ij}——水质指数；

C_i——水中污染物 i 的实测浓度；

L_{ij}——水中污染物 i 在作为 j 用途时的水质标准。

此法首先考虑到水的用途，另外，还考虑到个别污染严重的污染物影响。

(5) 几何均数法。具体表达式为：

$$EQI = \sqrt{(I_i)_{最大}(I_i)_{平均}}$$

式中 I_i——大气质量指数。

此法克服了内罗梅法的缺陷，在适当兼顾最大值的情况下，赋予平均值的权重较大。此法不仅考虑到最大值的作用，而且又不使它在评价指数中占据比重过大，且能使评价指数保持一定的物理含义。

11.3 环境影响评价

11.3.1 环境影响评价类型

环境影响是指人类活动（经济活动、政治活动和社会活动）导致环境变化以及由此引起的对人类社会的效应。要识别环境影响是有害的、有利的、长期的、短期的、潜在的、现实的，必须制定出减轻对环境不利影响的对策措施。

11.3.1.1 环境影响评价概念

环境影响评价是一种预断性的评价，是指对拟议中的建设项目、区域开发计划和国家政策实施后可能给环境带来的影响（后果）进行的系统性识别、预测和评估。更广泛的含义是指人类进行某项重大活动之前，采用评价方法预测该项活动可能给环境带来的影响，并制定出减轻对环境不利影响的措施，从而为社会经济与环境保护同步协调发展提供有力保证。一个拟议中的工程、计划、项目或立法活动可能会对物理化学环境、生物环境、文化环境和社会经济环境产生潜在的影响，因此有必要对这个事件进行系统性的识别和评估。其根本目的在于鼓励在规划和决策中考虑环境因素，使得人类活动更具有环境相容性。

11.3.1.2 环境影响评价类型

根据目前人类活动的类型及其对环境的影响程度，将环境影响评价分为单个建设项目的环境影响评价、区域开发的环境影响评价、生态环境影响评价和社会经济环境影响评价。

(1) 单个建设项目的环境影响评价。单个建设工程的环境影响评价是环境影响评价体系的基础，具有评价内容和评价结论针对性强的特点。主要对工程的选址、生产规模、产品方案、生产工艺、工程对环境和社会的影响进行评估，提出减缓和防范这种影响的措施，它与建设项目的可行性研究同时进行并有明确结论。

(2) 区域开发的环境影响评价。区域开发的环境影响评价指的是对区域内拟议的所有开发建设行为进行的环境影响评价，具有战略性，着眼于在一个区域内如何合理地进行建设，强调把整个区域作为整体来考虑。评价的重点是论证区域内未来建设项目的布局选址、开发规划、总体规模是否合理，同时也重视区域内建设项目的布局、结构、性质、规模，并对区域的排污量进行总量控制，为使区域的开发建设对周围环境的影响控制在最低水平，提出相应的减轻影响的具体措施。

(3) 生态环境影响评价。生态环境影响评价是通过定量揭示和预测人类活动对生态环境以及对人类健康和经济发展的影响，确定一个地区的生态负荷或环境容量。或通过许多生物和生态的概念和方法，预测和估计人类活动对自然生态系统的结构和功能所造成的影响。主要评价内容有生态环境影响评价的级别和范围、生态环境影响识别、生态环境现状调查、生态现状评价、生态影响预测以及生态影响的减缓措施和替代方案。

(4) 社会经济环境影响评价。社会经济环境影响评价指的是为了避免人类活动对社会经济环境的不良影响，或者改善社会经济环境质量，在待建项目或计划、政策实施之前，通过深入全面的调查研究，对被影响区域社会经济环境可能受到的影响内容、作用机制、过程、趋势等进行系统的综合模拟、预测和评估，并据此提出评价意见和预防、补偿与改进措施，从而为科学决策和管理提供切实依据的一整套理论、方法、手段等。主要内容包括社会经济环境影响及主要环境问题、社会经济效果、美学及历史学环境影响分析。

11.3.1.3 环境影响评价制度

1969 年美国首先在《国家环境政策法》中把环境影响评价作为联邦政府在环境管理中必须遵守的一项制度规定下来。中国的环境影响评价制度始于 1979 年的《中华人民共和国环境保护法（试行）》，其中规定企业在进行新建、改建和扩建工程时，必须提交对环境影响的报告书，经环境保护部门和其他有关部门审查批准后才能进行设计。在近 30 年的实践中，我国先后出台了许多有关规定、办法和条例，使这项制度得到了规范、完善和提高。2002 年 10 月 28 日，第九届全国人民代表大会常务委员会第三十次会议审议通过了《中华人民共和国环境影响评价法》。该法与过去的规章和条例有很大区别。2005 年公开停止 30 个总投资额达 1 179.4 亿元人民币的违法建设项目。2006 年 2 月，对 10 个总投资约 290 亿元人民币的违反“三同时”制度的建设项目进行了查处。

11.3.2 环境影响评价

11.3.2.1 环境影响评价的原则

（1）科学性。环境影响评价的科学性是指在环境影响评价工作中必须客观地、实事求是地认识开发活动对环境的影响及其环境对策。在开发决策时，坚持从国家的长远利益出发，公平地给出结论，使环境影响评价工作的环境影响预测和决策分析准确、可靠。因而环境影响评价工作真正发挥作用的前提就是它的科学性。

（2）综合性。环境影响评价的综合性是指在环境影响评价工作中，不仅要注意开发活动对单个环境要素和过程的影响，而且要注意对各要素和过程间相互联系和作用的影响，注意环境对策的后果及环境影响的社会经济后果。环境是一个整体，各环境要素和过程之间存在着密切联系和相互作用，只有从环境是一个整体的观点进行综合分析研究才能解决环境问题。

（3）实用性。环境影响评价的实用性是指必须按开发决策的要求确定环境影响评价工作的内容、深度，力求工作内容精练，所需资金较少，工作周期较短，从而在开发决策中及时发挥环境影响评价工作的作用。环境影响评价工作是一项综合性很强的工作。工作的主要力量应集中在着重研究那些受开发活动影响的要素和过程方面，着重研究受开发活动影响后的变化、过程和后果，这样才能适应开发决策的需要。

11.3.2.2 环境影响评价的程序

由于不同国家经济发展水平不同，环境影响评价的工作程序略有不同，但基本步骤如下。

（1）制定所需要的参数及评价的深度。

（2）对基本情况的收集及实地考察。

（3）通过对资料的分析，给出工程项目对环境的影响并进行定量或定性的分析。

（4）应用评价结果以确定工程建设项目如何进行修正，以最大限度地减少不利的环境影响。

我国环境影响评价工作大体分为三个阶段。第一阶段为准备阶段，主要工作为研究有关文件，进行初步的工程分析和环境现状调查，筛选重点评价项目，确定各单项环境影响评价的工作等级，编制评价大纲；第二阶段为正式工作阶段，其主要工作是进一步做工程分析和环境现状调查，并进行环境影响预测和评价环境影响；第三阶段为报告书编制阶段，其主要工作是汇总、分析第二阶段工作所得的各种资料、数据，给出结论，完成环境影响报告书的编制。

11.3.2.3 环境影响评价的内容

环境影响评价的内容十分广泛，各国的要求也不完全一致。环境影响评价的主要内容包括以下几个方面。

(1) 总则。包括编制环境影响报告书的目的、依据、采用标准以及控制污染与保护环境的主要目标。

(2) 建设项目概况。包括建设项目的名称、地点、性质、规模、产品方案、生产方法、土地利用情况及发展规划。

(3) 工程分析。包括主要原料、燃料及水的消耗量分析；工艺过程、排污过程；污染物的回收利用、综合利用和处理处置方案；工程分析的结论性意见。

(4) 建设项目周围地区的环境现状。包括地形、地貌、地质、土壤、大气、地面水、地下水、矿藏、森林、植物、农作物等情况。

(5) 环境影响预测。包括预测环境影响的时段、范围、内容以及对预测结果的表达及其说明和解释。

(6) 评价建设项目的环境影响。包括建设项目环境影响的特征、范围、大小程度和途径。

(7) 环境保护措施的评述及技术经济论证，提出各项措施的投资估算。

(8) 环境影响经济损益分析。

(9) 环境监测制度及环境管理、环境规划的建议。

(10) 环境影响评价结论。

11.3.2.4　环境影响评价的方法

(1) 定性分析方法。定性分析方法是环境影响评价工作中广泛应用的方法，这种方法主要用于不能得到定量结果的情况。该方法的优点是相对简单，可用于无法进行定量预测和分析的情况，只要运用得当，其结果也有相当的可靠性。但该方法不能给出较精确的预测和分析结果，其结果的可靠性程度直接取决于使用者的主观因素，使其应用受到较大限制。

(2) 数学模型方法。数学模型方法是把环境要素或过程的规律用不同的数学形式表示出来得到反映这些规律的不同数学模型，由此就可得到所研究的要素和过程中各有关因素之间的定量关系。该方法的优点是可得到定量的结果，有利于对策分析的进行。但数学模型方法只能用于那些规律研究比较深入，有可能建立各影响因素之间定量关系的那些要素和过程。

(3) 系统模型方法。环境系统模型就是在客观存在的环境系统的基础上，把所研究的各环境要素或过程以及它们之间的相互联系和作用，用图像或数学关系式表示出来。该方法的优点是可给出定量的结果，能反映环境影响的动态过程。但建立系统模型是费时长、花钱多的工作。

(4) 综合评价方法。综合评价是指对开发活动给各要素和过程造成的影响做一个总的估计和比较，勾画出开发活动对环境影响的整体轮廓和关系。综合评价方法目前有矩阵方法、地图覆盖方法、灵敏度分析方法等。

11.3.2.5　环境影响报告书

根据项目的行业特点、厂区自然环境条件以及环境规划要求来确定，应符合已经批准的评价工作大纲的要求。

(1) 环境影响报告书的内容。建设项目的名称、地点及建设性质；建设规模（改、扩建项目应说明原有规模）；产品方案及主要生产方法；职工人数和生活区布局；占地情况及土地利用情况。

(2) 环境影响报告书的工程分析。对污染型建设项目（如工业建设项目等）中主要原料、燃料及水的用量和来源分析，原料、燃料中有毒有害物质含量以及它们的运动途径与分布的分析；水量平衡情况；工艺过程（应附工艺、污染流程图）；排污过程，应对污染源编号，并按此编号列表说明，废水、废气、废渣、粉尘、放射性废物等的种类、排放量、排放浓度、排放规律（指间断或连续排放）、排放方式（点源、面源）、噪声、振动、电磁辐射等物理污染因素及其因子的数值等。

(3) 总报告的编写。应做到取材翔实，结论明确，防治对策具体，内容精练，文字通俗，字数要有一定限制，对于比较复杂的评价，报告的字数以 3 万～5 万字为宜。在叙述专题论证时，可以重点选取专题评价结论部分；与结论有关的计算公式，只需说明公式使用条件和计算结果；属于过程部分的内容可写出摘要，不要在总报告中全部罗列，但对专题报告字数可不限，可以评述。

(4) 环境影响报告书的编写

1) 总论。结合评价项目的特点，阐述编制环境影响报告书的目的；编制依据，包括项目建议书及批准文件；评价工作大纲及其审查意见或批复意见；评价委托书（合同）或任务书等；采用的标准，包括国家标准、地方标准或参照国外有关标准；控制污染与保护环境的主要目标。

2) 建设项目概况。包括建设项目的名称、地点、性质、规模、产品方案、原料、燃料及用水量、污染物排放量、环保措施，污染物的回收利用，综合利用和处理、处置方案，并对其处理效率及可靠性、处理程度的合理性等进行论述，如果是改建、扩建、技术改造项目，应对以上项目的内容进行工程实施前后的对比分析；交通运输情况及场地的开发利用；进行工程影响环境因素分析。

3) 建设项目周围地区的环境状况调查。地理位置（附地理位置图），周围地区地形、地貌、地质和土壤情况，江、河、湖、海、水库的水文情况，气候与气象情况；周围地区矿藏、森林、草原、水产和野生动植物等自然资源情况；大气、地面水、地下水和土壤的环境质量现状；环境功能情况、环境敏感区（点），包括自然保护区、风景游览区、名胜古迹、温泉、疗养区及重要的政治文化设施情况；社会经济情况，包括现有工矿企业和生活居住区分布情况，人口密度，农业概况，土地利用情况，交通运输情况及其他有关的社会经济活动；人群健康状况及地方病情况；其他环境污染、环境破坏的现状资料。

4) 环境影响预测。预测环境影响的时段，包括建设过程、投入使用、服务期满的正常情况和异常情况；预测范围；预测内容，包括污染与破坏因素、预测工作内容、预测手段及方法；对预测结果的表达及其说明和解释。

5) 环境影响评价。建设项目环境影响特征，包括污染影响与环境破坏，长期影响与短期影响，可逆的与不可逆的影响等；环境影响的范围、程度和途径；如果进行多个厂址的优选时，应综合评价每个厂址的环境影响，同时提出比较结论。

6) 减轻环境影响的措施评述和各种措施的投资估算。

7) 环境影响经济效益简要分析，主要分析建设项目的经济效益、环境效益和社会效益。

8) 环境监测制度建议。

9) 结论与建议。建设地址环境质量现状，包括环境污染现状，某些主要的生态破坏现象等的扼要说明；污染影响范围；建设项目的选址、规模、产品结构是否符合环保要求；所采取的防治措施在技术上是否可行、经济上是否合理；存在的主要问题与解决这些问题的对策和建议，包括多方案优选、单方案优化、补救措施或替代方案以及排放污染物总量控制的指标建议等。

10）附件、附图及参考文献。

11.3.2.6　环境影响评价的发展历程

1973 年第一次全国环境保护会议后，环境影响评价的概念引入中国，有关部门开始进行环境质量调查与评价方面的研究工作；1979 年 9 月全国人大常委会通过了《中华人民共和国环境保护法（试行）》，把环境影响评价制度和建设项目“三同时”制度以法律制度的形式确定下来，标志着环境影响评价已列入建设项目管理程序，我国的环境影响评价制度正式建立起来。

我国的环境影响评价制度建立后大致经历了三个阶段。

（1）第一阶段为规范建设阶段（1979—1989 年）。1979 年《环境保护法（试行）》确立了环境影响评价制度，在以后颁布的各种环境保护法律、法规中，不断对环境影响评价进行规范，通过行政规章，逐步规范环境影响评价的内容、范围、程序，环境影响评价的技术方法也在不断完善。

这个阶段，在环境影响评价技术方法上也进行了广泛研究和探讨，取得了明显进展。环境影响评价覆盖面越来越大，“六五”期间（1980—1985 年），全国完成大中型建设项目环境影响报告书 445 项，其中有 4 项否定了原选址方案。“七五”期间（1986—1990 年），全国共完成大中型项目环境影响评价 2 592 个，其中有 84 个项目的环境影响评价指导和优化了项目选址。1979—1989 年的 10 年是环境影响评价制度在我国形成规范和建设发展的阶段。

（2）第二阶段为强化和完善阶段（1990—1998 年）。从 1989 年 12 月 26 日通过《中华人民共和国环境保护法》到 1998 年 11 月 29 日国务院发布《建设项目环境保护管理条例》，是建设项目环境影响评价制度强化和完善的阶段。

“八五”期间，由于加强了环境影响评价制度的执行力度，全国环境评价执行率从 1992 年的 61%提高到 1995 年的 81%。国家加大了对评价队伍的管理，进行了环境影响评价人员的持证上岗培训。全国有甲级评价证书单位 264 个，乙级评价证书单位 455 个，评价队伍达 11 000 余人，至 1998 年底共培训了 7 100 余人，提高了环境影响评价人员的业务素质。这期间加强了环境影响评价技术规范的制定工作，在已有工作的基础上，1993 年原国家环保局发布了《环境影响评价技术导则（总纲、大气环境、地面水环境）》；1996 年发布了《辐射环境保护管理导则、电磁辐射环境影响评价方法与标准》《环境影响评价技术导则（声环境）》；1998 年发布了《环境影响评价技术导则（非污染生态影响）》；1996 年原国家环保局、电力部还联合发布了《火电厂建设项目环境影响报告书编制规范》。此外，地下水、环境工程分析及固体废物的环境影响评价技术导则正在编制。

（3）第三阶段提高发展阶段（1999 年以后）。1998 年 11 月 29 日国务院以 253 号令发布实施《建设项目环境保护管理条例》（以下简称条例），这是建设项目环境管理的第一个行政法规，环境影响评价作为《条例》中的一章，有着详细明确的规定。

1999年1月20—22日，国家环保总局在北京召开了第三次全国建设项目环境保护管理工作会议，会后各单位认真研究贯彻《条例》，把落实环境影响评价制度工作推向了一个新的时期。

1999年4月和6月，国家环保总局又分别下发了《关于重新申领〈建设项目环境影响评价资格证书（甲级）〉的通知》（环办［1999］41号）和《关于重新申领〈建设项目环境影响评价资格证书（乙级）〉的通知》（环办［1999］59号），对原持证单位重新考核。1999年7月，国家环保总局第一批《建设项目环境影响评价资格证书（甲级）持证单位的公告》（环发［1999］168号）中公布了122个单位的甲级评价证书资格，10月又公布了第二批68个单位的甲级评价证书资格（环发［1999］236号），并对全国环境影响评价人员开展了大规模持证上岗培训。仅1999年9月，全国就培训800余人，促进了环境影响评价队伍的健康发展。

1999年3月16日国家环保总局还下发了《关于贯彻实施〈建设项目环境保护管理条例〉的通知》，加强了国家和地方项目环境影响评价制度执行情况的检查，使得环境影响评价制度迈进了继续提高的阶段。

《中华人民共和国环境影响评价法》（2003年9月1日起施行）的颁布实施，更是从法律上对环境影响评价制度予以了肯定和保障，使环境影响评价工作有了“尚方宝剑”。

11.3.2.7　环境影响评价的进展

随着环境影响评价工作的研究和实践的深入，顺应可持续发展的要求，环境影响评价工作在理论和实践上有了许多新进展。

（1）战略环境影响评价（SEA）。SEA是指对政策、计划或规划及其替代方案的环境影响进行系统的评价过程。战略环境影响评价的范围可以是部门、国家甚至全球，识别的影响是宏观的和综合的，评价的立法多为定性的或半定量的各种综合判断、分析的方法。我国开展的SEA并不多，其方法还并不成熟，但是随着社会、经济的发展和可持续发展的需要，我国SEA有在更广泛的范围内展开的迫切要求和趋势。

（2）生命周期评价（LCA）。LCA是指对产品从最初的原材料采掘到原材料生产、产品制造、产品使用及用后处理的全过程进行跟踪和定量分析与定性评价。生命周期评价是从产品这一特殊的角度，研究其“从生产到使用”的全过程对环境的影响。当前生命周期评价已形成基本的概念框架和技术框架，成为产业生态学的主要理论和方法。国际标准化组织正在制定的ISO 14000环境管理体系也将生命周期评价作为该体系的一个重要步骤。

（3）环境风险评价（ERA）。ERA是指可能对环境构成危害后果的概率事件。这种事件发生的不确定性，使得其后果往往是严重的，可导致一定范围内环境条件的恶化，破坏人类正常生产和生活活动，引起局部生态系统的破坏和毁灭。环境风险评价，广义上讲，是指人类的各种开发行动所引发的或面临的危害（包括自然灾害）对人体健康、社会经济发展、生态系统等所造成的风险，以及可能带来的损失，并据此进行管理和决策的过程；狭义上讲，常指对有毒化学物质危害人体健康的影响程度进行概率估计，并提出减小环境风险的方案和对策。

（4）累积影响评价（CIA）。CIA是指对累积影响的产生、发展过程进行系统的识别和评价，并提出适当的预防或减缓措施的过程。累积影响评价在空间上将分析范围扩展到区域或全球水平，考虑多项活动的相互关系，时间上则不只是考虑预测的影响，还要考虑过去和当前的影响. 明显地体现出评价的动态性。目前，我国许多环境工作者和环境管理人员已认识到累积影响评价的重要性，一些环境科学研究机构已开展了CIA的研究工作。

（5）公众参与。公众参与可定义为一种连续的、双向的交流过程，包括提高人对环境保护机构如何调查、解决环境问题的过程和机制的认识；使公众对拟议的工程、区域开发和公共政策有充分的了解；同时，环境保护机构积极听取有关公众对资源的利用和开发、环境管理战略方案以及各种决策的意见、建议和要求。公众参与包括了信息的传播和反馈两个过程，前者是指信息从环境保护机构到达关注公共政策的民众，后者是指从公众到制定政策的政府或官员获得有益的信息反馈。

本章小结

一、基本概念

环境监测、环境质量、环境质量评价、环境质量现状评价、环境影响评价

二、基本知识

1. 环境监测的特点

（1）生产性　（2）综合性　（3）追踪性　（4）持续性　（5）执法性

2. 环境监测的要求

（1）代表性　（2）完整性　（3）可比性　（4）准确性　（5）精密性　（6）监测方法标准化

3. 环境质量现状评价的内容

（1）污染源评价　（2）确定环境监测的项目　（3）监测网点的布设、监测　（4）建立环境质量综合评价　（5）建立环境污染数学模型　（6）环境污染趋势预测研究、防治建议

4. 环境影响评价类型

（1）单个建设项目的环境影响评价　（2）区域开发的环境影响评价　（3）生态环境影响评价　（4）社会经济环境影响评价

5. 环境影响评价的方法

（1）定性分析方法　（2）数学模型方法　（3）系统模型方法　（4）综合评价方法

练习题

一、选择题

1. 下列________是环境污染物的特点。

A. 时、空分布性　B. 活性和持久性　C. 不可预见性　D. 种类少

2. 环境质量现状评价的内容有________。

A. 污染源评价　　B. 建立环境质量综合评价

C. 生态环境影响评价　　D. 监测网点的布设、监测

3. 数据处理的质量控制主要包括________。

A. 数据分析　　B. 数据计算　　C. 数据表达　　D. 数据控制

4. 环境影响评价的方法有________。

A. 定性分析方法　　B. 数学模型方法　　C. 系统模型方法　　D. 综合评价方法

5. 环境样品试样数量大，组成复杂且污染物的含量差别很大，选择测定方法为________。

A. 标准统一分析方法　　B. 化学分析法

C. 仪器分析法　　D. 连续性自动测定法

二、填空题

1. 环境监测的目的是为了客观、全面、及时、准确地反映________及发展变化趋势，为________、________、环境规划、污染源控制、环境评价提供科学依据。

2. 环境监测应遵循________的原则。

3. 环境监测的类型有________、________、________。

4. 环境质量评价的基本内容有________、________、________。

5. 环境质量现状评价的方法为________、________、________、________、________。

6. 环境影响评价类型分为________、________、________、________。

7. 环境影响评价具有________、________、________的原则。

三、判断题

1. 根据污染物的性质选择监测方法。　　(　　)

2. 环境监测的首要工作是布设监测点。　　(　　)

3. 环境影响评价一般可以不进行。　　(　　)

4. 环境质量评价与环境影响评价含义相同。　　(　　)

四、简答题

1. 环境监测有哪些特点？

2. 环境监测的要求是什么？

3. 环境监测的目的是什么？其任务是什么？其原则是什么？

4. 环境监测的程序有哪些？

5. 什么叫环境影响评价？根据目前人类活动的类型及对环境的影响程度，环境影响评价可分为哪几类？

6. 环境影响评价的内容有哪些？其方法有哪些？

7. 环境影响评价的工作程序有哪些？

8. 什么叫环境质量评价？按时间因素可分为哪几种？其内容有哪些？

9. 简述优先污染物和优先监测的内涵。在环境监测中如何贯彻优先监测原则？

12 环境的可持续发展

本章学习目标

了解：21世纪议程、可持续发展理论的概念，城市及特征，农业及特征。

熟悉：21世纪议程的特点，可持续发展理论的产生、实质，环境保护与可持续发展的关系，城市的环境系统，城市的环境功能，城市的环境问题，农业环境系统，农业的环境问题，环境污染对农业的影响。

掌握：中国的21世纪议程，可持续发展理论的内涵，可持续发展的实施，城市的可持续发展，农业的可持续发展。

12.1 可持续发展战略

12.1.1 21世纪议程

12.1.1.1 21世纪议程的内容

以联合国环境与发展大会为标志，人类对环境与发展的认识提高到了一个新的阶段，可持续发展的实践活动也开始在全球范围内普遍展开。1992年6月，联合国环境与发展大会在巴西里约热内卢召开，会议通过了《21世纪议程》。《21世纪议程》是一个广泛的行动计划，提供了一个从20世纪90年代起至21世纪的行动蓝图，内容涉及与全球持续发展有关的所有领域，是人类为了可持续发展而制定的行动纲领。《21世纪议程》全文分4篇。第一篇包括序言、社会和经济等内容。第二篇主要是促进发展的资源保护和管理，主要内容为大气、水资源、废物最少量化和再生利用。第三篇的目的是加强主要团体的作用，主要内容为社团的参与支持，妇女、儿童、青年与可持续发展，非政府组织的作用，商业、工业的作用，科学技术界的作用以及农民的作用等。第四篇为实施手段，主要内容为资金来源和机制，科学促进可持续发展，教育、提高环境意识，发展中国家能力建设和国际合作，法制、决策用的信息等。

《21 世纪议程》的基本思想是：人类正处于历史的关键时刻，我们正面对着国家之间和各国内部长期存在的悬殊现象、不断加剧的贫困、饥饿、疾病和文盲问题以及人类福利所依赖的生态系统的持续恶化。在这种情况下，把环境问题和发展问题综合处理并提高对这些问题的重视，将会使基本需求得到满足、所有人的生活水平得到改善、生态系统得到较好地保护和管理，并给全人类提供一个更安全、更繁荣的未来。在《21 世纪议程》中，各国政府提出了详细的行动蓝图，从而改变世界当前的非持续的经济增长模式，转向从事保护、更新经济增长和发展所依赖的环境资源的活动。行动领域包括保护大气层，阻止砍伐森林、水土流失和沙漠化，防止空气污染和水污染，预防渔业资源的枯竭，改进有毒废弃物的安全管理。《21 世纪议程》还提出了引起环境压力的发展模式：发展中国家的贫穷和外债，非持续的生产和消费模式，人口压力和国际经济结构。行动计划提出了加强主要人群在实现可持续发展中应起的作用——妇女，工会，农民，儿童和青年，土著人，科学界，当地政府，商界，工业界和非政府组织。

12.1.1.2 21 世纪议程的意义与目标

《21 世纪议程》是一份关于政府、政府间组织和非政府组织所应采取行动的广泛计划，旨在实现朝着可持续发展的转变，为采取措施保障我们共同的未来提供了一个全球性框架。《21 世纪议程》的一个关键目标，是逐步减轻和最终消除贫困，同样还要就保护主义和市场准入、商品价格、债务和资金流向问题采取行动，以取消阻碍第三世界进步的国际性障碍。为了符合地球的承载能力，特别是工业化国家，必须改变消费方式；而发展中国家必须降低过高的人口增长率。为了采取可持续的消费方式，各国要避免在本国以不可持续的水平开发资源。

12.1.1.3 中国的 21 世纪议程

中国政府于 1991 年 6 月在北京率先发起了发展中国家环境与发展部长级会议，会议通过了《北京宣言》，表明了中国政府对环境与发展的原则立场。1994 年 3 月 25 日，国务院第 10 次常务会议讨论通过了《中国 21 世纪议程》。《中国 21 世纪议程》是中国可持续发展战略的行动纲领，是制定国民经济和社会发展中长期计划的指导性文件，同时也是中国政府认真履行 1992 年联合国环境与发展大会的原则立场和实际行动，表明了中国政府在解决环境与发展问题上的决心和信心。《中国 21 世纪议程》为中国 21 世纪的发展描绘了宏伟蓝图。

中国是发展中国家，要提高社会生产力，增强综合国力和不断提高人民生活水平，就必须毫不动摇地把发展国民经济放在第一位，各项工作都要紧紧围绕经济建设这个中心来开展。中国是在人口基数大、人均资源少、经济和科技水平都比较落后的条件下实现经济快速发展的，这使本来就已经短缺的资源和脆弱的环境面临更大的压力。在这种形势下，只有遵循可持续发展的战略思想，从国家整体的高度协调和组织各部门、各地方、各社会阶层和全体人民的行动，才能顺利完成预期的经济发展目标，才能保护好自然资源和改善生态环境，实现国家长期、稳定的发展。

《中国 21 世纪议程》共 20 章，78 个方案领域，主要分为四大部分内容。

(1) 第一部分“可持续发展总体战略与政策”。论述了中国实施可持续发展战略的背景和必要性，提出了中国可持续发展战略目标、战略重点和重大行动，建立中国可持续发展法律体系，制定促进可持续发展的经济技术政策，将资源和环境因素纳入经济核算体系，参与国际环境与发展合作的意义、原则立场和主要行动领域，其中特别强调了可持续发展能力建设，包括建立健全可持续发展管理体系，费用与资金机制，加强教育，发展科学技术，建立可持续发展信息系统，促使妇女、青少年、少数民族、工人和科学界人士及团体参与可持续发展。

(2) 第二部分“社会可持续发展”。包括人口、居民消费与社会服务，消除贫困，卫生与健康，人类住区可持续发展和防灾减灾等。其中最重要的是实行计划生育。强调尽快消除贫困，提高中国人民的卫生和健康水平。通过正确引导城市化，加强城镇用地规划和管理，合理使用土地，加快城镇基础设施建设，促进建筑业发展，向所有的人提供住房，改善住区环境，完善住区功能。

(3) 第三部分“经济可持续发展”。把促进经济快速增长作为消除贫困、提高人民生活水平、增强综合国力的必要条件，其中包括可持续发展的经济政策、农业与农村经济的可持续发展、工业与交通以及通信业的可持续发展、可持续能源和生产消费等部分。

(4) 第四部分“资源的合理利用与环境保护”。包括水、土等自然资源保护与可持续利用，还包括生物多样性保护、防治土地荒漠化、防灾减灾、保护大气层（如控制大气污染和防治酸雨)、固体废物无害化管理等。着重强调在自然资源管理决策中推行可持续发展影响评价制度，对重点区域和流域进行综合开发整治，完善生物多样性保护法规体系，建立和扩大国家自然保护区网络，建立全国土地荒漠化的监测和信息系统，开发消耗臭氧层物质的替代产品和替代技术，大面积造林，建立有害废物处置、利用的新法规和技术标准等。

《中国21世纪议程》突出体现了新的发展观，力求结合中国国情，逐步由粗放型经济发展过渡到集约型经济发展；同时注重处理好人口与发展的关系，充分认识我国资源所面临的挑战；并能够积极承担国际责任和义务。这充分表明，中国的可持续发展战略的实施必将对人类做出应有的贡献。

12.1.2 可持续发展理论

12.1.2.1 可持续发展理论的概念

可持续发展是20世纪80年代提出的新概念。1987年世界环境与发展委员会在《我们共同的未来——从一个地球到世界》中第一次阐述了可持续发展的概念，得到了国际社会的广泛认同，即挪威首相布伦兰特夫人提出的定义“可持续发展是指既满足当代人的需求，又不对后代人满足其自身需求的能力产生威胁的发展”。这一定义表达了两个基本观点：一是可持续发展强调人类发展；二是发展必须兼顾自然、社会、生态、经济等各个系统之间的平衡，要有限度，不能以牺牲环境为代价，不能危及后代人的生存环境及透支资源。

后来人们又从不同的角度给可持续发展下了定义。

(1) 从自然属性上阐述。生态学家由于所关注的是生态持续性，即提出可持续发展就是保持自然资源再生能力和开发利用程度之间的平衡。

(2) 从社会属性上阐述。该定义是1991年世界自然保护同盟（FVCN)、联合国环境规划署（UNEP）和世界野生生物基金会（WUF）共同提出的，它是以人类社会的进步、发展为目标，即强调人类的生活、生产方式与地球的承载力相协调，并最终落脚于促进人类生活质量和生活环境的改善。

(3) 从经济属性上阐述。经济学家理解可持续发展是将经济的发展作为其核心内容，从经济发展的资源支撑上理解可持续发展。他们认为可持续发展就是不降低环境质量和不破坏世界自然资源基础的经济发展。

1992 年联合国环境与发展大会的《里约宣言》中对可持续发展进一步阐述为："人类应享有与自然和谐的方式过健康而富有成果的生活权利，并公平地满足今后世代在发展和环境方面的需要，求取发展的权利必须实现"。我国的可持续发展战略研究专家认为，"可持续发展"一词比较完整的定义是："不断提高人群生活质量和环境承载力的、满足当代人需求又不损害子孙后代满足其需求能力的、满足一个地区或一个国家的人群需求又不损害别的地区或别的国家的人群满足其需求能力的发展"。

综上所述，可持续发展是一种从环境和自然资源角度提出的关于人类长期发展的战略和模式，它不是一般意义上所指的一个发展进程要在时间上连续运行、不被中断，而是特别强调环境和自然资源的长期承载能力对发展进程的重要性以及发展对改善生活质量的重要性。可持续发展从理论上结束了长期以来把经济发展同保护环境与资源相互对立起来的错误观点，并明确指出了它们应当是相互联系和互为因果的。

12.1.2.2 可持续发展理论的产生

从原始社会末到 19 世纪以前，人类社会经济主要以农业为主，农业经济得到了很大的发展，人类社会从原始文明进入农业文明，但同时由于开荒种地、砍伐森林、破坏植被、狩猎动物，导致了水土流失、土质沙漠化、物种遭到破坏，失去生态平衡。19 世纪以来，随着科学技术的不断发展，蒸汽机和电的发明与使用，使生产力得到了飞速发展。人类文明进入了工业文明阶段，一些工业发达的城市和工矿厂区的人口密集，物流量增大，燃煤量急剧增加，出现了天空黑烟弥漫、污水横流的现象，开山采矿使地球"伤痕"累累，这是人类对生物圈的更加激烈和严重的冲击。在工业化过程中，产生了新的一系列危及人类生存的环境问题，威胁着人类社会与经济的发展。一是环境污染，人类赖以生存的空气、水、粮食、土壤等都不同程度地受到了污染，这些污染已超出了自然环境的净化能力，经过不断地累积，酿成了一系列危及人类生存与发展的灾害，如 20 世纪出现的八大公害事件即烟雾、酸雨、臭氧层破坏、温室气体、森林生产力降低、鱼类的大批死亡、沙漠化加剧、全球气候失调等；二是资源枯竭，包括动植物资源、水资源、土地资源、矿物资源、环境资源短缺或枯竭等，而这些资源都是人类赖以生存（人的生产）和发展（物质生产）的基础，当前资源危机正在全球蔓延。

20 世纪 70 年代围绕"环境危机""石油危机"和罗马俱乐部提出的《增长的极限》，全球曾经爆发了一场关于"停止增长还是继续发展"的讨论。正值可持续发展概念处于环境和发展辩论的中心之时，联合国指定的世界环境与发展委员会（WCED）经过长期的研究，世界环境与发展委员会主席于 1987 年发表了《我们共同的未来》。此报告正式提出一个定义：可持续发展是指在不牺牲未来几代人需要的情况下，满足我们这代人的需要的发展。报告还指出，当今存在的发展危机、能源危机、环境危机都不是孤立发生的，而是改变传统的发展战略造成的。要解决人类面临的各种危机，只有改变传统的发展方式，实施可持续发展战略，才是积极的出路。1992 年联合国环境与发展大会通过《21 世纪议程》等一系列文件，可持续发展正式上升为全球战略。可持续发展无论是作为一种思潮，还是具体的实践，都对世界经济与社会的发展产生了广泛而深远的影响。

“可持续发展”一经提出便在世界范围内逐步得到认同并成为大众媒体使用频率最高的词汇之一，它反映了人类对自身以往发展的怀疑，也反映了人类对今后发展道路和发展目标的憧憬和向往。人们逐步认识到，过去的发展道路是不可持续的或至少是持续不够的，因而是不可取的。唯一的可靠出路是走可持续发展之路。人类的这一次思考是深刻的，所得结论具有划时代的意义。这正是可持续发展的思想能够在全世界不同经济水平和不同文化背景的国家得到认同的根本原因。

12.1.2.3　可持续发展理论的内涵

可持续发展理论有着丰富的内涵。

(1) 共同发展。地球是一个复杂的巨大系统，每个国家或地区都是这个巨大系统不可分割的子系统。系统的最根本特征是其整体性，每个子系统都和其他子系统相互联系并发生作用，只要一个系统发生问题，都会直接或间接影响到其他系统的紊乱，甚至会诱发系统的整体突变，这在地球生态系统中表现最为突出。因此，可持续发展追求的是整体发展和协调发展，即共同发展。

(2) 协调发展。协调发展包括经济、社会、环境三大系统的整体协调，也包括世界、国家和地区三个空间层面的协调，还包括一个国家或地区经济与人口、资源、环境、社会以及内部各个阶层的协调，持续发展源于协调发展。

(3) 公平发展。世界经济的发展呈现出因水平差异而表现出来的层次性，这是发展过程中始终存在的问题。但是这种发展水平的层次性若因不公平、不平等而引发或加剧，就会由局部而上升到整体，并最终影响到整个世界的可持续发展。

(4) 高效发展。公平和效率是可持续发展的两个车轮。可持续发展的效率不同于经济学的效率，可持续发展的效率既包括经济意义上的效率，也包含着自然资源和环境损益的成分。因此，可持续发展思想的高效发展是指经济、社会、资源、环境、人口等协调下的高效率发展。

(5) 多维发展。人类社会的发展表现出全球化的趋势，但是不同国家与地区的发展水平是不同的，而且不同国家与地区又有着异质性的文化、体制、地理环境、国际环境等发展背景。此外，可持续发展还要考虑到不同地域实体的可接受性，因此，可持续发展包含着多样性、多模式的多维度选择的内涵。因此，在可持续发展这个全球性目标的约束和指导下，各国与各地区在实施可持续发展战略时，应该从国情或区情出发，走符合本国或本地区实际的、多样性的、多模式的可持续发展道路。

12.1.2.4　可持续发展理论的实质

可持续发展要求人类在空间上应遵守互得互补的原则，不能以邻为壑，要利他利己均衡合理发展；在时间上应遵守社会的理性分配原则，不能在赤字状态下发展，保证代际协调发展；应遵守“只有一个地球”“人与自然互利互惠、协同进化”“人与人和平共济、平等发展”的原则，以生态学的智慧和泛爱的道德责任感规范人类自己的行为；在总体上体现发展的高效和谐、循环再生、协调有序、运行平稳的状态。可持续发展的目标是要建设和创造一个可持续发展的社会、经济和环境，核心是可持续发展的科技和教育。

从思想实质看，可持续发展有三个方面的含义。

(1) 人与自然界的共同进化思想。

（2）当代与后代兼顾的伦理思想。

（3）效率与公平目标兼容的思想。

换言之，可持续发展不能只求眼前利益而损害长期发展的基础，必须将近期效益与长期效益兼顾，绝不能“吃祖宗饭，断子孙路”。

12.1.3 可持续发展的实施

制定和实施可持续发展战略是实现可持续发展的重要手段，是一项综合的系统工程。

12.1.3.1 自然资源的可持续发展

自然资源是国民经济与社会发展的重要物质基础，自然资源分为可耗竭或不可再生（如矿产）和不可耗竭或可再生资源（如森林和草原）两大类。随着工业化和人口的发展，人类对自然资源的巨大需求和大规模的开采消耗已导致资源基础的削弱、退化、枯竭。如何以最低的环境成本确保自然资源可持续利用，已成为世界各国在发展进程中所面临的一大难题。比如处于快速工业化、城市化过程中的中国，基本国情是人口众多、底子薄、资源相对不足和人均国民生产总值低，以单纯的消耗资源和追求经济数量增长的传统发展模式，正在严重地威胁着自然资源的可持续利用。因此，以较低的资源代价和社会代价取得高于世界经济发展平均水平，并保持持续增长，更是具有中国特色的可持续发展的战略选择。

可持续发展的核心是发展，但要求在严格控制人口、提高人口素质和保护环境、资源永续利用的前提下进行经济和社会的发展。矿产资源是不可再生的自然资源，必须倍加珍惜，合理配置，高效益地开发利用。我国矿产资源总量丰富，但人均占有量不到世界平均水平的一半。当前，经济建设中95%的能源和80%的工业原料依赖矿产资源供给，矿产资源已探明的储量明显不足，进入21世纪后，保证经济可持续发展的矿产资源将更加严重不足。与此同时，我国矿产开发还存在开发综合利用水平不高的矛盾。这反映了开发资源和节流两方面的工作均需加强。因此，必须把“保护矿产资源，节约、合理利用资源”的基本方针真正落实并长期坚持下去，使人民了解合理开发利用矿产资源对经济、社会协调发展的重要性。不合理开采矿产资源不仅造成矿产资源的损失和浪费，而且极易导致生态环境的破坏。因此，有效地抑制矿产资源的不合理开发，减少矿产资源开采中的环境代价，已成为我国矿产资源开发利用中的紧迫任务。

12.1.3.2 科技与可持续发展

随着科技进步和社会生产力的极大提高，人类创造了前所未有的物质财富，加速推进了文明发展的进程。与此同时，人口剧增、资源过度消耗、环境污染、生态破坏等成为全球性的重大问题，严重地阻碍着经济的发展和人民生活质量的提高，继而威胁着全人类的未来生存和发展。也有人认为科技发展应当可以解决一切环境问题，但这种对科学近乎盲目崇拜的观点，可能危害更大。科技不是万能的（至少目前不是）。“科技万能论”将导致人们漠视人类对自然的依赖，从而加剧人与自然的对立。科学技术的双重性决定了科学技术是一把“双刃剑”。科学技术不能也不应该为如今的人类生存困境负责，恰恰是人类自身有不可推卸的责任。人类追求对自然的征服与控制、无限地牺牲自然来满足人类需求的价值观，在严峻的现实面前遭到无情的打击。人类本是自然的一部分，对自然的理解当然也应该包括对自身的认识，然而目前人类对自身的认识仍然是不足的。所以掌握科学的人与环境的关系应是统一的整体。

科技不一定能完全解决可持续发展的问题，但科技是解决人类可持续发展问题的重要手段。可持续发展意味着在人与自然的关系和人与人的关系不断优化的前提下，实现经济效益、社会效益、生态效益的有机协调，从而使社会的发展获得可持续性。新发展观包含着生态持续性原则、经济持续性原则和社会持续性原则。可持续发展的思想体现了整体协调性、未来可持续性、公众的广泛参与性、新的全球伙伴关系等重要原则。

(1) 可持续发展的前提是发展。目前的科学技术仍不发达，科学地实现经济效益、社会效益、生态效益的有机协调的可持续发展，是非常艰巨的任务。所以要实现可持续发展必须要加快科学技术的发展，尤其是教育的发展，转变经济由粗放外延型为效益内涵型的增长方式。

(2) 科技与可持续发展整体协调问题。以现有的科技不可能解决超越其能力范围的发展问题。所以人类美好的愿望并非都能实现。这是一个复杂的系统工程。在这里，需要科学的防治技术与科学的管理方法相结合，需要科学界各专业共同协作才能解决问题。

(3) 对可持续发展的内涵仍需要一个认识过程。以水土流失为例，在 20 世纪 30～60 年代，人们对于水土流失灾害的认识还停留在对土地造成直接经济损失方面，但在 60 年代以后，开始联系到人类整个环境所受的影响，包括沉淀物的污染、生态环境的恶化等。随着时代的发展，这个认识还会深入下去。

12.1.3.3 可持续消费

大批量的物质消费和“用过就扔”的现代大众消费模式是从西方发达国家发展起来的，在这种模式下，大众消费和大规模生产相互促进，大量的物质产出带动了大量的物质消费，一波又一波的大众消费浪潮开辟了一个又一个的市场。在惊人的消费增长中，发达国家正在消耗着世界上与其人口不成比例的自然资源和物质产品，以其占1／4的人口消耗了世界商业能源的 80%，其中北美洲的人均消费是印度或中国的 20 倍。以全球资源和环境的承载能力，不可能使世界人口都维持西方现有的消费水平。据有些学者估计，如果世界 21 世纪初的 70 亿人都按照西方的消费水平消耗能源，那么为满足人们的需求将需要 10 个地球。从生产和消费的角度来看，大多数人认为环境问题是由生产者造成的。实际上，消费者对环境富有着不可推卸的责任，生产者和消费者共同作用，造就了系列的生态环境问题。

《21 世纪议程》明确提出“全球性环境持续恶化的主要原因在于不可持续的消费和生产模式，特别是工业化国家”。实施可持续消费和生产是实现可持续发展的前提条件。所谓的可持续消费是指“提供服务及相关的产品以满足人类的基本需求，提高生活质量同时使自然资源和有毒材料的使用量最小，使服务或产品的生命周期所产生的废物和污染物最少，从而不危及后代的需求”。可持续消费是解决环境问题的重要途径，是环境保护的基础。节水、节电、节能，节约一切可以节约的资源，提高资源的利用率和利用效率是今后消费过程中长期的消费倾向，面对人口众多、资源有限、环境恶化的现实，走可持续消费之路是消费者的必由抉择。所以转变目前的消费模式，就必须改革社会观念，发展适度的可持续消费模式。比如，首先需要发达国家改变超出必要物质消费额度的并以越来越多物质消费为目标的消费模式，致力于减少产品和服务对环境的不利影响，减少相应的资源、能源消费和污染；同时，发展中国家也应该选择与环境相协调的、低资源能源消耗的、高消费质量的适度消费体系。从消费品的特征来说，强调持久、耐用；强调可回收和易于处理。

现阶段，我国可从以下几个方面来引导全民进行可持续消费。第一，大力提倡可持续消费，建立浓厚的可持续消费的社会氛围。可持续消费是指一种既有利于社会、有利于提高生活质量，也是对生态环境破坏、对自然资源浪费最小的利己、利他、利后代的消费方式。第二，建立可持续的消费机制。可持续消费机制是实现可持续消费的润滑剂，也是可持续消费的保障。第三，政府在建立可持续消费法律体系的同时，加大可持续消费推进力度。将可持续消费纳入法律的轨道，将其作为政府的重要工作内容加以推广和实施。我国需要进一步制定相关的法律，比如，建议制定《中华人民共和国可持续消费法》。

12.1.3.4 全球合作

当前，严峻的环境状况对加强国际环境合作提出了更加迫切的要求。部分国际环境问题得到改善，但绝大多数全球环境问题仍呈持续恶化之势；区域环境问题日渐凸显，跨界环境摩擦不断上升；环境问题与国际政治、经济、社会发展等关系愈加紧密；新的环境问题不断涌现，并逐步成为重要的国际环境问题。此外，我国还面临着贸易与环境之间的冲突。全球环境的严峻形势对进一步加强国际合作提出了迫切要求，可持续发展是国际社会共同关注的问题，需要各国超越文化和意识形态等方面的差异，采取协调合作的行动。多年的国际环境合作经验告诉我们，面对严峻的挑战，拓展和深化国际环境合作，是促进全球可持续发展的必由之路。合作才能取得共识，合作才有力量，合作才能共谋发展。合作就是要正视各国的国情，尊重发展中国家发展的权利，坚持“共同但有区别的责任”原则，采取务实态度和灵活方式，在合作中共同解决全球环境问题。要加强现有国际环境机构间的组织与协调，提高国际环境合作的效率和水平。要把环境合作与发展合作相结合，在发展中解决环境问题。支持和推动发展中国家更好地发展，促进环境与发展“双赢”，是解决发展中国家环境问题的根本之策，也是解决全球环境问题的基本条件。环境问题已超越了传统范畴，不再是单纯的环境问题，而与经济和社会发展紧密相关。国际环境合作的内涵和外延要与时俱进，由纯环境合作逐步走向更广范围的可持续发展国际合作，坚持环境合作与发展合作有机结合，在发展中解决环境问题。

目前我国积极参与全球环境领域国际合作，并取得长足进展。在多边环境合作过程中，我国坚持公平、公正、合理的原则，积极参与，加强对话，共谋发展。截至目前，我国已加入22项环境公约、7个议定书、5个修正案，内容涉及大气、危险废物、自然保护和陆地生物资源等各方面。

12.2 环境保护与可持续发展

12.2.1 环境保护与可持续发展的关系

12.2.1.1 可持续发展才能解决环境问题

《里约宣言》指出“为了可持续发展，环境保护应是发展进程的一个整体部分，不能脱离这一进程来考虑”。可持续发展非常重视环境保护，把环境保护作为它积极追求实现的最基本目的之一。

（1）可持续发展突出强调的是发展。发展是人类共同的和普遍的权利。发达国家也好，发展中国家也好，都应享有平等的、不容剥夺的发展权，对于发展中国家，发展更为重要。事实说明，发展中国家正经受来自贫穷和生态恶化的双重压力，贫穷导致生态恶化，生态恶化又加剧了贫穷。因此，可持续发展对于发展中国家来说，发展是第一位的，只有发展才能为解决贫富悬殊、人口猛增和生态危机提供必要的技术和资金，最终走向现代化和文明。

(2) 环境保护与可持续发展紧密相连。可持续发展把环境建设作为实现发展的重要内容，因为环境建设不仅可以为发展创造出许多直接或间接的经济效益，还可为发展保驾护航，向发展提供适宜的环境与资源。可持续发展把环境保护作为衡量发展质量、发展水平和发展程度的客观标准之一，因为现代的发展越来越依靠环境与资源的支撑。人们在没有充分认识可持续发展之前，按传统发展模式，环境与资源正在急剧的衰退，能为发展提供的支撑越来越有限了，越是高速发展，环境与资源越显得重要。因为现代的发展早已不是仅仅满足于物质和精神消费，同时应把为建设舒适、安全、清洁、优美的环境作为实现的重要目标进行不懈努力，环境保护可以保证可持续发展最终目的的实现。

(3) 在环境保护方面，每个人都享有正当的环境权利。可持续发展的观点认为，环境权利和义务是相对的，对别人是一种权利，对自己则是一种义务，人们的环境权利和环境义务是平等的和统一的。这种权利应当得到他人的尊重和维护。

(4) 可持续发展要求人们放弃传统的生产方式和消费方式。就是要及时坚决地改变传统发展的模式，即首先减少进而消除不能使发展持续的生产方式和消费方式。它一方面要求人们在生产时要尽可能地少投入、多产出；另一方面又要求人们在消费时尽可能地多利用、少排放。因此，必须纠正过去那种单纯靠增强投入、加大消耗实现发展和以牺牲环境来增加产出的错误做法，从而使发展更少地依赖有限的资源，更多地与环境形成有机的协调。

(5) 可持续发展要求加快环境保护新技术的研制和普及。解决环境危机、改变传统的生产方式以及消费方式，根本出路在于发展科学技术。只有大量地使用先进科学技术才能使单位生产量的能耗、物耗大幅度下降，才能实现少投入、多产出的发展模式，减少对资源、能源的依赖性，减轻环境的污染负荷。

(6) 可持续发展还要求普遍提高人们的环境意识。应树立起一种全新的现代文明观念，即用生态的观点重新调整人与自然的关系，把人类仅仅当做自然界大家庭中一个普通的成员，从而真正建立起人与自然和谐相处的崭新观念。

12.2.1.2 环境保护促进可持续发展

联合国确定世界环境日就是要唤起各国政府和人民保护环境的意识，动员各方面力量，保护我们人类的生存环境，在加快发展、充分享受现代文明为人类带来福祉的同时，为我们的后代留下一个更为广阔和美好的生存空间。我们的国家和人民十分重视环境保护和可持续发展工作，党的十六大报告把实施可持续发展战略，实现经济发展和人口、资源、环境相协调作为党领导人民建设中国特色社会主义必须坚持的基本经验，强调实现全面建设小康社会的宏伟目标，必须使可持续发展能力不断增强，生态环境得到改善，资源利用效率显著提高，促进人与自然的和谐，推动整个社会走上生产发展、生活富裕、生态良好的文明发展道路。环境保护是可持续发展的三大支柱之一和重要基础，各级各部门和全社会都必须增强环保意识，坚定不移地实施可持续发展战略。保护环境是一项基本国策，可持续发展是我们的发展战略，我们必须坚持依法保护环境的原则，健全各项管理制度和法律法规，为加强环境保护、促进可持续发展提供法治保障。坚持和完善目标管理责任制，把环境保护列入各级政府目标体系。同时，在工作中要注意加强督促检查，坚持一级抓一级、一级带一级，确保责任到位、措施到位、投入到位。要积极探索和完善环保工作机制，切实做到政府统一领导、环保部门统一监督管理、各有关部门分工协作、全社会共同参与环境保护工作。各级环保部门要切实履行职责，加大执法监督力度，真正做到有法可依、有法必依、执法必严、违法必究，把环境保护工作切实纳入依法治理的轨道。要尽快建立对违反环保法律法规行为的行政责任追究制度，对行政失职、渎职行为进行严肃处理。在环境保护执法过程中，要严格依法行政。全体环保执法人员要认真履行法定职责，知难而进、开拓进取、团结奉献、恪尽职守，确保环保规划目标的实现。保护和改善环境就是保护和发展生产力，就是保护我们发展的基础和条件，就是保障人民群众的切身利益。

12.2.2 城市的可持续发展

12.2.2.1 城市及特征

城市是指具有10万以上人口，住房、工商业、行政、文化等建筑物占50%以上面积，具有较为发达的交通线网和车辆来往频繁的人类集居区域。其主要特征一是非农业人口集中区域；二是一定区域的政治、经济或文化中心；三是由多种建筑物组成的物质设施综合体。城市是随着工业的发展与集中，以及商贸与人口的集聚而产生的，这一切又带动了城市经济、交通、文化、科技以及城市基础设施的完善与发展。城市的高效服务和完备设施，又促进了工业的发展和生产效率的发挥。城市成为促进生产力发展的动力。而且，城市越大，这种作用越明显。所以，当今世界各国的经济发展与城市化过程都是同步进行的。

12.2.2.2 城市的环境问题

（1）城市的环境系统。人类集居在城市的历史已有五千多年，但无论是人口还是城市的规模在19世纪以前并非十分庞大。近代城市的出现是在18世纪工业革命之后，随着蒸汽机的发明，燃料能源的发展，城市的经济功能发挥出越来越大的作用。工业化进程的加快导致了大量人口从农村流入城市，引起工业城市人口迅猛膨胀。特别是20世纪以来，城市人口膨胀尤为突出，城市规模不断扩大。随着城市的发展，城市环境遭到破坏，并出现住房紧张、交通阻塞、环境污染严重问题，居民生活质量和健康水平大大降低。这些问题不仅影响着居民的生存，也严重地限制着社会经济的进一步发展。城市生态系统是指特定地域内的人口、资源、环境（包括生物的和物理的、社会的和经济的、政治的和文化的）通过各种相生相克的关系建立起来的人类聚居地或社会、经济、自然的复合体。从严格意义上讲，城市生态系统是在自然生态系统基础上建立起来的人工生态系统，应该受到自然生态系统的影响与制约。

（2）城市的环境功能

1）物质流。城市生态系统的物质流可分为自然推动的物质流和人工推动的物质流。前者如空气流动、自然水体流动等，可称做资源流；后者即交通运输等。

2）能量流。城市生态系统与自然生态系统一样，其能量流动都要遵循热力学定律。

3）信息传递。城市的重要功能之一，就是输入分散的、无序的信息，输出经过加工的、集中的、有序的信息。对于政治中心、文化中心、科学中心、商业中心城市，这一功能尤其重要。城市的输出物中，除了物质产品和废物外，还有精神产品，这就要靠信息流完成。信息流也是附于物质流中的，报纸、广告、电台和收音机、电视台和电视机、书刊、信件、电话、照片等都是信息的载体。人的各种活动，如集会、交谈、讲课、表演等也属于交流信息。信息的流量反映了城市的发展水平和现代化程度。能量流、物质流和信息流等能体现城市的特点、职能、发展水平和趋势，反映城市的要求、活动强度和对环境的影响等。

目前世界各大城市的能量流、物质流强度均处于极高状态，这必然对环境产生不可低估的影响。

(3) 城市的环境问题。许多城市在历史发展过程中形成很多住宅与工厂的混杂区。它们互相干扰，人们居住环境受到污染。工厂企业活动造成交通压力，特别是货车、载重车的增加；生产排出的"三废"，以及危险品贮藏、噪声和振动的干扰等，都对居民生活和安全造成很大威胁。城市中工厂增多，势必减少居民生活福利设施的建设，也会给居民生活带来不便，更谈不上各种改善生活环境质量的公共设施的建设。城市的主要环境问题有以下几点。

1) 空气污染。除少数沿海城市外，我国大部分城市的空气质量不能令人满意。1999年，据对97座城市空气质量监测结果表明，TSP浓度大于国家空气质量二级标准的城市占60.8%，SO_2 浓度大于二级标准的城市占32%，NO_x 浓度大于二级标准的占33%。特别是北方城市的TSP浓度，1999年年均浓度达到339 $\mu g/m^3$，远远超过国家二级标准浓度值(200 $\mu g/m^3$)。总体来说，北方城市重于南方城市，大城市重于小城市，中西部重于东部，仅有部分沿海城市的空气质量保持了较好的水平。

2) 水污染。随着国家加强对工业污染的控制，工业废水的排放量和污染负荷呈逐年下降的趋势，然而生活污水的排放量和污染负荷却呈上升趋势，在有些大型和特大型城市中，生活污水已上升为主要矛盾。而我国目前的城市生活污水处理率和处理水平还不高，全国仅为31.9%，因而导致城市河段的污染程度加重。近年来，城市周边地区的农业污染愈发突出，农药、化肥的低效使用，导致氮、磷大量流失于湖泊和土壤，使得湖泊富营养化程度日益加重。

3) 生活垃圾污染。我国城市生活垃圾数量有了大幅度增长，1979年以来，每年以9%的速度递增。1999年全国城市垃圾产生总量为1.4亿吨，其中垃圾清运量为1.14亿吨，处理率为61.8%。大中城市人均日产生垃圾量约为1 kg，与发达国家的人均水平大体相当，但城市垃圾无害化处理设施严重滞后于城市发展。

12.2.2.3 城市的可持续发展

城市可持续发展系统是城市可持续发展的支持条件，目前，城市资源支持系统、社会保障系统、经济发展系统、环境支持系统及管理系统五大支持系统中，资源环境支持系统决定着城市人口与经济发展规模，是决定城市发展规模的主导因素，也是影响城市可持续发展的基础条件。目前城市资源供给量普遍短缺，加之城市资源利用效率普遍较低，已成为影响城市可持续发展的最大问题。从城市水资源看，我国目前多座城市缺水，这种状况随着城市社会经济的进一步发展而日益严峻。城市人口的迅速增长、工业化水平的不断提高和城市可持续利用资源相继减少，城市经济发展和城市生态环境容量之间的矛盾越来越突出。促进城市的可持续发展应从以下几个方面来多做工作。

(1) 首先建立城市可持续发展评价指标体系，为城市可持续发展提供科学依据。目前，实现城市可持续发展面临的首要问题是如何让城市建设决策者和市民结合自己所处城市的实际情况，遵照可持续发展原则来规划城市、建设城市、监督和管理城市。建立城市可持续发展的指标体系，描述城市经济建设、社会发展和人居环境保护的现状，为城市开发过程中避免对资源环境破坏提供一个科学衡量标准，预测城市未来可持续发展趋势和能力。按照科学的城市可持续发展指标体系，优化配置城市要素资源，全面、系统地调动一切积极因素，为实现城市可持续发展提供科学依据。

（2）要加快城市体制与技术创新步伐，推进城市可持续发展能力建设。城市可持续发展能力包括多方面内容，其中制度环境和技术保障是城市可持续发展能力建设中相辅相成的两个最重要的方面。城市可持续发展制度环境指的是在城市规划、建设、开发与管理过程中，既能体现代际公平又能够保障代内公平。城市可持续发展的体制创新是城市产业技术创新的基础和平台，是实现城市产业结构优化的根本保证，也是城市经济结构不断优化的前提。城市产业的技术改造与创新是加快城市产业结构调整，从而实现城市结构不断优化，促进城市产业结构高级化，提高城市可持续发展能力的直接动因所在。

（3）建立多元化城市环保投资体系，充分发挥市场机制在资源优化配置中的作用。在坚持以政府作为城市环保投资主体的同时，实行工业污染防治由污染者负担的原则，并把企业作为投资主体，政府给予必要的经济、技术和政策扶持。这种多元化的城市环境保护投资体系，不仅能吸引更多的城市建设资金，既减轻政府的压力，又能发挥社会各界的积极性和创造性，加快城市化步伐；而且使资源得以更加高效地利用，提高城市可持续发展的能力。

（4）加快资源型城市产业转型，促进资源型城市区域经济协调和可持续发展。可持续发展城市要求城市的生产、消费和生活方式是资源节约型，城市的可持续发展必须既能满足当代人发展的要求，又不对后代人的发展构成危害。如何加快产业转型、发展替代型支柱产业是解决资源型城市矛盾的关键环节。资源型城市产业转型既要结合自身特点，又要依据城市区位条件选择主导产业。通过资源型城市产业转型过程，使过去单纯的资源型城市变成区域性城市，使城市的功能由单一性向多元化方向转换，促进资源型城市区域经济协调和可持续发展。

（5）实施城市循环经济发展战略，建立我国城市循环经济体系。要真正实现我国城市可持续发展，必须建立“资源—产品—废物—再生资源—再生产品”的循环生产模式，走新型工业化道路。我国城市循环经济体系不仅要建立循环型的生产技术体系，还需要确立循环型的生产组织体系和循环型的社会经济体制。

12.2.3 农业的可持续发展

12.2.3.1 农业及特征

农业是我国国民经济的基础。农业与农村的可持续发展，是我国可持续发展的根本保证和优先领域。我国自 1978 年改革开放以来，农业生产结构有所改善，乡镇企业迅速增长，总产值已达到工业总产值的 30%以上，极大地改变了农村贫穷落后的面貌。

12.2.3.2 农业的环境问题

（1）农业环境系统。农业环境是以农业生物（包括各种栽培植物、林木植物、牲畜、家禽和鱼类等）为主体，围绕其主体的一切客观物质条件（如水、空气、阳光、土壤以及与农业生物并存的生物和微生物等）以及社会条件（如生产关系、生产力水平、经营管理方式、农业政策、社会安定程度等）的总和。通常所说的农业环境主要指农业的自然环境。农业环境由各种要素所组成。每一种环境要素在不同的空间、时间条件下，都有一个质量问题，有它的状态是否对农业生物适宜的问题。农业环境对农产品的数量和质量起着决定作用，当在一个风调雨顺、土地条件好、病虫草害少的环境中时，农业发展比较顺利，相反农业生产困难重重。农业环境和其他因素一样是一项重要的、综合的农业资源。农业环境也是人类重要的生活环境，农业环境质量的好坏，直接关系到广大农村人口的生活条件。农业环境是人类作为生活空间的大自然的一部分。农业环境兼有生产环境和生活环境的双重功能。农业环境具有环境范围广阔、环境不稳定性和环境质量恶化不易察觉与恢复的主要特点。

(2) 农业的环境问题。当前较为突出的环境问题就是环境污染。这些污染来源于三个方面：一是现代化农业生产带来的各类污染；二是由于小城镇和农村聚居点的规划、基础设施建设和环境管理滞后造成的人居环境污染；三是乡镇企业和集约化养殖场布局不当、治理不够产生的工业污染。

1) 现代化农业生产带来的各类污染。我国人多地少，化肥、农药的施用成为提高土地产出水平的重要途径。按耕地面积计算，化肥使用量达 40 t/km^2，远远超过发达国家为防止化肥对土壤和水体造成危害而设置的单位面积安全施用量上限。化肥利用率低、流失率高，不仅导致农田土壤污染，还通过农田径流造成了对水体的有机污染、富营养化污染甚至地下水污染和空气污染。因为大棚农业的普及，地膜污染也在加剧。据浙江省环保局的调查，被调查区地膜平均残留量为 3.78 t/km^2，造成减产损失是产值的 20%左右。随着中西部农业现代化的进展，这类污染也在中西部粮食主产区普遍出现。

2) 由于小城镇和农村聚居点的规划、基础设施建设和环境管理滞后，造成人居环境污染。随着现代化进程的加快，小城镇和农村聚居点规模迅速扩大，小城镇和农村聚居点的生活污染物则因为基础设施和管制的缺失一般直接排入周边环境中，造成严重的“脏、乱、差”现象。使农村聚居点周围的环境质量严重恶化。

3) 乡镇企业和集约化养殖场布局不当、治理不够，产生工业污染。受乡村自然经济的严重影响，这种工业化实际上是一种以低技术含量的粗放经营为特征、以牺牲环境为代价的反积聚效应的工业化，村村点火、户户冒烟，不仅造成污染治理困难，还导致直接污染的危害。目前，我国乡镇企业废水 COD 和固体废物等主要污染物排放量已占工业污染物排放总量的 50%以上，而且乡镇企业布局不合理，污染物处理率也明显低于工业污染物平均处理率。

(3) 环境污染对农业的影响。农村环境污染已经给作为弱势产业的农业和弱势群体的农民带来了明显的负面影响。我国农村有近 3 亿人喝不上干净的水，其中超过 60%是由于非自然因素导致的饮用水源水质不达标。农村由于污水灌溉和堆置固体废物，大量承受了工业污染的转移，导致了土壤的重金属污染以及延伸的食品污染。全国因固体废弃物堆存被占用或毁损的农田为 1 300 km^2。与乡镇企业存在类似污染问题的是，近些年来在人口密集地区尤其是发达地区蓬勃发展起来的集约化畜禽养殖业，其污染排放程度不低于工业企业的集约化养殖场，其污染危害更加严重，不仅会带来地表水的有机污染、富营养化污染、大气的恶臭污染甚至地下水污染，畜禽粪便中所含病原体也对人群健康造成了极大的威胁。

12.2.3.3 农业的可持续发展

生态农业是我国农业可持续发展的方向。党的十七大报告指出，坚持科学发展观，把可持续发展放在十分突出的地位。农业作为我国国民经济的基础，实施可持续发展战略尤其具有深远的意义，它既是由我国人多耕地少、资源相对不足的基本国情所决定的，也是我们树立和落实科学发展观，实现社会主义现代化的需要。

实现我国农业可持续发展战略，就必须抛弃旧的发展观，树立符合时代要求的新的科学发展观。我国农业可持续发展的战略方向应是由粗放型的传统农业向集约型的可持续农业转变，大力转变经济增长方式，走集约、高效、节约资源型的可持续农业发展道路。这种转变就是要改变传统的以人畜为手段的靠天吃饭的农业经营方式，改变单一的以大规模投入自然资源为特征的低效率的资源要素组织形式，改变以粮为纲、重农抑畜的农业经济增长方式，改变以主要依靠经济操作、自给半自给的小农生产方式，实现由粗放经营的自然经济型农业向商品经济和市场经济的现代集约持续农业的转变。而转变农业经济增长方式，就要重视科技与教育，认真实施科教兴国战略，实现科技教育与农业经济的紧密结合。把科技和教育作为转变农业经济增长方式和实现可持续发展的基本手段。具体来说，这种集约型可持续农业即是在适度增加和科学使用农业投入的前提下，依靠科技进步和劳动者素质的提高，集约利用一切可利用的自然资源、科技资源和经济资源，促进农业系统的土地集约、劳动集约和资金技术集约，保障农业生产持续性、农村经济持续性和农业生态持续性的协调发展。

在我国，实施集约型可持续农业发展战略时，必须采取以下几种措施。

（1）建立可持续发展的农业生态系统。在农业技术发展上，要实行生物工程技术，促使农业及早由以石油为主的“工业式农业”向以生物工程技术为主的“生态农业”转化。建立起科学的监测管理系统，加强对农业资源与环境的动态监测与管理，通过环境治理，把资源开发与废物利用结合起来，增强资源的永续利用和环境的容纳能力，逐步达到农业的物质生产和生态生产的协调发展，促进农业生态环境的良性循环。同时，要把优质高产、高效的农业建立在维护生态平衡的基础上，把开发利用、保护治理、资源增值有机地结合起来。既要防止农业系统内部的环境污染，又要注意防止农业系统外部的环境污染。在农业生态系统和经济系统的运行中，要优化技术，加速技术进步，推进技术改造，大力推广科技成果，提高经济效益和生态效益，并运用高新技术，重点研究节水、节地、节肥、节能、节材等新方法、新技术、新工艺，减轻或消除污染，做到经济增长、社会发展、科技进步和生态平衡四位一体协调发展。

（2）建立可持续发展的农业技术系统。挖掘传统农业的技术精华，筛选适用于可持续发展的现代农业技术和开发农业高新技术、因地制宜地对传统可持续性技术、常规可持续性技术和高新可持续性技术进行科学组装，形成综合配套的农业技术体系。要研究病虫害防治技术的开发与研究，培育与推广优质、高效、抗逆性强的优良品种。

（3）要建立可持续发展的农业经济系统。农业的持续发展，不仅要求农业生态连续性、农业技术连续性，还要求农业经济的持续发展和农村社会环境的持续发展。

本章小结

一、基本概念

21世纪议程、可持续发展理论

二、基本知识

1. 我国的21世纪议程

2. 可持续发展理论的内涵

(1) 共同发展 (2) 协调发展 (3) 公平发展 (4) 高效发展 (5) 多维发展

3. 城市的环境问题

(1) 城市的环境系统 (2) 城市的环境功能 (3) 城市的环境问题

4. 农业的环境问题

(1) 农业环境系统 (2) 农业的环境问题 (3) 环境污染对农业的影响

练 习 题

一、选择题

1. 里约会议召开的时间、地点和会议全称为________。
   A. 1992年6月3日至14日，在法国里约热内卢召开联合国环境与发展会议
   B. 1992年6月3日至14日，在巴西里约热内卢召开联合国环境与发展会议
   C. 1992年6月3日至14日，在德国里约热内卢召开联合国环境与发展会议
   D. 1992年6月3日至14日，在美国里约热内卢召开联合国环境与发展会议
2. 可持续发展的特征是________。
   A. 社会可持续发展　　B. 经济可持续发展
   C. 生态环境的可持续发展　　D. 人工环境的可持续发展
3. 可持续发展的内涵包括________。
   A. 人类衣食住行的基本需求
   B. 符合社会发展要求的高层次需求，一般通过合理的生活模式来实现
   C. 经济发展是不可取的
   D. 经济发展是在有限条件下的发展
4. 影响可持续发展的因素有________。
   A. 人口增长　　B. 能源的使用
   C. 经济活动与贸易模式　　D. 贫穷人口
5. 清洁生产的内容包括________。
   A. 清洁的环境　　B. 清洁的能源　　C. 清洁的产品　　D. 清洁的生产过程
6. 可持续发展的公平原则包含的层次有________。

A. 同代人之间的公平　　B. 共同平均分享有限的资源

C. 可持续的分配有限资源　　D. 代与代之间的公平

二、判断题

1. 清洁生产也就是指绿色工业，它是世界各国推进可持续发展所采用的一项基本策略。清洁生产要求摒弃过去的经济模式，走技术进步，提高经济效益，节约资源的发展之路。（　　）

2. 清洁生产工艺的关键是对生产实施全过程控制。（　　）

3. 可持续发展的核心特征是社会的持续发展。（　　）

4. 清洁生产就是符合环境管理标准的生产过程。（　　）

5. 可持续发展首先是从环境保护的角度来倡导并保持人类社会的进步与发展的。（　　）

三、简答题

1. 《中国21世纪议程》的主要内容是什么?

2. 什么是可持续发展?

3. 可持续发展的内涵包括什么内容?

4. 什么叫可持续消费? 你是怎样理解的?

5. 为什么说我国要坚持可持续发展战略?

6. 你认为如何才能做到城市发展与环境保护友好相处?

7. 如何看待城市环境生态建设与城市发展的关系?

附录　环境保护的纪念日(周)

2月2日　世界湿地日（World Wetlands Day）

3月12日　中国植树节

3月21日　世界林业日（World Forest Day）

3月22日　世界水日（World Water Day）

3月23日　世界气象日（World Meteorological Day）

4月7日　世界卫生日（World Heath Day）

4月22日　地球日（Earth Day）

5月22日　国际生物多样性日（International Day for Biological Diversity）

5月31日　世界无烟日（World No－Tobacco Day）

4月～5月初的第一个星期　爱鸟周

6月5日　世界环境日（World Environment Day）

6月17日　世界防治荒漠化与干旱日（World Day to Combat Desertification and Drought）

6月25日　中国土地日

6月26日　国际禁毒日（International Day Against Drug Abuse and Illicit Trafficking）

7月11日　世界人口日（World Population Day）

7月18日　世界海洋日（World Maritime Day）

9月16日　国际保护臭氧层日（International Day for the Preservation of the Ozone）

9月27日　世界旅游日（World Tourism Day）

10月4日　世界动物日（World Animal Day）

10月7日　国际住房日（International Habitat Day）

10月14日　国际标准日（International Standard Day）

10月16日　世界粮食日（World Food Day）

10月17日　国际消除贫困日（International Day for the Eradication of Poverty）

12月1日　国际艾滋病日（International AIDS Day）

参考文献

1. 魏振枢，杨永杰主编．环境保护概论（第二版）．北京：化学工业出版社，2007
2. 周富春，胡莺，祖波．环境保护基础．北京：科学出版社，2008
3. 战友主编．环境保护概论．北京：化学工业出版社，2004
4. 童志权主编．工业废气净化与利用．北京：化学工业出版社，2001
5. 鞠美庭．环境学基础．北京：化学工业出版社，2004
6. 许群主编．环境、化学与可持续发展．北京：化学工业出版社，2004
7. 吴泳．环境、污染、治理．北京：科学出版社，2004
8. 庄伟强，尤峥主编．固体废物处理与处置．北京：化学工业出版社，2004
9. 张素青，赵志宽主编．水污染控制技术．大连：大连理工大学出版社，2006
10. 王继斌，刘建秋主编．大气污染控制技术．大连：大连理工大学出版社，2006
11. 刘恩志主编．固体废物处理与利用．大连：大连理工大学出版社，2006
12. 田子贵，顾玲主编．环境影响评价．北京：化学工业出版社，2004
13. 熊文强，郭孝菊，洪卫．绿色环保与清洁生产概论．北京：化学工业出版社，2002
14. 潘岳主编．环境保护 ABC．北京：中国环境科学出版社，2004
15. 黄显智主编．环境保护实用教程．北京：化学工业出版社，2004
16. 田京城，缪娟主编．环境保护与可持续发展．北京：化学工业出版社，2005
17. 魏荣宝，梁娅，孙有光．绿色化学与环境．北京：国防工业出版社，2007
18. 胡常伟，李贤均．绿色化学原理和应用．北京：中国石化出版社，2006
19. 张凯主编．当代环境保护知识．北京：中国环境科学出版社，2006
20. 陈朝东主编．环境保护基础知识问答．北京：化学工业出版社，2006
21. 肖泉主编．清洁生产与循环经济．北京：化学工业出版社，2007
22. 马桂铭主编．环境保护（第二版）．北京：化学工业出版社，2008
23. 王英健，杨永红主编．环境监测（第二版）．北京：化学工业出版社，2008
24. 程发良，常慧．环境保护基础．北京：清华大学出版社，2002
25. 常杰，葛滢．生态学．杭州：浙江大学出版社，2001
26. 刘天齐主编．环境保护（第二版）．北京：化学工业出版社，2001
27. 冷宝林主编．环境保护基础．北京：化学工业出版社，2001
28. 钱易主编．环境保护可持续发展，北京：高等教育出版社，2000
29. 宋建军，张庆杰，王海峰．环境资源与人口．北京：中国环境科学出版社，2001
30. 徐新华，吴忠标，陈红．环境保护与可持续发展．北京：化学工业出版社，2000
31. 郑丹星，冯流，武向红．环境保护与绿色技术．北京：化学工业出版社，2002

32. 于宗保主编. 环境保护基础. 北京：化学工业出版社，2003
33. 郭怀成，陆根法主编. 环境科学基础教程（第二版）. 北京：中国环境科学出版社，2003
34. 郝吉明，马广大主编. 大气污染控制工程. 北京：高等教育出版社，2002
35. 杨永杰主编. 环境保护与清洁生产（第二版）. 北京：化学工业出版社，2008
36. 孙英杰，赵由才. 危险废物处理技术. 北京：化学工业出版社，2006
37. 丁忠浩，翁达. 固体和气体废弃物再生与利用. 北京：国防工业出版社，2006
38. 高红武主编. “三废”处理及综合利用. 北京：中国环境科学出版社，2005
39. 李建国，赵爱华，张益主编. 城市垃圾处理工程. 北京：科学出版社，2007